Deshaciendo errores

Deshaciendo errores

Kahneman, Tversky y la amistad que nos
enseñó cómo funciona la mente

MICHAEL LEWIS

Traducción de
Juan Manuel Ibeas
Robert Falcó

Título original: *The Undoing Project*

Primera edición: abril de 2017

© 2016, Michael Lewis
© 2017, Penguin Random House Grupo Editorial, S. A. U.
Travessera de Gràcia, 47-49. 08021 Barcelona
© 2017, Juan Manuel Ibeas y Robert Falcó, por la traducción

Printed in Spain – Impreso en España

ISBN: 978-84-9992-741-1
Depósito legal: B-2.298-2017

Compuesto en Anglofort, S. A.
Impreso en Romanyà Valls, S. A.
Capellades (Barcelona)

C 9 2 7 4 1 1

Penguin
Random House
Grupo Editorial

La duda no es una condición agradable, pero la certidumbre es un absurdo.

VOLTAIRE

Índice

El problema que nunca desaparece

Allá por 2003 publiqué un libro titulado *Moneyball*, en el que contaba cómo el club Oakland Athletics buscaba nuevas y mejores maneras de evaluar a los jugadores de béisbol y las estrategias de juego. El equipo contaba con menos dinero que otros clubes para gastar en jugadores, y la dirección, por pura necesidad, empezó a replantearse el juego. Con datos nuevos y viejos sobre el béisbol —y con el trabajo de personas ajenas al deporte que analizaron dichos datos—, el Oakland Athletics descubrió aquello que se ha convertido en el nuevo saber del béisbol. Este saber les permitió superar aplastantemente a las directivas de otros clubes. Descubrieron el valor de jugadores que habían sido descartados o desestimados, y comprobaron que gran parte de lo que se consideraba la «sabiduría del béisbol» era pura tontería. Cuando apareció el libro, varios expertos en ese deporte —entrenadores obstinados, cazatalentos, periodistas— se mostraron molestos y desdeñosos, pero a muchos lectores la historia les pareció tan interesante como a mí. Muchas personas vieron una lección más general en el esfuerzo del Oakland por construir un equipo de béisbol: si el mercado no era capaz de evaluar de un modo adecuado a los empleados —muy bien pagados y sometidos a escrutinio público— de una industria que existe desde 1860, ¿a cuál no le ocurriría lo mismo? Si el mercado de jugadores de béisbol era ineficiente, ¿qué mercado no lo sería? Si un original enfoque analítico había llevado al descubrimiento de nuevos conocimientos sobre este deporte, ¿existía alguna esfera de la actividad humana en la que no se pudiera hacer lo mismo?

En la última década, son muchos los que han seguido el ejemplo del Oakland Athletics y se han esforzado por hacerse con mejores datos, y mejores análisis de dichos datos, para descubrir ineficiencias en el mercado. He leído artículos acerca de *Moneyball* para la educación, *Moneyball* para los estudios de cine, *Moneyball* para la asistencia sanitaria, *Moneyball* para el golf, *Moneyball* para la agricultura, *Moneyball* para la edición de libros (¡!), *Moneyball* para las campañas electorales, *Moneyball* para los gobiernos, *Moneyball* para banqueros, etcétera. «De repente estamos "moneyballizando" a la línea delantera», se quejaba en 2012 el entrenador del ataque de los New York Jets. Después de descubrir el análisis de datos diabólicamente ingenioso que realizaba el gobierno de Carolina del Norte para redactar leyes que hicieran más difícil el voto de los afroamericanos, el cómico John Oliver felicitó a los legisladores por su «racismo moneyballizado».

Pero el entusiasmo por sustituir las antiguas estrategias por los nuevos análisis de datos ha resultado infructuoso en muchos casos. Cuando estos no daban resultados inmediatos en la toma de decisiones importantes —y algunas veces, hasta cuando sí los daba—, se les atacó como nunca se había atacado al viejo procedimiento de toma de decisiones. En 2004, tras imitar el sistema del Oakland en el béisbol, los Red Sox de Boston ganaron su primera Serie Mundial en casi un siglo. Utilizando el mismo método, volvieron a ganarla en 2007 y 2013. Sin embargo, en 2016, tras tres temporadas decepcionantes, anunciaron que iban a abandonar el sistema de análisis de datos para volver a basarse en la opinión de expertos en béisbol («Es posible que nos hayamos fiado demasiado de los números», dijo el propietario del equipo, John Henry). Durante varios años, el periodista Nate Silver obtuvo un éxito asombroso prediciendo los resultados de las elecciones presidenciales de Estados Unidos para *The New York Times* utilizando un sistema estadístico que había aprendido escribiendo sobre béisbol. Por primera vez desde que se tiene memoria, un periódico parecía aventajar a los demás en la predicción de resultados electorales. Pero después Silver dejó *The New York Times* y no acertó a predecir el ascenso de Donald Trump, y su método de análisis de datos fue puesto en tela de juicio... ¡por *The New York Times*! «Nada puede superar al periodismo sobre el terreno, dado que la política es básicamente una empresa humana, y por lo tanto puede resistirse a la predicción y al razonamiento», escribió un columnista del *Times* a finales de la primavera de 2016. (Y ello a pesar de que tampoco hubo muchos periodistas sobre el terreno que vieran venir a Trump, y de que Silver reconociera más tarde que, puesto que Trump parecía tan *sui generis*, él había dejado que se colara en sus predicciones una cantidad insólita de subjetividad.)

Estoy seguro de que algunas de las críticas de los que aseguran haber utilizado datos para aprender y aprovechar las ineficiencias en sus industrias tienen algo de verdad. Pero, sea lo que sea, eso que hay en la psique humana y que el Oakland aprovechó en beneficio propio —esa hambre de expertos que sepan cosas con certeza, aun cuando esta no sea posible— tiene una gran capacidad de permanecer entre nosotros. Es como un monstruo de película, que tendría que haber muerto pero de algún modo sigue vivo para la escena final.

Y así, una vez se ha asentado el polvo sobre las respuestas a mi libro, una de ellas sigue estando más viva y siendo más relevante que las demás: el comentario de un par de académicos que entonces trabajaban en la Universidad de Chicago —el economista Richard Thaler y el profesor de derecho Cass Sunstein. El trabajo de Thaler y Sunstein, que apareció el 31 de agosto de 2003 en *The New Republic*, era a la vez generoso y condenatorio. Los comentaristas estaban de acuerdo en que era interesante que un mercado de atletas profesionales pudiera estar tan viciado que un equipo pobre como el Oakland fuera capaz de superar a casi todos los equipos ricos aprovechando solo las ineficiencias. Pero —seguían diciendo— el autor de *Moneyball* parecía no darse cuenta de las razones profundas de esas ineficiencias en el mercado de jugadores de béisbol: estas surgían directamente del funcionamiento interno de la mente humana. Las maneras en que un experto en béisbol puede juzgar de forma equivocada a los jugadores —o sea, las maneras en que el juicio de un experto puede estar sesgado por la propia mente del experto— habían sido descritas años atrás por un par de psicólogos israelíes, Daniel Kahneman y Amos Tversky. Mi libro no era original. Era una simple ilustración de ideas que llevaban décadas flotando por ahí y que aún no habían sido del todo apreciadas, entre otros por mí.

Aquello era quedarse corto. Hasta aquel momento, creo que yo no había oído hablar nunca de Kahneman ni de Tversky, a pesar de que uno de ellos se las había arreglado para ganar el Premio Nobel de Economía. Y, en realidad, yo no había pensado demasiado en los aspectos psicológicos de la historia de *Moneyball*. El mercado de jugadores de béisbol estaba plagado de ineficiencias. ¿Por qué? Los directivos del Oakland habían hablado de «sesgos» en el mercado: la velocidad de carrera, por ejemplo, estaba sobrevalorada porque es vistosa, y la habilidad del bateador para hacer avances por bolas malas estaba infravalorada, en parte porque los avances eran olvidables, ya que no parecían exigir esfuerzo alguno del bateador. Los jugadores con sobrepeso o en mala forma física tenían más posibilidades de ser infravalorados; los jugadores atractivos y atléticos tendían a ser sobrevalorados. A mí me habían parecido interesantes todos aquellos sesgos de los que hablaba la directiva del Oakland, pero no había profundizado más ni me había preguntado de dónde vienen estos sesgos y por qué los tiene la gente. Me había propuesto contar una historia sobre el modo en que funcionan o dejan de funcionar los mercados, sobre todo a la hora de evaluar a las personas. Pero escondida en alguna parte había otra historia, que yo había dejado sin considerar y sin contar: una historia sobre el funcionamiento, o mal funcionamiento, de la mente humana a la hora de juzgar y tomar decisiones. Cuando se enfrenta a una incertidumbre —acerca de inversiones, de los demás o de cualquier otra cosa—, ¿cómo llega a conclusiones? ¿Cómo procesa la evidencia, ya sea de un partido de béisbol, un informe de beneficios, un juicio, un examen médico o una cita rápida? ¿Qué estaban haciendo las mentes de esas personas —incluidas las mentes de los supuestos expertos— para que les llevaran a los juicios erróneos que otros podían aprovechar en beneficio propio, haciendo caso omiso a los expertos y basándose en datos?

¿Y cómo es que un par de psicólogos israelíes tenían tanto que decir acerca de estas cuestiones, hasta llegar a anticipar más o menos un libro sobre el béisbol estadounidense que se escribiría décadas después? ¿Qué inspiró a dos tipos de Oriente Medio a sentarse a pensar qué hace la mente cuando intenta juzgar a un jugador de béisbol, una inversión o un candidato a presidente? ¿Y cómo demonios puede un psicólogo ganar un Premio Nobel de Economía? Resultó que en las respuestas a estas preguntas había otra historia que contar. Aquí la tienen.

1

Tetas de Hombre

Nunca sabes lo que puede decir un chico en la sala de entrevistas que te haga despertar de golpe de tus ensoñaciones, encender los cinco sentidos y obligarte a prestar atención. Y en cuanto lo haces, lo natural es que des más importancia de la debida a lo que acaba de decir. Los momentos más memorables en las entrevistas de candidatos para la NBA son difíciles de consignar en algún compartimento cerebral del tamaño adecuado. En algunos casos, parecía como si los jugadores estuvieran intentando destruir tu capacidad para juzgarlos. Por ejemplo, cuando el entrevistador de los Houston Rockets preguntó a un jugador si daría negativo en un análisis de drogas, el chico abrió los ojos como platos, se agarró a la mesa y dijo: «¿Quiere usted decir hoy mismo?». Hubo un jugador universitario que había sido detenido y acusado por violencia doméstica (más adelante los cargos fueron retirados) y su agente aseguraba que había sido un simple malentendido. Cuando le preguntaron por ello al jugador, este explicó, de forma escalofriante, que se había hartado de los «viboreos de su novia, de modo que le puse las manos alrededor del cuello y apreté. Porque tenía que hacerla callar». Y tenemos a Kenneth Faried, el ala-pívot de la Universidad de Morehead. Cuando se presentó para la entrevista, le preguntaron: «¿Prefieres que te llamemos Kenneth o Kenny?». Y Faried respondió:

«Manimal».* Quería que lo llamaran Manimal. ¿Qué puedes hacer ante una cosa así? Unos tres de cada cuatro jugadores negros que se presentaban a entrevistas de la NBA —o al menos a entrevistas de los Houston Rockets— no habían conocido a su padre. «No es raro que cuando les preguntas a estos chicos quién fue su principal influencia masculina, te respondan "Mi madre"», comentó Jimmy Paulis, director de contratación de los Rockets. «Uno dijo que Obama.»

Está también Sean Williams. En 2007, Sean Williams, de 2,07 metros de altura, era un jugador extraordinario que había sido suspendido las dos primeras de sus tres temporadas en el equipo de la Universidad de Boston tras ser detenido por posesión de marihuana (más adelante se retiraron los cargos). Solo había jugado quince partidos en su segundo año y aun así realizó setenta y cinco tapones; los aficionados llamaban a sus partidos «La fiesta de tapones de Sean Williams». Williams apuntaba a ser una estrella de la NBA y se esperaba que lo eligieran en la primera ronda del *draft*, en parte porque todos daban por supuesto que el haber aprobado en su tercer año indicaba que tenía controlado el problema con la marihuana. Antes del *draft* de 2007, Williams voló a Houston, por petición de su agente, para ensayar la entrevista. El agente había hecho un trato con los Rockets: Williams hablaría con ellos y solo con ellos, y los Rockets le darían pistas al agente para que Williams resultara más persuasivo en la entrevista. Todo iba bastante bien hasta que llegaron al tema de la marihuana. «Así que te pillaron fumando hierba en tu primer y segundo año —dijo el entrevistador de los Rockets—. ¿Qué pasó en el tercer año?» Williams meneó la cabeza y dijo: «Dejaron de hacerme análisis. Y si ustedes no van a hacérmelos, yo voy a fumar».

Después de aquello, el agente de Williams decidió que lo me-

*Juego de palabras entre *man* («hombre») y *animal* («animal»). *(N. del T.)*

jor sería que Sean no hiciera más entrevistas. Aun así, fue elegido en la primera ronda por los Nets de New Jersey, e hizo breves apariciones en 137 partidos de la NBA antes de marcharse a jugar a Turquía.

Estaban en juego millones de dólares. Los jugadores de la NBA eran, por término medio, los deportistas mejor pagados de todos los deportes de equipo, y con gran diferencia. Además, dependía de ello el futuro éxito de los Houston Rockets. Aquellos jóvenes estaban soltándote información sobre sí mismos que se suponía que tenía que ayudarte a decidir si se los contrataba o no. Pero muchas veces era difícil saber qué hacer con esa información.

ENTREVISTADOR DE LOS ROCKETS: ¿Qué sabes sobre los Houston Rockets?
JUGADOR: Sé que son de Houston.

ENTREVISTADOR DE LOS ROCKETS: ¿Qué pie te lesionaste?
JUGADOR: Le he dicho a la gente que el derecho.

JUGADOR: El entrenador y yo teníamos diferencias.
ENTREVISTADOR DE LOS ROCKETS: ¿Sobre qué?
JUGADOR: Sobre el tiempo de juego.
ENTREVISTADOR: ¿Y qué más?
JUGADOR: Él era más bajo.

Diez años de interrogar a personas muy altas habían reforzado en Daryl Morey, director general de los Houston Rockets, la sensación de que resistiría el poder de las interacciones cara a cara con otras personas que quisieran influir en sus conclusiones. Las entrevistas de trabajo eran espectáculos de magia. Morey tenía que resistir lo que sentía durante las entrevistas, sobre todo si él y cualquier otra persona presente se sentían seducidos. La gente muy alta tiene una capacidad de seducción extraordinaria. «Son una panda de gigantes encantadores —decía Morey—. Debe ser como lo del niño gordo en el patio de recreo, o vete a saber qué.» El problema no era el encanto, sino lo que este podía ocultar: adicciones, trastornos de personalidad, lesiones, un profundo desinterés por el trabajo duro. Esos gigantes podían hacerte llorar con su historia sobre el amor al deporte y las penalidades que habían superado para jugar. «Todos tienen una historia —decía Morey—. Podría contarte una sobre cada uno de ellos.» Y cuando la historia trataba de perseverancia frente a increíbles adversidades, como ocurría muchas veces, era difícil que no te enganchara. Era difícil no utilizarla para crear en tu mente una clara imagen de futuro éxito en la NBA.

Pero Daryl Morey creía —si es que creía en algo— en adoptar un enfoque estadístico para tomar decisiones. Y la decisión más importante que tenía que tomar era a quién incluir en su equipo de baloncesto. «Tu mente tiene que estar en un constante estado defensivo contra toda esa basura que pretende desorientarte —decía—. Siempre estamos intentando distinguir qué es un truco y qué es real. ¿Estamos viendo un holograma? ¿Es esto una ilusión?» Aquellas entrevistas formaban parte de la lista de trucos que pretenden desorientarte. «Esa es la principal razón por la que quiero estar presente en todas las entrevistas —decía Morey—. Si elegimos a un jugador que resulta que tiene un problema terrible y el propietario me pregunta: "¿Qué dijo en la entrevista cuando le preguntaste eso?", y yo respondo: "En realidad, no hablé con él antes de que le diéramos millón y medio de dólares", me despiden».

Y así, en el invierno de 2015, Morey y otros cinco miembros del personal estaban sentados en una sala de entrevistas de Houston esperando a otro gigante. En la habitación no había nada que llamara la atención. Una mesa de entrevistas, varias sillas, ventanas con las persianas echadas... En la mesa descansaba una solitaria taza de café que alguien había olvidado, con una inscripción: «Sociedad

Nacional del Sarcasmo. Como si necesitáramos tu apoyo». El gigante era... bueno, ninguno de los presentes sabía mucho de él, más allá de que solo tenía diecinueve años y de que era enorme, incluso para los criterios del baloncesto profesional. Algún agente o cazatalentos lo había descubierto cinco años antes en una aldea del Punjab, o eso les habían contado. Entonces tenía catorce años, medía 2,10 e iba descalzo... o tal vez con unos zapatos tan rotos que se le veían los pies.

Aquello les intrigaba. La familia del chico debía de ser tan pobre que no podía permitirse comprarle zapatos. O tal vez hubieran decidido que no tenía sentido comprar zapatos para unos pies que crecían tan deprisa. O puede que todo fuera un embuste inventado por un agente. Fuera como fuese, lo que se te quedaba grabado en la mente era la imagen: un chico de catorce años y 2,10 metros de altura, descalzo en las calles de la India. No sabían cómo había salido el chico de allí. Alguien, quizá un agente, lo había llevado a Estados Unidos para que aprendiera inglés y a jugar al baloncesto.

Para la NBA era un completo desconocido. No había vídeos del muchacho jugando en equipo. Que supieran los Rockets, no había jugado nunca. No había participado en el Draft Combine de la NBA, la prueba oficial para jugadores no profesionales. Los Rockets no habían podido tomarle las medidas hasta aquella misma mañana. Los pies eran de la talla 56, y las manos medían 29,5 centímetros de la muñeca a la punta de los dedos, las manos más grandes que los técnicos habían visto en su vida. Medía 2,15 metros y pesaba 136 kilos, y su agente aseguraba que aún estaba creciendo. Había pasado los últimos cinco años en el suroeste de Florida, aprendiendo a jugar al baloncesto, últimamente en la IMG, una academia deportiva creada para convertir aficionados en profesionales. Aunque no conocían a nadie de confianza que le hubiera visto jugar, los pocos que lo habían hecho todavía hablaban de ello. Robert Upshaw, por ejemplo. Upshaw era un corpulento pívot de 2,10 metros que había dejado su equipo de la Universidad de Washington y ahora buscaba trabajo en equipos de la NBA. Pocos días antes, en el gimnasio de los Dallas Mavericks, había entrenado con el gigante indio. Cuando los cazatalentos de los Rockets le dijeron que era posible que volviera a hacerlo, Upshaw abrió mucho los ojos, se le iluminó la cara y dijo: «Ese tío es la persona más grande que he visto en mi vida. Y sabe lanzar triples. Es una locura».

Allá por 2006, cuando fue contratado para dirigir los Houston Rockets y decidir quién jugaría al baloncesto en su equipo y quién no, Daryl Morey era el primero de su especie: el rey de los empollones del baloncesto. Su trabajo consistía en cambiar una forma de tomar decisiones —basada en la intuición de los expertos— por otra basada sobre todo en el análisis de datos. No tenía una gran experiencia como jugador ni interés en hacerse pasar por un atleta o un entendido en baloncesto. Siempre había sido igual, una persona que se sentía más a gusto echando cuentas que abriéndose camino a golpe de intuición. De niño había cultivado una afición por el uso de datos para hacer predicciones que se había convertido en una obsesión dominante. «Siempre me pareció de lo más fascinante. ¿Cómo puedo utilizar números para predecir cualquier cosa? —dijo—. Era una manera increíble de usar las matemáticas para ser mejor que otras personas. Y la verdad es que me gustaba ser mejor que los demás.» Elaboró modelos de predicción como otros chavales construyen modelos de aviones. «Lo que trataba de predecir eran siempre deportes. No sabía a qué otra cosa aplicarlo... ¿Qué iba a predecir, mis notas escolares?»

Su interés por los deportes y las estadísticas le había llevado, a los dieciséis años, a leer un libro titulado *The Bill James Historical Baseball Abstract*. Por entonces, Bill James estaba popularizando una manera de pensar en el béisbol basada en el razonamiento estadístico. Con un poco de ayuda del Oakland Athletics, ese enfoque iba a desencadenar una revolución que acabó con los empollones dirigiendo, o ayudando a dirigir, casi todos los equipos de la liga profesional de béisbol (MLB). En 1988, cuando encontró el libro de James en una librería de Barnes & Noble, Morey no podía saber que las personas con talento para predecir a través de los números iban a dominar la gestión de los deportes profesionales y todos aquellos lugares donde se tomaban decisiones importantes... o que el baloncesto estaba esperando a que él creciera. Solo sospechaba que los expertos tradicionales no sabían tanto como todos pensaban.

Aquella sospecha particular había surgido un año antes, en 1987, cuando *Sports Illustrated* publicó en portada una foto de su equipo de béisbol favorito, los Indians de Cleveland, pronosticando que iban a ganar la Serie Mundial. «Fue como decir: "¡Ya está! ¡Los Indians han hecho el ridículo durante años, pero ahora vamos a ganar la Serie Mundial!" Los Indians terminaron la temporada con la peor puntuación de la MLB. ¿Cómo había podido pasar? Los tíos que se decía que iban a ser tan buenos fueron malísimos —recordaba Morey—. Y aquel fue el momento en que pensé: "A lo mejor los expertos no saben lo que están diciendo"».

Entonces descubrió a Bill James y decidió que, igual que él, podía utilizar números para realizar predicciones más precisas que los expertos. Si podía predecir el rendimiento futuro de deportistas profesionales, podía reunir equipos ganadores, y si podía crear equipos ganadores... Bueno, aquí la mente de Daryl Morey encontró la paz. Lo único que quería hacer en la vida era crear equipos deportivos ganadores. La cuestión era: ¿quién le dejaría hacerlo? En su etapa universitaria había enviado docenas de cartas a empresas de deporte profesional, con la esperanza de que le ofrecieran algún trabajo de poca importancia. No recibió ni una sola respuesta. «No tenía ninguna manera de introducirme en los deportes profesionales —contaba—. Así que decidí que tenía que hacerme rico. Si fuera rico, podría comprar un equipo y dirigirlo.»

Sus padres eran de clase media y del Medio Oeste. No conocía a nadie rico. Además, era un estudiante claramente desmotivado de la Universidad del Noroeste. Con todo, se propuso ganar suficiente dinero para comprar un equipo deportivo profesional, y así poder decidir quién entraba en él. «Todas las semanas cogía una hoja de papel y escribía arriba "Mis objetivos"», recuerda Ellen, entonces su novia y ahora su esposa. «El mayor objetivo en su vida era: "Algún día voy a ser el dueño de un equipo deportivo profesional".» «Estudié Económicas —dice Morey— porque pensaba que allí había que ir si querías hacerte rico.» Al dejar la facultad en el año 2000, se entrevistó con empresas consultoras hasta que encontró una que cobraba en acciones de las empresas a las que asesoraba. La firma trabajaba con empresas de internet durante el tiempo de la burbuja. En aquel momento, aquello parecía una manera de hacerse rico con rapidez. Después la burbuja estalló y las acciones no valían nada. «Resultó que fue la peor decisión que pude tomar», dijo Morey.

Pero en su etapa de asesor aprendió algo muy valioso. Le parecía que gran parte del trabajo de un consultor consistía en fingir una certeza absoluta acerca de cosas inseguras. En una entrevista de trabajo con McKinsey, le dijeron que no parecía lo bastante seguro de sus opiniones. «Y yo dije que era porque no estaba seguro. Y ellos dijeron: "Estamos facturando a los clientes quinientos mil dólares al año, así que tienes que estar seguro de lo que dices".» La consultora que al final lo contrató le exigía que mostrara confianza siempre, cuando en su opinión la confianza era una señal de fraude. Le pidieron, por ejemplo, que vaticinara el precio del petróleo para los clientes. «Y después íbamos a los clientes y les decíamos que podíamos predecir el precio del petróleo. Nadie puede predecir el precio del petróleo. Aquello no tenía sentido.»

Morey se dio cuenta de que gran parte de lo que la gente hacía y decía cuando «predecía» cosas era una falsedad: fingían saber cosas en lugar de conocerlas de verdad. Había en el mundo muchísimas preguntas interesantes para las que la única respuesta sincera era «es imposible saberlo con seguridad». Una de aquellas preguntas era: «¿Cuál será el precio del petróleo dentro de diez años?». Esto no quería decir que se dejara de intentar encontrar una respuesta; solo que se expresaba la respuesta en términos probabilísticos.

Más adelante, cuando los cazatalentos del baloncesto acudían a Morey solicitando un empleo, el rasgo que él más apreciaba era cierta conciencia de que estuvieran buscando certezas en preguntas sin respuestas seguras; tenían que saber que eran inherentemente falibles. «Siempre les preguntaba: ¿"Qué se os ha escapado?".» ¿Qué futura superestrella habían descartado, o de qué futuro fracaso habían quedado prendados? «Si no me daban una buena respuesta, los mandaba a la mierda.»

Por un golpe de suerte, a la agencia consultora para la que Morey trabajaba le pidieron que hiciera unos análisis para un grupo que pretendía comprar los Red Sox de Boston. Cuando aquel grupo fracasó en el intento de hacerse con un equipo de béisbol profesional, compró un equipo de baloncesto, los Celtics de Boston. En 2001 le propusieron a Morey que dejara su trabajo de consultor y pasara a trabajar para los Celtics, donde «me encargaron resolver los problemas más difíciles». Ayudó a contratar nuevos ejecutivos, después contribuyó a calcular el precio de las entradas y por último, inevitablemente, le pidieron que trabajara en el problema de a quién elegir en el *draft* de la NBA. «¿Cómo funcionaría este chaval de diecinueve años en la NBA?» era igual que «¿Cuál será el precio del petróleo dentro de diez años?». No existía una respuesta perfecta, pero las estadísticas podían proporcionar una respuesta que, al menos, era mejor que la simple adivinación.

Morey ya disponía de un rudimentario modelo estadístico para evaluar a jugadores no profesionales. Lo había elaborado él mismo, solo para entretenerse. En 2003 los Celtics le animaron a utilizarlo para elegir un jugador de la parte final del *draft*, la 56.ª ronda, donde los jugadores ya casi no tienen ninguna importancia. Y así fue como Brandon Hunter, un discreto pívot de la Universidad de Ohio, se convirtió en el primer jugador elegido por una ecuación.* Dos años más tarde, Morey recibió una llamada de un cazatalentos que le dijo que los Houston Rockets estaban buscando un nuevo director general. «Dijeron que andaban tras un tipo "Moneyball"», recuerda Morey.

Solo el propietario de los Rockets, Leslie Alexander, estaba insatisfecho con los instintos viscerales de sus expertos en baloncesto. «La toma de decisiones no era muy buena —afirmaba Alexander—. No era precisa. Ahora tenemos todos estos datos. Y tenemos ordenadores que pueden analizar esos datos. Y yo quería utilizar esos datos de manera audaz. Cuando contraté a Daryl, fue porque quería alguien que hiciera algo más que mirar a los jugadores de la manera normal. Vamos, que ni siquiera estoy seguro de que estuviéramos jugando de la manera adecuada.» Cuanto más se les pagaba a los jugadores, más costosas eran las malas decisiones. Alexander pensó que el enfoque analítico de Morey podía darle una ventaja en un mercado de caros talentos, y la opinión pública le tenía lo bastante sin cuidado como para intentar algo nuevo. («¿A quién le importa lo que piensen los demás? —preguntaba Alexander—. No es su equipo.») En su entrevista de trabajo, Morey se sintió reafirmado por la intrepidez social de Alexander y el espíritu con el que actuaba. «Me preguntó por mi religión, y recuerdo que pensé: "Me parece que no tiene derecho a preguntarme eso". Le

---

* Hunter solo militó en los Celtics una temporada y después inició una exitosa carrera en Europa.

respondí con vaguedades. Creo que le estaba diciendo que en mi familia había episcopalianos y luteranos, cuando él me interrumpió y dijo: "Solo dime que no crees en nada de esa mierda".»

La indiferencia de Alexander con respecto a la opinión pública le vino muy bien. Al enterarse de que habían contratado a un empollón de 33 años para dirigir a los Houston Rockets, los aficionados y los entendidos en baloncesto se quedaron perplejos en el mejor de los casos, y se mostraron hostiles en el peor. En la emisora de radio de Houston le pusieron enseguida un mote: Deep Blue. «Entre la gente del baloncesto hay una intensa sensación de que este no es mi sitio —dice Morey—. Se quedan callados en los períodos de éxito y aparecen cuando perciben debilidad.» Durante la década que lleva en el cargo, los Rockets han terminado con los terceros mejores resultados de entre los treinta equipos de la NBA, detrás de los San Antonio Spurs y los Dallas Mavericks, y solo cuatro equipos han intervenido en más *playoffs*. No han sufrido una mala temporada. En ocasiones, la gente más molesta con la presencia de Morey no ha tenido mejor ocurrencia que atacarlo en momentos de fortaleza. En la primavera de 2015, cuando los Rockets, con la segunda mejor estadística de la NBA, se preparaban para la final de la Conferencia Oeste contra los Golden State Warriors, la exestrella de la NBA y actual comentarista de televisión Charles Barkley soltó una diatriba de cuatro minutos contra Morey durante lo que debía ser un análisis a mitad del partido: «Me tiene sin cuidado Daryl Morey. Es uno de esos idiotas que creen en la analítica. [...] Yo siempre he creído que la analítica es una porquería. [...] Miren, ni siquiera conocería a Daryl Morey si entrara ahora mismo en esta sala. [...] La NBA es cuestión de talento. Todos esos tíos que dirigen estos equipos hablando de números tienen una cosa en común: son una panda de tipos que nunca han jugado a este juego, que nunca ligaron con chicas en el instituto y que solo quieren entrar en el rollo».

27

Ha habido muchos más casos como este. Gente que no conocía a Daryl Morey daba por supuesto que, como se había propuesto intelectualizar el baloncesto, tenía que ser un sabelotodo. En realidad, su enfoque de este mundo era todo lo contrario. Es más bien tímido, porque entiende lo difícil que es saber algo con seguridad. Lo más cerca que ha estado de la certeza ha sido en su manera de tomar decisiones. Nunca se ha conformado con su primera impresión. Ha planteado una nueva definición de empollón: una persona que conoce su propia inteligencia lo bastante bien como para no fiarse de ella.

Una de las primeras cosas que hizo Morey cuando llegó a Houston —para él, la más importante— fue instaurar su modelo estadístico para predecir el futuro rendimiento de los jugadores de baloncesto. Ese modelo servía también como instrumento para adquirir conocimientos sobre baloncesto. «El conocimiento es básicamente predicción —dice Morey—. Conocimiento es cualquier cosa que aumente tu capacidad de predecir el resultado. Prácticamente todo lo que haces es intentar predecir con acierto. Casi todo el mundo lo hace de un modo inconsciente.» Un modelo permite estudiar los atributos de un jugador aficionado que le llevarán al éxito profesional, y determinar la importancia que debe asignarse a cada uno de ellos. Cuando tienes una base de datos de miles de exjugadores, puedes buscar correlaciones más amplias entre su rendimiento en la universidad y sus carreras profesionales. En efecto, sus estadísticas de juego te dicen algo sobre ellos. Pero ¿cuáles? Se puede considerar —como hacía mucha gente antes— que lo más importante de un jugador de baloncesto es anotar puntos. Ahora esta opinión se puede poner a prueba. ¿La capacidad de anotar en la universidad predice el éxito en la NBA? La respuesta concisa es no. Desde las primeras versiones de su modelo, Morey sabía que las estadísticas tradicionales —puntos, rebotes y asistencias por partido— podían ser muy engañosas. Era posible que un jugador anotara muchos puntos pero perjudicara a su equipo, y también era posible que un jugador sumara muy pocos y fuera muy valioso. «El simple hecho de tener el modelo, sin ninguna opinión humana, te obliga a plantearte las preguntas correctas —dice Morey—. ¿Por qué alguien es tan valorado por los cazatalentos cuando el modelo le otorga muy poco valor? ¿Por qué alguien es tan poco apreciado por ellos cuando el modelo lo evalúa de forma positiva?»

Él no consideraba que su modelo le diera la «respuesta correcta», sino más bien «una respuesta mejor». Tampoco era tan ingenuo como para pensar que el sistema elegiría jugadores por sí solo. En efecto, este tenía que ser supervisado y vigilado, sobre todo porque existía información a la que no tenía acceso. Si el jugador se había roto el cuello la noche anterior al *draft*, por ejemplo, vendría bien saberlo. Pero si en 2006 le hubiéramos pedido a Daryl Morey que eligiera entre su modelo y una sala llena de cazatalentos del baloncesto, habría elegido su modelo.

En 2006 aquello era una extravagancia. Morey se dio cuenta de que nadie más estaba utilizando un sistema para valorar a los jugadores de baloncesto: nadie se había molestado siquiera en hacerse con la información necesaria para ello. Para obtener todas las estadísticas, había tenido que enviar gente a las oficinas de la NCAA (Asociación Nacional de Deportes Universitarios) en Indianápolis, para fotocopiar las cifras estadísticas de todos los partidos universitarios de los últimos veinte años, y después introducir a mano todos esos datos en el sistema. Toda teoría sobre jugadores de baloncesto tenía que cotejarse con la base de datos. Ahora tenían un historial de veinte años de jugadores universitarios, que les permitiría comparar a los jugadores del presente con otros similares del pasado, y así extraer alguna conclusión de tipo general.

Hoy, gran parte de lo que hicieron los Houston Rockets parece simple y obvio. En esencia, es el mismo sistema de algoritmos que utilizan los agentes de bolsa de Wall Street, los directores de las campañas presidenciales de Estados Unidos y todas las empresas que intentan utilizar lo que haces en internet para predecir lo que podrías comprar o ir a ver. Pero en 2006 aquello no tenía nada de simple ni de obvio. El modelo de Morey necesitaba mucha información que, simplemente, no estaba disponible. Los Rockets empezaron a recopilar sus propios datos, midiendo en la cancha cosas que nunca se habían medido antes. En lugar de conformarse, por ejemplo, con el número de rebotes atrapados por un jugador, empezaron a contar el número de auténticas oportunidades de coger un rebote que había tenido, y cuántas de estas había desaprovechado. Tomaron nota de las puntuaciones del partido cuando un jugador concreto estaba en la cancha, y las compararon con las de cuando estaba en el banquillo. El número de puntos, rebotes y robos «por partido» no era muy útil; pero los puntos, rebotes y robos «por minuto» sí tenían valor. En efecto, anotar quince puntos en un partido tiene menos importancia si has jugado el partido entero que si solo has jugado la mitad. También era posible deducir de las puntuaciones el ritmo al que jugaban los diversos equipos universitarios: con qué frecuencia atacaban o defendían en la pista. Relacionar las estadísticas de un jugador con el ritmo de juego de su equipo era revelador. Los puntos y rebotes significaban una cosa cuando el equipo hacía 150 lanzamientos por partido, y otra cosa cuando solo hacía 75. Cotejar los números con el ritmo proporcionaba una imagen más clara —en comparación con la visión convencional— de lo que había logrado un jugador en particular.

Los Rockets recopilaron datos que no se habían recopilado nunca, y no solo datos de baloncesto. Reunieron información sobre las vidas de los jugadores y buscaron pautas en ellos. ¿Ayudaba al jugador haber tenido padre y madre? ¿Era una ventaja ser zurdo? ¿Eran mejores en la NBA los jugadores que habían tenido entrenadores muy buenos en la universidad? ¿Tenía importancia que en la familia hubiera habido un jugador de la NBA? ¿Importaba que lo hubieran transferido en los primeros años de universidad? ¿Que su entrenador universitario practicara la defensa por zonas? ¿Que hubiera jugado en múltiples posiciones? ¿Que levantara más o menos peso en el gimnasio? «Casi todo lo que comprobábamos no servía para predecir», dice Morey. Pero algunas cosas sí. Los rebotes por minuto eran útiles para predecir el futuro rendimiento de los tipos más grandes. Los robos por minuto te decían algo sobre los más pequeños. No importaba tanto la altura del jugador como hasta dónde podía llegar con las manos; su longitud, más que su altura.

Las primeras pruebas del modelo sobre el terreno se llevaron a cabo en 2007 (en 2006 los Rockets ya habían elegido a sus jugadores en el *draft*). Tenían la ocasión de poner a prueba un sistema desapasionado, no sentimental, basado en la evidencia, contra la experiencia emocional de toda una industria. Aquel año, a los Rockets les correspondían las elecciones 26.ª y 31.ª en el *draft* de la NBA. Según el modelo de Morey, las probabilidades de adquirir un buen jugador profesional con aquellas elecciones eran, respectivamente, del 8 y el 5 por ciento. La probabilidad de hacerse con un titular era, aproximadamente, del 1 por ciento. Eligieron a Aaron Brooks y Carl Landry, y los dos fueron titulares en la NBA. Fue una pesca increíblemente buena.* «Aquello nos tranquilizó mucho», dice Morey. Sabía que su modelo tenía, en el mejor de los casos, menos fallos que los seres humanos que habían tomado las

---

* No existe una manera perfecta de medir la calidad de una elección en el *draft*, pero hay un método que parece lógico: comparar el rendimiento del jugador en sus cuatro primeros años, en los que está controlado por el equipo de la NBA que lo ha elegido, con el rendimiento medio de los jugadores elegidos en ese *draft*. Según este sistema, Carl Landry y Aaron Brooks quedaron en los puestos 35 y 55 de los aproximadamente 600 jugadores elegidos por equipos de la NBA en la última década.

decisiones sobre los aspirantes desde el principio de los tiempos. Por otro lado, había padecido hasta ese momento una grave escasez de datos útiles. «Tienes algo de información... pero muchas veces es de un solo año de la universidad. E incluso eso tiene problemas. Aparte de que se trata de un juego diferente, con diferentes entrenadores, diferentes niveles de competición, etcétera, los jugadores solo tienen veinte años. Ellos mismos no saben quiénes son. ¿Cómo vamos a saberlo nosotros?» Aun teniendo todo esto en cuenta, pensaba que tal vez habían descubierto algo. Y entonces llegó 2008.

Aquel año, los Rockets tenían la elección 25.ª en el *draft* y la utilizaron para hacerse con un gigantón de la Universidad de Memphis llamado Joey Dorsey. En su entrevista, Dorsey había estado gracioso, simpático y encantador: había dicho que cuando dejara el baloncesto intentaría seguir una segunda carrera como estrella del porno. Dorsey fue enviado a Santa Cruz para jugar en un partido de exhibición contra otros jugadores recién seleccionados. Morey fue a verlo. «En el primer partido que vi, me pareció espantoso. Y pensé: "¡Joder!".» Joey Dorsey era tan malo que Morey no podía creer que estuviera viendo al jugador que él había elegido. Es posible, pensó Morey, que Dorsey no se estuviera tomando en serio el partido de exhibición. «Me reuní con él. Estuvimos dos horas comiendo.» Morey le dio a Dorsey una larga charla sobre la importancia de jugar con intensidad, de causar una buena impresión y cosas parecidas. «Pensé que en el siguiente partido iba a dejarse el alma en la pista. Y salió y también estuvo fatal.» Muy pronto, Morey se dio cuenta de que tenía un problema mayor que el de Joey Dorsey: el problema era su modelo. «Para el modelo, Joey Dorsey era una superestrella. El modelo decía que era una baza segura. Su valoración era muy muy alta.»

Aquel mismo año, el modelo había calificado como no digno de consideración a un pívot novato de la A&M de Texas llamado

DeAndre Jordan. Pasemos por alto que todos los demás equipos de la NBA, que utilizaban métodos de selección más convencionales, también lo habían descartado por lo menos una vez, y que Jordan no fue elegido hasta la ronda 35.ª del *draft* por los Los Angeles Clippers. Con la misma rapidez con que Joey Dorsey demostró ser un fracaso, Jordan se erigió como un pívot dominante en la NBA y el segundo mejor jugador de todo el *draft*, por detrás de Russell Westbrook.*

Este tipo de cosas le ocurría todos los años a algún equipo de la NBA, y a menudo a todos ellos. Cada año había grandes jugadores que los cazatalentos pasaban por alto, y cada año fracasaban jugadores muy bien considerados. Morey no pensaba que su modelo fuera perfecto, pero tampoco podía creer que estuviera tan terriblemente equivocado. El conocimiento era predicción: si no podías predecir una cosa tan obvia como el fracaso de Joey Dorsey o el éxito de DeAndre Jordan, ¿qué es lo que sabías? Toda su vida se había regido por esta simple y fascinante idea: podía utilizar los números para hacer mejores predicciones. Ahora estaba en tela de juicio la validez de esa idea. «Se me había escapado algo —dijo Morey—. Y lo que se me había escapado eran las limitaciones del modelo.»

Su primer error, concluyó, fue no haber prestado suficiente atención a la edad de Joey Dorsey. «Era terriblemente viejo —dice Morey—. Tenía veinticuatro años cuando lo elegimos.» La carrera universitaria de Dorsey era impresionante porque era mucho mayor que los chicos contra los que jugaba. A todos los efectos, había estado ganando a muchachos. Si se aumentaba la importancia que el modelo atribuía a la edad del jugador, Dorsey parecía una mala

---

*Antes de la temporada de 2015, DeAndre Jordan firmó un contrato por cuatro años con los Clippers que le garantizaba 87.616.050 dólares, el máximo salario de la NBA en aquel momento. Joey Dorsey firmó un contrato por un año y 650.000 dólares con el Galatasaray Liv Hospital, de la liga turca.

elección para la NBA; aún más revelador fue que así aumentaban las valoraciones del modelo para casi todos los jugadores de la base de datos. Entre otras cosas, Morey se dio cuenta de que existía toda una clase de baloncestistas universitarios con mucho mejor rendimiento contra los rivales débiles que contra los fuertes. Matones del baloncesto. El modelo también podía tener esto en cuenta, asignando más importancia a los partidos contra rivales fuertes que a los partidos contra débiles. También esto mejoró el modelo.

Morey ya entendía —o creía entender— cómo el modelo se había dejado engañar por Joey Dorsey. Mucho más preocupante era su ceguera para con DeAndre Jordan. El chico había jugado un solo año en la universidad, y no había impresionado mucho. Resultó que había sido un jugador excepcional en el instituto, que había odiado a su entrenador de la universidad, y que ni siquiera había querido ir a clase. ¿Cómo podía un modelo predecir el futuro de un jugador que había fracasado a propósito? Era imposible ver el futuro de Jordan en sus estadísticas universitarias, y en aquella época no existían datos útiles de los institutos. Mientras se basara casi exclusivamente en las estadísticas de rendimiento, el modelo siempre descartaría a DeAndre Jordan. Parecía que la única manera de verlo era con los ojos de un experto en baloncesto de los de toda la vida. Y resulta que Jordan se había criado en Houston, ante los ojos de los cazatalentos de los Rockets, y que uno de estos cazatalentos había querido contratarlo basándose en lo que a él le parecía un innegable talento físico. ¡Uno de sus cazatalentos había visto lo que su modelo no había captado!

Debido a su carácter, Morey había investigado si existían algunas pautas en las predicciones que hacía su personal. Había contratado a la mayoría, y opinaba que eran muy buenos, y aun así no había ninguna evidencia de que alguno de ellos fuera mejor que los demás, o mejor que el mercado, a la hora de predecir quién podía triunfar en la NBA y quién no. Si existía algo parecido a un experto en baloncesto capaz de identificar a los futuros talentos, no lo había encontrado. «Ni se me ocurrió dar más importancia a mi intuición personal —dijo—. Me fío muy poco de mis vísceras. Creo que hay muchas pruebas de que los instintos no son muy buenos.»

Al final decidió que los Rockets tenían que reducir a datos y someter a análisis un montón de aspectos que nunca se habían analizado en profundidad: las características físicas. No solo tenían que saber hasta qué altura podía saltar un jugador, sino lo deprisa que dejaba el suelo, la rapidez con que sus músculos lo alzaban en el aire. Debían medir la velocidad del jugador, así como la de sus dos primeros pasos. Es decir, tenían que ser aún más empollones de lo que ya eran. «Cuando las cosas van mal, eso es lo que hace la gente —dice Morey—. Vuelve a los hábitos que funcionaban bien en el pasado. Así que me dije: volvamos a los principios básicos. Si estos parámetros físicos son importantes, pongámoslos a prueba con más rigor que nunca. La importancia que asignábamos al rendimiento en la universidad tenía que reducirse, y la importancia que dábamos a las puras facultades físicas tenía que aumentar.»

Pero cuando se empezaba a hablar del cuerpo de un jugador y de lo que podría o no podría realizar en una cancha de la NBA, había un límite a la utilidad de esa información, por muy objetiva y medible que fuera. Se necesitaban, o parecía que se necesitaran, expertos que observaran los parámetros en acción y juzgaran lo bien que podrían funcionar jugando a un nivel diferente, contra rivales mejores. Se necesitaban cazatalentos que valoraran la habilidad de un jugador para llevar a cabo las distintas cosas que ellos sabían que eran más importantes en una cancha de baloncesto: tirar, rematar, llegar al aro, atrapar rebotes ofensivos, etcétera. Se necesitaban expertos. Los límites de cualquier modelo volvían a hacer preciso el juicio humano en el transcurso de la toma de decisiones, funcionara bien o no.

Y así comenzó un proceso en el que Morey se esforzó más que nunca por combinar el juicio subjetivo humano con su modelo. El truco no estaba solo en elaborar un modelo mejor, sino en hacer caso al modelo y a los cazatalentos al mismo tiempo. «Hay que discernir qué se le da bien o mal al modelo, y qué se les da bien o mal a los humanos», dice Morey. A veces, por ejemplo, los humanos tienen acceso a información que el modelo no puede obtener. Los modelos no pueden saber que DeAndre Jordan lo hizo mal en su primer año en la universidad porque no se estaba esforzando. Los humanos eran malos en... bueno, esa era la cuestión que Daryl Morey tenía que estudiar ahora con mayor tesón.

Al enfrentarse por primera vez a la mente humana, Morey no pudo evitar fijarse en la manera tan rara que tenía de funcionar. Cuando se abría a la información que podía ser útil para evaluar a un jugador no profesional de baloncesto, se abría también a ser engañada por las mismas ilusiones que habían convertido al modelo en un instrumento tan útil en su origen. Por ejemplo, en el *draft* de 2007 había aparecido un jugador que al modelo le gustó mucho: Marc Gasol. Gasol tenía 22 años y era un pívot de 2,12 metros que jugaba en Europa. Los cazatalentos habían encontrado una foto suya con el torso desnudo. Era fofo, tenía cara de niño y le bailaban los pectorales. El personal de los Rockets le había puesto un mote a Marc Gasol: Tetas de Hombre. Tetas de Hombre por aquí y Tetas de Hombre por allá. «Fue la primera vez que estuve a cargo del *draft* y me faltó valor», reconoce Morey. Permitió que lo inusual del cuerpo de Marc Gasol sepultara el optimismo de su modelo acerca de su futuro en el baloncesto, y en lugar de discutir con su personal, vio cómo los Grizzlies de Memphis se llevaban a Gasol en la 48.ª elección. Las posibilidades de conseguir un All-Star en ese punto estaban muy por debajo del 1 por ciento. Se puede afirmar que la 48.ª elección del *draft* nunca había proporcionado a la NBA un jugador suplente útil, pero Marc Gasol ya estaba demostrando ser una tremenda excepción.* Estaba claro que el mote que le habían puesto había influido en la valoración. Los nombres importan. «A partir de entonces impuse una nueva regla —dice Morey—. Prohibí los apodos.»

De repente, estaba metido en el mismo lío que él y su modelo habían sido contratados para eliminar. Si no podía obviar por completo la mente humana en el proceso de toma de decisiones, Morey tenía por lo menos que ser consciente de sus debilidades. Ahora las veía, mirara donde mirara. Un ejemplo: antes del *draft*, los Rockets solían traer a un jugador, mezclarlo con el equipo y ver cómo se desenvolvía en la cancha. ¿Cómo podías prescindir de la oportunidad de verle jugar? Pero aunque para los ojeadores era interesante ver a un jugador en acción, Morey empezó a darse cuenta de que también era un riesgo. Un gran lanzador podía tener un mal día; un gran reboteador podía ser empujado. Si dejabas que todo el mundo lo viera y juzgara, también tenías que enseñarles a no dar demasiada importancia a lo que veían. (Y entonces, ¿para qué lo estaban mirando?) Si un chico había encestado un 90 por ciento de los tiros libres en la universidad, por ejemplo, la verdad era que no importaba mucho que fallara seis libres seguidos durante el entrenamiento a puerta cerrada.

Morey confió en que su personal prestara atención a los entrenamientos, pero sin permitir que lo que veían sustituyera a lo que sabían que era verdad. Aun así, a muchos les resultó muy difícil no hacer caso a la evidencia ante sus propios ojos. Para algunos el esfuerzo fue casi doloroso, como si estuvieran atados al mástil

* Gasol fue All-Star dos veces (en 2012 y 2015) y, en opinión de Houston, la tercera mejor elección de toda la NBA en la pasada década, detrás de Kevin Durant y Blake Griffin.

escuchando el canto de las sirenas. Un día, un cazatalentos acudió a Morey y le dijo: «Daryl, ya he estado bastante tiempo haciendo esto. Creo que deberíamos dejar de tener estos entrenamientos. Por favor, dejemos de hacerlo». Morey dijo que intentaran poner en perspectiva lo que veían, pero que no le dieran mucha importancia. Y el otro dijo: «Daryl, no puedo hacerlo». «Era como un adicto al crack —comentó Morey—. No podía ni acercarse al asunto sin que le hiciera daño.»

Enseguida Morey se dio cuenta de otra cosa más. Un cazatalentos que observa a un jugador tiende a formarse una impresión casi instantánea, alrededor de la cual se van organizando todos los demás datos. Había oído que esto se llamaba «sesgo de confirmación». Simplemente, a la mente humana no se le da bien ver cosas que no espera ver, y tiende un poco hacia ello. «El sesgo de confirmación es muy insidioso, porque ni siquiera percibes que está ocurriendo», dice. Un cazatalentos se forma una opinión sobre un jugador y después ordena la evidencia para que confirme esa opinión. «Es un hecho clásico —dice Morey—, y les ocurre todo el tiempo. Si no te gusta un candidato, dices que no sabe colocarse. Si te gusta, dices que es multiposicional. Si te gusta un jugador, comparas su cuerpo con el de alguien bueno. Si no te gusta, lo comparas con alguien que sea muy malo.» Los prejuicios que tenía una persona cuando empezó a seleccionar jugadores no profesionales tienden a conservarse, aun cuando no le hayan sido útiles, porque siempre está procurando confirmarlos. El problema se agrandaba debido a la tendencia de los ojeadores —Morey incluido— a favorecer a los jugadores que les recordaban a ellos mismos cuando eran jóvenes. «Mi carrera como jugador es irrelevante para mi trabajo —dice Morey—, y aun así me gustan los tipos que sacuden a la gente, se saltan las reglas y son violentos. Tipos como Bill Laimbeer. Porque así es como yo jugaba.» Ves a alguien que te recuerda a ti, y a continuación buscas las razones por las que te gusta.

El mero hecho de que un jugador se parezca físicamente a una figura actual puede confundir. Hace una década, un jugador de 1,86 metros, de raza mixta y piel clara que en el instituto hubiera pasado inadvertido para las principales universidades, y que por ello estaría jugando en una universidad pequeña y desconocida, y cuyo principal talento fuesen los tiros de larga distancia, no habría tenido ningún atractivo. Ese tipo no existía en la NBA, o al menos no tenía éxito. Pero entonces apareció Stephen Curry y prendió fuego a la liga, llevó a los Golden State Warriors a ganar el campeonato y se convirtió en el favorito de todos. De pronto, como por encantamiento, había un montón de bases de raza mixta con buena puntería haciendo entrevistas para la NBA y asegurando que su juego se parecía muchísimo al de Stephen Curry; y era muy probable que los contrataran debido al parecido.* «Durante cinco años, después de elegir a Aaron Brooks, vimos un montón de chicos que se comparaban con él. Por eso hay tantos bases pequeños.» La solución de Morey fue prohibir todas las comparaciones intrarraciales. «Si quieres comparar a un jugador con otro —dijimos— solo lo puedes hacer si son de diferente raza.» Si el jugador en cuestión era afroamericano, por ejemplo, el evaluador de talentos solo podía decir que «se parece a Fulano» si este era blanco, asiático, latino, inuit o cualquier otra cosa menos negro. Sucedió una cosa curiosa cuando el personal fue obligado a cruzar mentalmente las fronteras raciales: dejaron de ver analogías. Sus mentes se resistieron a dar el salto. «Simplemente, no lo ves», dice Morey.

---

* En 2015, Tyler Harvey, un escolta salido de Eastern Washington, se presentó al *draft*. Cuando le preguntaron a quién se parecía más en su juego, dijo: «Para ser sincero, el que más me gusta es Steph Curry», y a continuación dijo que, como le había pasado a Curry, las grandes universidades no se habían interesado por él. ¡Ahora resultaba que la falta de atractivo para los entrenadores universitarios era algo bueno! Harvey fue elegido al final de la segunda ronda del *draft*, en el puesto n.º 51. «Si Curry no hubiera existido, es imposible que [Harvey] hubiera sido elegido», dijo Morey.

Tal vez, el mejor truco de la mente consiste en ofrecer a su dueño una sensación de certidumbre acerca de cosas inherentemente inciertas. En el *draft* se ve una y otra vez cómo se forman en las mentes de los expertos esas imágenes clarísimas, que después resultan ser espejismos. Tomemos como ejemplo la imagen que se formó de Jeremy Lin en las mentes de casi todos los cazatalentos de baloncesto. El ahora mundialmente famoso escolta chinoamericano se graduó en Harvard en 2010 y entró en el *draft* de la NBA. «Nuestro modelo se iluminó —dice Morey—. Nuestro modelo decía "elegidlo", más o menos en la ronda 15 del *draft*.» Las mediciones objetivas de Jeremy Lin no coincidían con lo que los expertos anotaban al verle jugar: un chico asiático, no demasiado atlético. Morey no se fiaba del todo de su modelo, y por eso se acobardó y no eligió a Lin. Un año después, empezaron a medir la velocidad de los dos primeros pasos de un jugador. Jeremy Lin tenía la arrancada más rápida que se había medido en un jugador. Era explosivo, y podía cambiar de dirección con mucha más rapidez que la mayoría de los jugadores de la NBA. «Es increíblemente atlético —dice Morey—, pero lo cierto es que todo el mundo, incluyéndome a mí, pensaba que no lo era. Y la única razón que se me ocurre es porque era asiático.»

De alguna extraña manera, la gente, al menos cuando juzga a otras personas, ve lo que espera ver y tarda en percatarse de lo que no había visto antes. ¿Era muy grave el problema? Cuando el entrenador de Jeremy Lin en los New York Knicks le dejó jugar por fin —porque todos los demás estaban lesionados— y permitió que prendiera fuego al Madison Square Garden, los Knicks ya estaban a punto de deshacerse de él. Jeremy Lin ya había decidido que si lo despedían, dejaría el baloncesto para siempre. Así de grave era el problema: un jugador muy bueno de la NBA no habría tenido nunca una oportunidad seria de jugar a nivel profesional solo porque las mentes de los expertos habían llegado a la conclusión de que aquel no era su sitio. ¿Cuántos otros Jeremy Lins había ahí fuera?

Después de que los Houston Rockets y el resto de la NBA fueran incapaces de apreciar el valor de Jeremy Lin en el *draft* (firmó después como agente libre), hubo un cierre patronal de la liga. Una disputa entre los jugadores y los propietarios condujo a ello, y a nadie se le permitía trabajar. Morey se matriculó en un curso para ejecutivos en la facultad de Económicas de Harvard y asistió a clases de economía del comportamiento. Había oído hablar de esa disciplina («No soy un idiota»), pero nunca la había estudiado. Al principio de la primera clase, la profesora pidió a todos los alumnos que escribieran en una hoja de papel los dos últimos dígitos de su teléfono móvil. Después solicitó que escribieran el número de países africanos que pensaban que formaban parte de Naciones Unidas. Recogió todos los papeles y demostró que los alumnos con números de teléfono más altos habían escrito consistentemente un número mayor de países africanos en Naciones Unidas. Después puso otro ejemplo y dijo: «Voy a hacerlo otra vez. Os voy a retener aquí. A ver si no os fastidia». Todos estaban avisados; las mentes de todos estaban fastidiadas. Saber que existía un sesgo no era suficiente para superarlo. Pensar en ello desasosegaba a Daryl Morey.

Cuando la NBA volvió a arrancar, Morey hizo otro descubrimiento inquietante. Justo antes del *draft*, los Toronto Raptors llamaron para ofrecer un cambio entre su primera elección en la primera ronda del *draft* por el base de los Rockets, Kyle Lowry. Morey habló de ello con su personal, y estaban a punto de no aceptar el cambio cuando uno de los ejecutivos dijo: «¿Sabéis? Si nosotros tuviéramos al tío que ellos quieren intercambiar y ofrecieran a Lowry a cambio de él, ni siquiera consideraríamos la posibilidad.» Se pararon a analizar la situación más a fondo: el valor estimado del elegido en el *draft* superaba, por un amplio margen, al valor que ellos atribuían al jugador por el que querían cambiárselo. El simple hecho de que Kyle Lowry fuera suyo parecía haber distorsionado su juicio.* Repasando los cinco últimos años, se dieron cuenta de que habían sobrevalorado por sistema a sus propios jugadores siempre que algún otro equipo proponía intercambiar a alguno de ellos. Sobre todo cuando les ofrecían cambiarlos por un jugador recién elegido en el *draft* por otro equipo. Habían rechazado cambios que deberían haber aceptado. ¿Por qué? No lo habían hecho de forma consciente.

Así fue como Morey adquirió conciencia de lo que los economistas del comportamiento llamaban «efecto de dotación». Para combatir el efecto de dotación, obligó a sus cazatalentos y a su modelo a determinar, antes de acudir al *draft*, el valor en el *draft* de cada uno de los jugadores de los que ya disponían.

En la siguiente temporada, antes de que se cumpliera el plazo de los cambios, Morey se levantó ante sus colaboradores y escribió en una pizarra una lista de todos los sesgos que temía que pudieran distorsionar su juicio: el efecto de dotación, el sesgo de confirmación y otros. Existía también lo que se ha llamado «sesgo del presente»: la tendencia, al tomar una decisión, a infravalorar el futuro en favor del presente; así el «sesgo de retrospección», que él identificaba como la tendencia a contemplar un resultado y suponer que era predecible desde el principio. El modelo era un antídoto contra estos caprichos del juicio humano, pero en 2012 el modelo parecía estar acercándose a un límite en la información útil que ayudaba a los Rockets a valorar a sus jugadores. «Todos los años hablamos de lo que tenemos que quitar y añadir al modelo —dice Morey—, y todos los años se vuelve un poco más deprimente.»

---

* Aceptaron el cambio y después utilizaron al elegido en el *draft* como principal oferta para conseguir una superestrella, James Harden.

El trabajo de dirigir un equipo profesional de baloncesto estaba resultando ser diferente de lo que él había imaginado cuando era adolescente. Era como si le hubieran encargado desmontar un reloj despertador endemoniadamente complicado para ver qué funcionaba mal, y hubiera descubierto que una parte importante del reloj estaba dentro de su propia mente.

Por supuesto, Morey y sus colaboradores habían visto muchos hombres muy grandes. Pero en el invierno de 2015, hasta ellos se asombraron al ver al indio que entraba en su sala de entrevistas. Vestía unos pantalones de chándal sencillos y una camiseta Nike verde lima, y llevaba un par de chapas de identificación colgadas del cuello. Aquel cuello —lo mismo que sus manos, sus pies, su cabeza y hasta sus orejas— era tan ridículamente enorme que la mirada saltaba de un rasgo a otro y uno se preguntaba si aquella parte concreta del cuerpo había batido un récord Guinness. En los Rockets había jugado un pívot chino de 2,29 metros llamado Yao Ming, cuyo tamaño provocaba extrañas reacciones en los demás. La gente lo veía y salía corriendo, o se echaba a reír, o a llorar. De pies a cabeza, el indio era unos diez centímetros más bajo que Yao Ming, pero en todo lo demás era más grande. Después de comprobar sus medidas y encontrar difícil de creer que alguien pudiera crecer tanto en solo 19 años, Morey pidió a sus colaboradores que buscaran su certificado de nacimiento. El agente del indio apuntó que en la aldea en la que nació no se guardaban registros de nacimiento. Al oír eso, Morey recordó algo que le había dicho una vez Dikembe Mutombo. Mutombo era un taponador de 2,18 metros que había llegado a los Rockets desde el Congo, tras hacer parada en otros cinco equipos de la NBA. Y decía que cuando un tío enorme llega del extranjero diciendo que es mucho más joven de lo que parece, «hay que cortarle las piernas y contar los anillos».

El indio se llamaba Satnam Singh. En todo menos en tamaño, parecía joven. Tenía la inseguridad social de un adolescente confuso al encontrarse de pronto tan lejos de casa. Sonrió nervioso y se sentó en la silla de cabecera de la mesa.

—¿Estás bien? —preguntó el entrevistador de los Rockets.

—Sí, estoy bien, bien, bien. —No era una voz, sino una sirena de barco. Tan gutural que tardaron un momento en entender lo que había dicho.

—Solo queremos conocerte un poco mejor —dijo el entrevistador—. Háblanos de tu agente y de por qué lo elegiste.

Satnam Singh parloteó nervioso durante un par de minutos. No estaba claro que alguien entendiera lo que decía. Sacaron en limpio que desde que tenía catorce años había estado al cuidado de personas que imaginaban para él una carrera en la NBA.

—Háblanos de tu tierra y de tu familia —dijo el entrevistador.

Su padre trabajaba en una granja. Su madre era cocinera.

—Vine aquí, no hablaba inglés —dijo—. No podía hablar con nadie. Era muy difícil para mí. Nada. Cero.

Mientras se esforzaba por relatar la increíble historia del viaje desde su aldea india de ochocientos habitantes hasta la oficina de dirección de los Houston Rockets, sus ojos escrutaban la sala en busca de aprobación. Los ejecutivos de los Houston Rockets eran enigmas. No eran hostiles, pero tampoco revelaban nada.

—¿Cuáles dirías que son tus mejores cualidades para el baloncesto? —preguntó el entrevistador—. ¿Qué se te da mejor?

El entrevistador de los Rockets iba siguiendo un formulario. Las respuestas de Singh se introducirían en la base de datos de los Rockets, se compararían con las respuestas dadas por otros mil jugadores y se estudiarían en busca de pautas. Todavía se aferraban a la esperanza de que algún día pudieran medir el carácter, o al menos hacerse una idea de cómo se comportaría un chico pobre después de que le dieran millones de dólares y, por lo general, un puesto en el banquillo. ¿Seguiría esforzándose? ¿Haría caso a los entrenadores?

Morey no había encontrado a nadie —ni dentro ni fuera del mundo del baloncesto— capaz de responder a estas preguntas, aunque había infinidad de psicólogos que aseguraban poder hacerlo. Los Rockets habían contratado a un montón de ellos. «Ha sido horrible —contaba Morey—. Una experiencia horrible. Cada año pienso que tiene que haber algo. Cada año encontramos a alguien con un enfoque diferente. Cada año, no sirve de nada. Y cada año lo volvemos a intentar. Empiezo a pensar que los psicólogos son unos completos charlatanes.» El último psicólogo que se presentó asegurando que era capaz de predecir el comportamiento había utilizado básicamente el test de personalidad de Myers-Briggs... y después intentó convencer a Morey de que había previsto toda clase de problemas derivados de este. Su manera de actuar le había recordado a Daryl Morey un chiste: «Un tío va por ahí con un plátano en la oreja. La gente le pregunta: "¿Por qué lleva usted un plátano en la oreja?". Y él responde: "Para ahuyentar a los caimanes. ¿Ve que no hay caimanes por aquí?"».

El gigante indio dijo que sus puntos fuertes eran su posicionamiento en el poste alto y los tiros a media distancia.

—¿Has infringido alguna regla del equipo cuando estabas en la IMG? —le preguntó el entrevistador.

Singh estaba confuso. No entendía la pregunta.

—¿Has tenido problemas con la policía? —dijo Morey para ayudar.

—¿Alguna pelea? —preguntó el entrevistador.

El rostro de Singh se iluminó.

—¡Nunca! —exclamó—. Jamás en la vida. Nunca lo he intentado. Si lo intentara, alguien moriría.

Los ejecutivos de los Rockets habían estado estudiando el cuerpo de Singh. Por fin, uno de ellos no pudo contenerse.

—¿Siempre has sido así de alto? —preguntó, saliéndose del guion—. ¿O hubo una edad a la que empezaste a crecer más deprisa?

Singh explicó que a los ocho años medía 1,75 metros y a los quince 2,15. Era cosa de familia. Su abuela medía 2,05 metros...

Morey se removió en su asiento. Quería volver a las preguntas que pudieran llevar a predicciones. Así que preguntó:

—¿En qué has mejorado más? ¿Qué puedes hacer ahora que hace dos años no hicieras tan bien?

—Me sentía muy mal mentalmente. En la mente.

—Perdona, me refería a habilidades de baloncesto. En la cancha.

—La colocación —dijo. Y añadió algo más, pero era ininteligible.

—¿A quién crees que te pareces más de la NBA? Similar en términos de juego —preguntó Morey.

—A Jowman y Shkinoonee —dijo Singh sin vacilar.

Hubo un silencio. Entonces Morey comprendió.

—Ah, Yao Ming —otra pausa—. ¿Y quién era el segundo?

—Shkinoonee.

Alguien creyó entender:

—¿Shaq?

—Shaq, sí —dijo Singh, aliviado.

—¡Ah, Shaquille O'Neal! —dijo Morey, entendiendo por fin.

—Sí, el mismo tipo de cuerpo y la misma colocación —dijo Singh.

La mayoría de los jugadores se compara con alguien a quien se parecen físicamente. Pero lo cierto es que no había ningún jugador en la NBA que se pareciera a Satnam Singh. Si triunfaba, sería el primer indio de la liga.

—¿Qué llevas colgado del cuello? —preguntó Morey.

Singh agarró sus chapas de identificación y se miró el pecho.

—Esta lleva el nombre de mi familia —dijo, enseñando una.

46

Después cogió la segunda y leyó la inscripción—: «Echo de menos a mis entrenadores. Me gusta jugar. El juego es mi vida».

No era muy buena señal que necesitara una chapa para acordarse de aquello. Muchos tipos grandes juegan solo porque son grandes. Hace mucho tiempo, algún padre o entrenador los había puesto en una cancha de baloncesto, y la presión social los había mantenido allí. Había menos probabilidades que con los jugadores pequeños de que trabajaran duro para mejorar, y más probabilidades de que agarraran tu dinero y desaparecieran. No es que fueran falsos a propósito; era que los chicos gigantes que habían jugado al baloncesto toda su vida sobre todo para complacer a otros se habían habituado tanto a decirle a la gente lo que esta quería oír que ya no se conocían a sí mismos.

Por fin, Singh salió de la sala de entrevistas.

—¿Hemos encontrado alguna evidencia de que haya jugado al baloncesto organizado en alguna parte? —preguntó Morey en cuanto el indio salió. Uno no puede controlar lo que siente acerca del jugador después de la entrevista, pero se pueden utilizar datos para controlar la influencia de esos sentimientos (¿o no?).

—Dicen que jugó en la academia IMG de Florida.

—Odio esta clase de loterías —dijo Morey.

Había visto entrenar a Singh durante treinta minutos, pero su decisión ya estaba tomada. No tenían datos sobre él. Sin datos, no hay nada que analizar. Lo del indio era como lo de DeAndre Jordan. Como la mayoría de los problemas que se afrontan en la vida, era un rompecabezas al que le faltaban piezas. Los Houston Rockets lo rechazaron... y se quedaron pasmados cuando los Dallas Mavericks se lo llevaron en la segunda ronda del *draft* de la NBA. Nunca se sabe.*

Aquel era el problema: nunca se sabe. En los diez años que lle-

---

* Y cuando se escribe esto, todavía es muy pronto para saber.

vaba Morey usando su modelo estadístico con los Houston Rockets, los jugadores que él había elegido —teniendo en cuenta el número que les había tocado en el *draft*— habían funcionado mejor que los jugadores elegidos por tres cuartos de los demás equipos de la NBA. Su sistema parecía tan eficaz que otros equipos de la NBA estaban adoptándolo. Podía incluso señalar el momento en el que se sintió imitado por primera vez. Fue durante el *draft* de 2012, cuando los jugadores fueron elegidos casi en el mismo orden en que los Rockets los habían evaluado. «Se siguió exactamente nuestra lista —dice Morey—. La liga estaba viendo las cosas igual que nosotros.»

Y sin embargo, hasta Leslie Alexander, el único propietario con la inclinación y el valor para contratar a alguien como él en 2006, podía sentirse frustrado con la visión probabilística del mundo que tenía Morey. «Quería que yo le diera certezas, y yo tenía que decirle que no las iba a tener», dice Morey. Se había propuesto ser como un contador de cartas en una mesa de blackjack de un casino, pero no podía vivir la analogía más que hasta cierto punto. A diferencia de este —pero a semejanza de quien toma una decisión trascendental en la vida—, solo se le permitía jugar unas cuantas bazas. Y en unas pocas bazas puede ocurrir cualquier cosa, incluso con la probabilidad a favor.

A veces, Morey se paraba a considerar las fuerzas que habían hecho posible que él —un tipo ajeno al mundillo que solo podía ofrecer a su jefe una probabilidad ligeramente mayor de éxito— dirigiera un equipo de baloncesto profesional. No había necesitado hacerse lo bastante rico como para comprar uno. Más raro aun: no había necesitado cambiar nada de sí mismo. El mundo había cambiado para hacerle sitio. Las actitudes respecto a la toma de decisiones habían mutado tanto desde que él era niño que se le había invitado al baloncesto profesional para acelerar ese cambio. En efecto, la disponibilidad de sistemas informáticos cada vez más baratos y el auge de los análisis de datos tuvieron mucho que ver con que el mundo se volviera más receptivo al enfoque de Daryl Morey. También había ayudado la variación ocurrida en la clase de personas que se hacían lo bastante ricas para comprar una franquicia deportiva profesional. «Muchas veces, los propietarios ganan dinero revolucionando campos en los que casi toda la sabiduría convencional es falsa», dice Morey. Estas personas tienden a ser muy conscientes del valor de las ventajas informativas, por pequeñas que sean, y están abiertas a la idea de utilizar datos para adquirir esas ventajas. Pero esto planteaba una pregunta más importante: ¿por qué tanta sabiduría convencional había resultado falsa? Y no solo en los deportes, sino en toda la sociedad. ¿Por qué tantas industrias estaban necesitadas de una ruptura? ¿Por qué había tanto que deshacer?

Si uno se pone a pensar en ello, resulta curioso que un mercado tan supuestamente competitivo como el de deportistas muy bien pagados pudiera ser tan ineficaz. Es extraño que cuando los expertos se molestaban en recoger lo que ocurría en el terreno de juego, se hubieran contentado durante tanto tiempo con medir las cosas equivocadas. Es raro que fuera posible para una persona ajena al mundillo entrar en él con un sistema completamente nuevo para evaluar a los jugadores de baloncesto y viera que su sistema era adoptado por gran parte de la industria.

En la base de esta transformación en la toma de decisiones en los deportes profesionales —y no solo en ellos— subyacen ciertas ideas sobre la mente humana y su funcionamiento al enfrentarse con situaciones inciertas. Estas ideas han tardado bastante tiempo en filtrarse en la cultura, pero ahora están en el aire que respiramos. Hay una nueva conciencia del tipo de errores sistemáticos que la gente puede cometer —y no solo la gente: mercados enteros— si no se revisan sus conclusiones. Hay razones por las que los expertos en baloncesto no fueran capaces de ver que Jeremy Lin valía para jugar en la NBA, o para que no se percataran del valor de Marc Gasol al ver una sola fotografía suya, o para que no vean al próximo Shaquille O'Neal si resulta que es indio. «Es como si un pez no supiera que está respirando agua a menos que alguien se lo haga notar», dice Morey de la conciencia que tiene la gente de sus propios procesos mentales. Pero resulta que alguien ya lo había hecho notar.

2

El de fuera

De las muchas dudas de Danny Kahneman, las más curiosas eran las que le despertaban su propia memoria. Había impartido semestres enteros de clases totalmente de corrido, sin usar una sola nota. A sus alumnos les parecía que se había aprendido libros de texto enteros, y no vacilaba en pedirles que hicieran lo mismo. Y sin embargo, cuando le preguntaban por algún acontecimiento de su vida pasada, decía que no se fiaba de su memoria y que los demás tampoco debían hacerlo. Puede que se tratara de una simple prolongación de lo que venía a ser la estrategia vital de Danny: no fiarse de sí mismo. «La emoción que lo define es la duda —dijo uno de sus antiguos alumnos—. Y resulta muy útil. Porque le hace profundizar más, y más, y más.» Aunque puede que solo buscara otra línea de defensa contra cualquiera que intentase desentrañar su personalidad. En cualquier caso, mantenía a gran distancia las fuerzas y sucesos que lo habían formado.

Puede que no se fiara de sus recuerdos, pero aún le quedaban algunos. Por ejemplo, recordaba la ocasión a finales de 1941 o principios de 1942 —en cualquier caso, un año o más después de la ocupación de París por parte de los alemanes— en que lo agarraron en la calle después del toque de queda. Las nuevas leyes lo obligaban a llevar la estrella amarilla de David en la pechera del jersey. Este nuevo uso de la insignia le causaba tanta vergüenza que se empeñó en ir al colegio media hora antes para que los demás niños no lo vieran entrar en el edificio con ella. Al salir de clase, en la calle, se volvía el jersey del revés.

Una noche en que regresaba a casa demasiado tarde, vio que venía hacia él un soldado alemán. «Llevaba el uniforme negro que yo había aprendido a temer más que a los demás: el que llevaban los soldados especiales de las SS», recordaba en la declaración autobiográfica que le pidió la comisión del Nobel. «Cuando estuve más cerca de él, procurando andar deprisa, vi que me estaba mirando fijamente. Entonces me hizo parar, me levantó del suelo y me abrazó. Yo estaba aterrado de que notara la estrella por dentro de mi jersey. Me estaba hablando en alemán con mucha emoción. Cuando me dejó en el suelo, abrió su cartera, me enseñó la foto de un niño y me dio un poco de dinero. Volví a casa más convencido que nunca de que mi madre tenía razón: la gente es infinitamente complicada e interesante.»

También recordaba la imagen de su padre cuando se lo llevaron en una gran redada en noviembre de 1941. Miles de judíos fueron detenidos y enviados a los campos. Danny tenía sentimientos encontrados para con su madre. A su padre lo había querido mucho. «Mi padre era radiante, tenía un encanto enorme.» Lo encerraron en una prisión improvisada en Drancy, a las afueras de París. En Drancy, unas viviendas públicas diseñadas para setecientas personas se utilizaban para guardar prisioneros a siete mil judíos. «Tengo el recuerdo de ir con mi madre a ver aquella prisión. Y recuerdo que tenía un color como rosa anaranjado. Había gente, pero no podías ver las caras. Se oían mujeres y niños. Y recuerdo al guardia de la prisión. Nos dijo: "Aquí la vida es dura. Están comiendo peladuras".» Para la mayoría de los judíos, Drancy era solo una parada en el camino hacia los campos de concentración. Al llegar, muchos de los niños eran separados de sus madres y metidos en trenes pare ser gaseados en Auschwitz.

El padre de Danny fue puesto en libertad al cabo de seis meses, gracias a su relación con Eugène Schueller. Schueller era el fundador y director de la gigantesca empresa francesa de cosméticos L'Oréal, donde el padre de Danny trabajaba como químico. Mucho después de la guerra, Schueller sería denunciado como uno de los líderes de una organización que colaboraba con los nazis en encontrar y matar judíos franceses. De alguna manera, había hecho una excepción en su mente para su químico estrella; convenció a los alemanes de que el padre de Danny era «imprescindible para el esfuerzo de la guerra», y consiguió que lo devolvieran a París. Danny recordaba con viveza el día: «Sabíamos que volvía, así que fuimos de tiendas. Cuando volvimos a casa, tocamos el timbre y él abrió la puerta. Y llevaba puesto su mejor traje. Pesaba 45 kilos. Era solo piel y huesos. Y no había comido. Aquello fue lo que me impresionó. Nos esperó para comer».

Viendo que ni siquiera Schueller podía mantenerlo a salvo en París, el padre de Danny huyó con su familia. En 1942 las fronteras estaban cerradas y no había un camino libre hacia lo seguro. Danny, su hermana mayor, Ruth, y sus padres, Ephraim y Rachel, huyeron hacia el sur, donde, en teoría, el régimen de Vichy seguía gobernando. Por el camino se encontraron con multitud de peligros y complicaciones. Se escondieron en pajares: Danny los recordaba, lo mismo que los carnets de identidad falsos que su padre había conseguido de algún modo en París y que incluían un error de ortografía: Danny, su madre y su hermana figuraban con el apellido «Cadet», mientras que su padre con el de «Godet». Para evitar que los descubrieran, Danny tenía instrucciones de llamar «tío» a su padre. También debía comunicarse a través de su madre, ya que su primer idioma era el yiddish y todavía hablaba francés con acento. Era una rareza ver a su madre callada. Siempre había tenido muchísimo que decir. Culpaba a su marido de la situación. Se habían quedado en París solo porque él se había dejado engañar por sus recuerdos de la Gran Guerra. Entonces los alemanes no habían llegado a París, había dicho, de modo que ahora tampoco llegarían. Ella no había estado de acuerdo. «Recuerdo que mi madre vio venir los horrores mucho antes que él. Era pesimista y se preocupaba mucho: él era risueño y optimista.» Danny ya sentía que se parecía mucho a su madre y nada a su padre. Sus sentimientos para consigo mismo eran complicados.

El invierno de 1942 los alcanzó en un pueblo costero llamado Juan-les-Pins, totalmente atemorizados. Ahora tenían casa propia, gentileza de un colaborador nazi, con un laboratorio de química para que el padre de Danny pudiera seguir trabajando. Para integrarse en esta nueva sociedad, sus padres enviaron a Danny al colegio, advirtiéndole de que tuviera cuidado de no decir mucho ni parecer demasiado listo. «Tenían miedo de que me identificaran como judío.» Desde que tenía uso de razón, se había considerado precoz y estudioso. Sentía poco apego a su cuerpo. Se le daban tan mal los deportes que un día sus compañeros de clase lo apodaron «El Muerto Viviente». Un profesor de gimnasia impidió que se le otorgaran honores académicos alegando que «para todo hay un límite». Pero su mente era ágil y musculosa. Desde que empezó a pensar en qué sería al hacerse mayor, dio por supuesto que se convertiría en un intelectual. Esa era su imagen de sí mismo: un cerebro sin cuerpo. Ahora tenía una imagen nueva: una liebre en una cacería de liebres. El objetivo era solo sobrevivir.

El 10 de noviembre de 1942, los alemanes ocuparon el sur de Francia. Ahora había soldados alemanes con uniformes negros que sacaban a los hombres de los autobuses y los desnudaban para ver si estaban circuncidados. «Al que pillaban, era hombre muerto», recordaba Danny. Su padre no creía para nada en Dios. Su pérdida de fe le había llevado de joven a abandonar Lituania y la ilustre estirpe de rabinos de la que descendía para marcharse a París. Danny, sin embargo, no estaba preparado para rechazar la idea de

54

que en el universo hubiera alguna fuerza invisible y protectora. «Dormía bajo la misma mosquitera que mis padres —decía—. Ellos estaban en una cama grande; yo, en una cama pequeña. Yo tenía nueve años. Y le rezaba a Dios. Y la oración era: "Sé que estás muy ocupado y que estos son tiempos duros y todo eso. No quiero pedirte mucho, solo quiero pedirte un día más".»

Una vez más, huyeron para salvar la vida, esta vez a Cagnes-sur-Mer, en la Costa Azul, a la propiedad de un coronel del viejo ejército francés. Durante los meses siguientes, Danny estuvo recluido. Pasaba el tiempo entre libros. Leía y releía *La vuelta al mundo en ochenta días*, y se enamoró de todo lo inglés y en especial de Phileas Fogg. El coronel francés había dejado una estantería llena de informes de la guerra de trincheras en Verdún, y Danny los leyó todos, convirtiéndose en una especie de experto en el tema. Su padre seguía trabajando en el laboratorio químico de la casa de la costa, y los fines de semana cogía el autobús para ver a su familia. Los viernes Danny se sentaba con su madre en el jardín y la miraba zurcir calcetines esperando a que llegara su padre. «Vivíamos en la colina y podíamos ver la estación de autobuses. Nunca sabíamos si vendría. Desde entonces, odio esperar.»

Con ayuda del gobierno de Vichy y de cazarrecompensas privados, los alemanes se volvieron más eficientes en la persecución de judíos. El padre de Danny padecía diabetes, pero ahora era más peligroso para él buscar tratamiento que vivir sin él. Huyeron una vez más. Primero a hoteles, y después a un gallinero. El gallinero estaba detrás de una taberna en una aldea a las afueras de Limoges. Allí no había soldados alemanes, solo la Milicia, una fuerza paramilitar que colaboraba con los alemanes y les ayudaba a encontrar judíos y exterminar a la resistencia francesa. Danny no sabía cómo había encontrado su padre aquel sitio, pero el fundador de L'Oréal debía de haber tenido algo que ver, ya que la empresa seguía enviando paquetes de alimentos. Levantaron una partición en medio de la pieza para que la hermana de Danny pudiera tener algo de intimidad, pero lo cierto era que el gallinero no estaba hecho para que vivieran personas en él. En invierno hacía tanto frío que la puerta se congelaba. La hermana intentó dormir sobre la cocina y acabó con quemaduras en la ropa.

Para pasar por cristianas, la madre y la hermana de Danny iban a la iglesia los domingos. Danny, que ya tenía diez años, volvió al colegio, con el argumento de que era menos llamativo allí que escondido en el gallinero. Los alumnos de esta nueva escuela rural eran aún menos competentes que los de Juan-les-Pins. El profesor era atento, pero nada memorable. La única lección que Danny recordaba era la de educación sexual. Los detalles le parecieron tan ridículos que estaba seguro de que el profesor estaba equivocado. «Le dije: "¡Esto es absolutamente imposible!". Le pregunté a mi madre y ella me dijo que era verdad.» Aun así, no lo creyó del todo hasta una noche en la que estaba en la cama, con la madre durmiendo a su lado. Se despertó con necesidad de ir al retrete y pasó por encima de ella. Ella se despertó y vio a su hijo encima. «Y mi madre estaba aterrorizada. Y yo pensé: "¡Tiene que ser verdad, después de todo!".»

Ya desde niño había sentido un interés casi teórico por las demás personas: por qué pensaban lo que pensaban, por qué hacían lo que hacían. Su experiencia directa era limitada. Asistía al colegio, pero evitaba el contacto social con sus profesores y compañeros. No tenía amigos. Incluso los conocidos eran un peligro mortal. Por otra parte, fue testigo a distancia de muchos comportamientos interesantes. Estaba convencido de que tanto su profesor como los dueños de la taberna tenían que saber que era judío. ¿Por qué si no iba a estar aquel chico de ciudad, tan precoz a sus diez años, en una escuela llena de patanes de campo? ¿Por qué si no iba a estar aquella familia de cuatro miembros, evidentemente acomodada, hacinada en un gallinero? Pero no daban señales de saber nada. Su pro-

56

fesor le ponía buenas notas e incluso invitó a Danny a su casa, y madame Andrieux, que era la dueña de la taberna, le pidió que la ayudara, le daba propinas (que a él no le servían de nada) e incluso intentó convencer a su madre de que abriera un burdel con ella. Muchas personas, en verdad, no se daban cuenta de lo que eran ellos. Danny recordaba en particular a un joven nazi francés, miembro de la Milicia, que cortejó sin éxito a su hermana. Esta tenía ya diecinueve años y parecía una estrella de cine. (Después de la guerra, se dio el placer de hacerle saber al nazi que se había enamorado de una judía.)

La noche del 27 de abril de 1944 —una fecha que Danny recordaba a la perfección—, su padre lo llevó a dar un paseo. Le habían salido ya diversas manchas negras en el interior de la boca. Tenía cuarenta y nueve años, pero parecía mucho mayor. «Me dijo que a lo mejor tenía que volverme responsable», recordaba Danny. «Me dijo que pensara en mí mismo como el hombre de la familia. Me dijo cómo intentar mantener controladas las cosas con mi madre, que yo era más o menos el único cuerdo de la familia. Yo tenía un libro de poemas que había escrito, y se lo di. Y aquella noche se murió.» Danny tenía pocos recuerdos de la muerte de su padre, excepto que su madre le había hecho pasar la noche con monsieur y madame Andrieux. Había otro judío escondido en la aldea. Su madre lo había buscado y él la había ayudado a sacar el cuerpo del padre antes de que Danny volviera. Le dio un entierro judío, pero no dejó que Danny asistiera, tal vez porque era muy peligroso. «Me puso muy furioso que muriera —contaba Danny—. Había sido bueno. Pero no había sido fuerte.»

Los Aliados invadieron Normandía seis semanas después. Danny no llegó a ver ningún soldado. Ningún tanque estadounidense cruzó su aldea con hombres en lo alto tirando golosinas a los niños. Un día se despertó y había una sensación de alegría en el ambiente, se estaban llevando a los integrantes de la Milicia a la cárcel o a ser fusilados, y raparon la cabeza a las mujeres como castigo por haberse acostado con un alemán. En diciembre, los nazis habían sido expulsados de Francia, y Danny y su madre pudieron viajar a París para comprobar lo que quedaba de su casa y sus muebles. Danny tenía un cuaderno de notas que había titulado «Lo que escribo de lo que pienso». («Yo debía de ser inaguantable.») En París leyó en uno de los libros escolares de su hermana un ensayo de Pascal que le inspiró a escribir uno propio en su cuaderno de notas. Por entonces los alemanes estaban lanzando su último contraataque para retomar Francia, y Danny y su madre vivían con miedo a que se abrieran paso. Danny escribió un ensayo que intentaba explicar la necesidad humana por la religión. Empezaba con una cita de Pascal: «La fe es Dios percibido por el corazón, no por la razón»; y añadió: «¡Qué gran verdad!». A continuación, una frase de su cosecha: «Las catedrales y los órganos son maneras artificiales de generar el mismo sentimiento». Ya no creía en Dios como una entidad a la que se podía rezar. Más adelante, repasando su vida, recordaba estas pretensiones de su infancia y se sentía a la vez orgulloso y avergonzado de ellas. En su opinión, su precoz escritura de ensayos «estaba muy relacionada en mi mente con saber que era un judío, con solo inteligencia y sin cuerpo útil, que nunca encajaría con los otros niños».

En París, en su antiguo piso de antes de la guerra, Danny y su madre solo encontraron dos destartaladas butacas verdes. Aun así, se quedaron. Por primera vez en cinco años, Danny acudió al colegio sin tener que disimular lo que era. Durante mucho tiempo conservó un cariñoso recuerdo de la amistad que trabó con un par de aristócratas rusos, altos y atractivos. El recuerdo era muy insistente, tal vez porque había pasado una buena temporada sin amigos. Mucho más tarde en su vida puso a prueba su memoria, localizó a los aristocráticos hermanos rusos y les envió una carta. Uno de ellos se había convertido en arquitecto, y el otro, en médico. Los hermanos le respondieron diciendo que se acordaban de él, y le enviaron una fotografía de todos ellos juntos. Danny no estaba en la foto. Debían de haberle confundido con algún otro. Su única amistad era imaginaria, no real.

Los Kahneman ya no se sentían acogidos en Europa y se marcharon en 1946. La extensa familia del padre de Danny se había quedado en Lituania y, junto con los otros seis mil judíos de su ciudad, habían sido exterminados. Solo se había salvado un tío de Danny, un rabino que estaba fuera del país cuando los alemanes lo invadieron. Igual que la familia de la madre de Danny, ahora vivía en Palestina. Y a Palestina se mudaron ellos. Su llegada tuvo la suficiente trascendencia para que alguien la filmara (aunque la película se perdió), pero lo único que Danny decía recordar era el vaso de leche que su tío le había dado. «Aún recuerdo lo blanca que era —dijo—. Fue mi primer vaso de leche en cinco años.» Danny, su madre y su hermana se instalaron con la familia de ella en Jerusalén. Allí, un año después, a los trece, Danny tomó su decisión definitiva acerca de Dios: «Todavía recuerdo dónde estaba: en una calle de Jerusalén. Recuerdo que pensé que podía imaginar que existiera un Dios, pero no un Dios al que le importara si yo me masturbaba o no. Llegué a la conclusión de que Dios no existía. Aquel fue el final de mi vida religiosa».

Y esto es más o menos todo lo que Danny Kahneman recordaba, o había decidido recordar, cuando le preguntaban por su infancia. Desde los siete años de edad le habían dicho que no se fiara de nadie, y él había obedecido. Su supervivencia había dependido de mantenerse apartado e impedir que otros se percataran de lo que era. Estaba destinado a convertirse en uno de los psicólogos más influyentes del mundo, y en un conocedor originalísimo de los errores humanos. Su obra iba a explorar, entre otras cosas, el papel de la memoria en la capacidad humana de juzgar. Por ejemplo, cómo lo que el ejército francés recordaba de la estrategia militar alemana en la anterior guerra les pudo llevar a juzgar mal la suya propia en una nueva contienda. Cómo lo que un hombre recordaba del comportamiento de los alemanes en ese período bélico le podía llevar a juzgar mal las intenciones de los alemanes en el siguiente. O cómo el recuerdo de un niño alemán podía impedir que un miembro de las SS de Hitler, entrenado para detectar judíos, se diera cuenta de que el que había cogido en brazos en las calles de París era un judío.

Pero su propia memoria no le parecía tan relevante. Durante el resto de su vida insistió en que su pasado influía poco en su visión del mundo, y en la visión que el mundo tenía de él. «Se dice que tu infancia influye mucho en lo que acabas siendo —decía cuando le presionaban—, pero no estoy muy seguro de que eso sea cierto.» Ni siquiera con los que llegó a considerar amigos hablaba de su experiencia en el Holocausto. En realidad, no habló de eso hasta que ganó el Premio Nobel y los periodistas empezaron a acosarlo pidiéndole detalles de su vida. Sus amigos más antiguos se enteraron por los periódicos de lo que le había ocurrido.

Los Kahneman habían llegado a Jerusalén justo a tiempo para otra guerra. En el otoño de 1947, el problema de Palestina pasó de Reino Unido a Naciones Unidas, la cual el 29 de noviembre dictó una resolución que dividía de forma oficial el territorio en dos estados. El nuevo estado judío tenía aproximadamente el tamaño de Connecticut, y el estado árabe era un poco más pequeño. Jerusalén, con sus lugares sagrados, no pertenecía a ninguno de los dos. Los que vivían en esa ciudad se convirtieron en «ciudadanos» de Jerusalén. En la práctica, había una parte árabe y una parte judía, y los residentes de cada una seguían haciendo todo lo posible por matar a los de la otra. El piso en el que se instaló Danny con su madre estaba cerca de la frontera extraoficial. Una bala pasó por la habitación de Danny. El jefe de su grupo de exploradores fue asesinado.

Y sin embargo, decía Danny, la vida no parecía especialmente peligrosa. «Era diferente por completo, porque estabas combatiendo. Por eso es mejor. Yo odiaba la condición de judío en Europa. No quería que me cazaran. No quería ser un conejo.» Una noche de enero de 1948 vio por primera vez con palpable emoción a soldados israelíes: 38 jóvenes combatientes reunidos en el sótano de su edificio. Las tropas árabes habían sitiado un conjunto de asentamientos judíos en el sur del pequeño país. Los 38 soldados judíos salieron del sótano de la casa de Danny para rescatar a los colonos. Por el camino, tres se volvieron atrás —uno se había torcido un tobillo y los otros dos le ayudaron a volver a casa—, así que el grupo sería recordado para siempre como «los treinta y cinco». Pretendían marchar al abrigo de la oscuridad, pero cuando salió el sol todavía seguían caminando. Encontraron un pastor árabe y decidieron dejarle escapar o, al menos, esta es la historia que Danny oyó. El pastor informó a los combatientes árabes, que emboscaron y mataron a los 35 jóvenes y después mutilaron sus cadáveres. A Danny le asombraba su desastrosa decisión. «¿Saben por qué los asesinaron? —decía—. Los asesinaron porque no pudieron decidirse a matar a un pastor.»

Pocos meses después, un convoy de médicos y enfermeras bajo bandera de la Cruz Roja recorrió la estrecha carretera que iba de la parte de la ciudad judía al monte Scopus, donde se encontraban la Universidad Hebrea y el hospital adjunto. El monte Scopus estaba detrás de las líneas árabes, una isla judía en un mar musulmán. La única manera de llegar era por una carretera estrecha de dos kilómetros y medio por la que los británicos garantizaban el paso. La mayoría de las veces no había incidencias, pero aquel día estalló una bomba que detuvo al vehículo de cabeza, un camión Ford. Los árabes ametrallaron los autobuses y ambulancias que venían detrás. Algunos de los vehículos del convoy lograron dar la vuelta y escapar, pero los autobuses, que llevaban pasajeros, quedaron atrapados. Cuando cesó el fuego de las ametralladoras, 75 personas habían muerto, y sus cuerpos quedaron tan abrasados que se los enterró en una fosa común. Entre ellos estaba Enzo Bonaventura, un psicólogo que había llegado de Italia nueve meses antes para crear un departamento de psicología en la Universidad Hebrea. Sus planes murieron con él.

Danny se negaba a reconocer que su existencia corriera peligro. «Parecía muy improbable que pudiéramos derrotar a cinco naciones árabes, pero por alguna razón no estábamos preocupados. La verdad era que no había ninguna sensación de peligro mortal inminente que yo pudiera percibir. Moría gente, sí, pero para mí, después de la Segunda Guerra Mundial, aquello era un picnic.» Por supuesto, su madre no estaba de acuerdo, y agarró a su hijo de catorce años y se marcharon de Jerusalén para instalarse en Tel Aviv.

El 14 de mayo de 1948, Israel se declaró estado independiente, y los soldados británicos se marcharon al día siguiente. Los ejércitos de Jordania, Siria y Egipto atacaron, junto con algunas tropas de Irak y Líbano. Durante muchos meses, Jerusalén estuvo sitiada, y la vida en Tel Aviv no era nada normal. El minarete de la playa, junto a lo que ahora es el Hotel Intercontinental, se convirtió en un puesto de francotiradores árabes. Estos podían disparar, y así lo hacían, contra los niños judíos que iban y venían del colegio. «Volaban balas por todas partes», recordaba Simon Shamir, que tenía catorce años y vivía en Tel Aviv cuando estalló la guerra, y que años después se convertiría en la única persona que ejerció como embajador israelí en Egipto y Jordania.

Shamir fue el primer amigo verdadero de Danny. «Los otros chicos de la clase sentían que había cierto distanciamiento entre ellos y él», contaba Shamir. «Danny no buscaba grupos. Era muy selectivo. No necesitaba más que un amigo.» Danny no sabía hebreo cuando llegó a Israel el año anterior, pero cuando ingresó en el colegio de Tel Aviv ya lo hablaba con fluidez, y el inglés mejor que cualquier otro de la clase. «Se le consideraba brillante —dice Shamir—, y yo solía picarle: "Vas a ser famoso". Y él se sentía incómodo. Espero no estar contando la historia al revés, pero creo que teníamos la sensación de que iba a llegar muy lejos.»

Estaba claro que Danny no era como los demás chicos. No intentaba ser raro; simplemente, lo era. «Fue el único de nuestra clase que intentó adoptar un acento inglés correcto —cuenta Shamir—. A todos nos parecía muy gracioso. Era diferente en muchos aspectos. En cierta medida, era un extraño. Y lo era a causa de su personalidad, no porque fuera un refugiado.» Ya a los catorce años, Danny no era un chico corriente, sino un intelectual atrapado en el cuerpo de un muchacho. «Estaba siempre absorto en algún problema o dilema —contaba Shamir—. Recuerdo que un día me enseñó un largo ensayo que había escrito para sí mismo... lo cual era raro, porque escribir ensayos era una tarea que solo hacías para el colegio, y sobre el tema que impusiera el profesor. La idea de que escribiera un trabajo largo sobre un asunto que no tenía nada que ver con el programa de estudios, solo porque le interesaba, me impresionó mucho. Comparaba la personalidad de un caballero inglés con la de un aristócrata griego en tiempos de Heracles.» Shamir sentía que Danny estaba buscando en los libros y en su propia mente una dirección que la mayoría de los niños adquieren de la gente que los rodea. «Yo creo que estaba buscando un ideal —dijo—. Un modelo de vida.»

La guerra de Independencia duró diez meses. Un estado judío de 14.000 kilómetros cuadrados antes de la guerra terminó siendo un poco más grande que el estado de New Jersey (22.000 kilómetros cuadrados). Un 1 por ciento de la población israelí había muerto. 10.000 árabes habían muerto y 750.000 palestinos fueron desplazados. Después de la guerra, la madre de Danny volvió a mudarse con él a Jerusalén. Allí, Danny hizo su segundo amigo íntimo, un muchacho de ascendencia inglesa llamado Ariel Ginsberg.

Tel Aviv era pobre, pero Jerusalén era aún más pobre. En general, nadie tenía cámara fotográfica, ni teléfono, ni siquiera timbre en la puerta. Si querías visitar a un amigo, tenías que ir andando a su casa y llamar a golpes o silbar. Danny iba a casa de Ariel, silbaba y Ariel bajaba e iban juntos a la YMCA para nadar y jugar al ping-pong sin decirse ni una palabra. A Danny aquello le parecía perfecto: Ginsberg le recordaba a Phileas Fogg. «Danny era diferente —cuenta Ginsberg—. Se sentía aparte y se mantenía aparte... hasta cierto punto. Yo era su único amigo.»

En unos pocos años, después de la guerra, la población judía de lo que ahora llamamos Israel se duplicó, de 600.000 a 1.200.000 personas. No ha existido una época ni un lugar donde fuera más fácil y se fomentara más que una persona judía recién llegada a un país se integrara en la población local. Y sin embargo, en espíritu, Danny no se integró. La gente con la que se trataba eran todos israelíes nativos, y no inmigrantes como él. Y él mismo no parecía israelí. Como muchos otros chicos y chicas, ingresó en los *boy scouts*, pero salió cuando Ariel y él decidieron que la organización no era para ellos. Aunque había aprendido hebreo con increíble rapidez, él y su madre hablaban francés en casa, a veces en tono airado. «No era un hogar feliz —cuenta Ginsberg—. Su madre era una mujer amargada. Su hermana se marchó de allí en cuanto pudo.» Danny no aceptó la oferta de una nueva identidad israelí prefabricada. Sí aceptó la de un lugar donde crearse una identidad propia.

Es difícil precisar cuál iba a ser aquella identidad, porque el propio Danny era difícil de clasificar: parecía que no quería establecerse en ningún sitio en particular. Las relaciones que entabló eran tenues y provisionales. Ruth Ginsberg, que entonces salía con el amigo de Danny y pronto se casaría con él, cuenta: «Danny decidió muy pronto que no quería asumir responsabilidades. Yo tenía la sensación de que tenía necesidad de racionalizar siempre su falta de raíces. Era una persona que no necesitaba raíces. Tenía una visión de la vida como una serie de coincidencias: "Ocurrió así, pero podría haber ocurrido igualmente de otra manera". En condiciones tan malas, procuras sacar el mejor partido posible».

La falta de necesidad de un sitio o un grupo a los que pertenecer resultaba especialmente significativa en un país de gente ansiosa de sentirse una tierra y un pueblo. «Yo llegué en 1948 y quería ser como ellos —recuerda Yeshu Kolodny, profesor de geología en la Universidad Hebrea, de la edad de Danny y cuya extensa familia también había sido exterminada en el Holocausto—. Eso significa que quería llevar sandalias, bermudas con dobladillo y aprenderme el nombre de cada maldito *wadi** o montaña. Y sobre todo, quería perder mi acento ruso. Estaba un poco avergonzado de mi historia. Llegué a venerar a los héroes de mi pueblo. Danny no sentía esas cosas. Miraba con desprecio este país.»

Danny era un refugiado igual que lo era, por ejemplo, Vladimir Nabokov. Un refugiado que mantenía las distancias. Un refugiado con «aires». Y con una visión ácida de los nativos. A los quince años se hizo un test de vocación que lo clasificó como psicólogo. No le sorprendió.** Siempre había sentido que sería una especie de

* Valle. *(N. del T.)*

** Décadas después, cuando Danny Kahneman tenía cuarenta y tantos años, asistió a una clase en la Universidad de California en Berkeley, impartida por una psicóloga llamada Eleanor Rosch. Aquel día, Rosch sometió a un grupo de estudiantes de primer curso a un ejercicio. Pasó por la clase un sombrero lleno de papelitos, y en cada papelito figuraba una profesión diferente: guarda del zoo, piloto de líneas aéreas, carpintero, ladrón... Los estudiantes tenían que tomar un papel y después decir si les venía algo a la mente que hubiera presagiado la profesión que había escrita. «Pues claro que acabé siendo guarda del zoo; de niño me encantaba encerrar a nuestro gato.» El ejercicio pretendía ilustrar el poderoso instinto que tiene la gente para encontrar causas para cualquier efecto, y también para crear relatos. «Toda la clase desdobló sus papeles al mismo tiempo —recordaba Rosch—, profesor, y las preguntas que se hacía acerca de los seres humanos le parecían más interesantes que cualquier otra. «Me interesaba la psicología como una manera de hacer filosofía —dijo—. Comprender el mundo a través de por qué la gente, y en especial yo, lo ve como lo ve. Para entonces, la cuestión de la existencia de Dios me dejaba frío. Pero el problema de por qué la gente cree que Dios existe me parecía realmente fascinante. La verdad es que no me interesaba si uno tiene razón o no. Pero sí que me interesaba mucho la indignación. ¡Eso es ser psicólogo!»

La mayoría de los israelíes, al terminar el instituto, eran reclutados por el ejército. A Danny, en reconocimiento de sus dotes intelectuales, se le permitió pasar directamente a la universidad para estudiar psicología. No estaba muy claro cómo iba a hacerlo, ya que la única universidad del país se encontraba detrás de las líneas árabes, y el proyecto de un departamento de psicología había muerto en una emboscada árabe. Y así, una mañana de otoño de 1951, Danny Kahneman, con diecisiete años, asistió a una clase de matemáticas que tenía lugar en un monasterio de Jerusalén, que era uno de los varios locales provisionales de la Universidad Hebrea. Incluso allí, Danny parecía fuera de lugar. La mayoría de los estudiantes venía de servir tres años en el ejército, y muchos de ellos habían entrado en combate. Danny era más joven y vestía chaqueta y corbata, cosa que a los demás estudiantes les parecía ridículo.

Durante los tres años siguientes, Danny aprendió casi por sí solo grandes áreas de la disciplina que había elegido, ya que sus profesores no le satisfacían. «Me encantaba mi profesora de estadís-

---

y a los pocos segundos alguien se echó a reír, y la risa se hizo general. Y sí, para su sorpresa, les vinieron cosas a la mente. Danny fue la única excepción. "No —dijo, según Rosch—. Yo solo podría haber sido dos cosas: psicólogo o rabino".»

tica —recordaba Danny—, pero no distinguía la estadística de las alubias. Aprendí estadística yo solo, con un libro.» Sus profesores no eran un grupo de especialistas, sino un conjunto de personas, la mayoría refugiados europeos, que solo querían vivir en Israel. «Básicamente, todo estaba organizado en torno a profesores carismáticos, gente que acarreaba una carga vital y no solo *curriculum vitae* —recordaba Avishai Margalit, que saldría de la Universidad Hebrea para convertirse en profesor de filosofía en Stanford, entre otros lugares—. Habían vivido grandes vidas.»

El más notable era Yeshayahu Leibowitz, a quien Danny veneraba. Leibowitz había llegado a Palestina desde Alemania, pasando por Suiza, en los años treinta, con titulaciones en medicina, química, filosofía de la ciencia y —se rumoreaba— en algunos campos más. Aun así, intentó sacarse el carnet de conducir siete veces y fracasó. «Se le veía andando por la calle —recordaba una exalumna de Leibowitz, Maya Bar-Hillel—. Llevaba los pantalones subidos hasta el cuello, era cargado de espaldas y tenía una barbilla como la de Jay Leno. Iba hablando solo y hacía gestos retóricos. Pero su mente atraía a la juventud de todo el país.» Enseñara lo que enseñara —y parecía que no existía un tema que él no pudiera enseñar—, Leibowitz nunca dejaba de dar un espectáculo. «El curso que yo seguí se llamaba bioquímica, pero era básicamente acerca de la vida —recordaba otro estudiante—. Gran parte de la clase se dedicaba a explicar lo estúpido que era Ben-Gurion.» Se refería a David Ben-Gurion, el primer ministro de Israel. Una de las historias favoritas de Leibowitz era la del burro colocado a igual distancia de dos balas de heno. El burro es incapaz de decidir qué bala está más cerca y se muere de hambre. «A continuación, Leibowitz decía que ningún burro actuaría así; un burro elegiría una u otra al azar y comería. Las cosas solo se complican cuando las decisiones las toman personas. Y entonces decía: "¿Qué le ocurre a un país cuando un burro toma las decisiones que debería tomar una persona?

Eso lo leen ustedes todos los días en los periódicos". Su clase estaba siempre llena.»

Lo que Danny recordaba de Leibowitz era, como todo en él, peculiar: no lo que el hombre había dicho, sino el sonido que hacía la tiza al golpear la pizarra cuando quería recalcar algo. Era como un tiro.

Ya a aquella temprana edad y en aquellas circunstancias, era posible detectar una deriva en la mente de Danny por las corrientes que resistía. Freud estaba en el aire, pero Danny no quería que nadie se tumbara en su diván, ni él quería tumbarse en el diván de nadie. Había decidido no conceder importancia particular a sus experiencias de la infancia, e incluso a sus recuerdos. ¿Por qué iba a interesarse por las experiencias y recuerdos de otros? A principios de los años cincuenta, muchos de los psicólogos que insistían en que la disciplina se sometiera a los criterios de la ciencia habían renunciado a la ambición de estudiar el funcionamiento de la mente humana. Si no se puede observar lo que ocurre en la mente, ¿cómo estudiarlo? Lo que se consideraba digno de atención científica —y lo que se podía estudiar a través de su método— era el comportamiento de los seres vivos.

La escuela de pensamiento dominante se había llamado behaviorismo o conductismo. Su gran figura, B. F. Skinner, la había empezado a desarrollar durante la Segunda Guerra Mundial, cuando las Fuerzas Aéreas estadounidenses lo contrataron para entrenar palomas que guiaran las bombas. Skinner enseñó a las palomas a picotear en el sitio correcto de un mapa aéreo del objetivo, y las premiaba con comida cada vez que lo hacían bien. (Lo hacían con menos entusiasmo cuando el fuego antiaéreo estallaba cerca de ellas, y por eso nunca se las usaba en combate.) El éxito de Skinner con las palomas fue el principio de una carrera espectacularmente influyente, basada en la idea de que todo comportamiento animal no se guiaba por pensamientos y sentimientos, sino por los premios y castigos externos. Encerró ratas en lo que él llamaba «cámaras de condicionamiento operante» (que no tardaron en conocerse como «cajas de Skinner») y les enseñó a tirar de palancas y apretar botones. También enseñó a palomas a bailar, a jugar al ping-pong y a tocar en el piano «Take Me Out to the Ball Game».

Los conductistas suponían que cualquier cosa que descubrieran en las ratas y palomas se podía aplicar a las personas; solo que en estas, por varias razones, era menos práctico realizar experimentos. «Unas palabras de advertencia para el lector que esté ansioso por avanzar hacia los sujetos humanos», escribió Skinner en un ensayo titulado *How to Teach Animals*: «Debemos emprender un programa en el que a veces aplicamos refuerzos relevantes y a veces no. Al hacer esto [con humanos] es muy probable que generemos efectos emocionales. Por desgracia, la ciencia del comportamiento todavía no tiene tanto éxito en controlar las emociones como en modelar la conducta». El atractivo del conductismo yacía en que la ciencia era transparente: se podían observar los estímulos y se podían registrar las respuestas. Parecía «objetiva». No se basaba en que uno le dijera a otro lo que pensaba o sentía. Todo lo importante era observable y medible. Había un chiste que a Skinner le gustaba contar y que captaba el espíritu aséptico del conductismo: una pareja hace el amor. Después uno de los dos se vuelve hacia el otro y dice: «Para ti ha estado bien. ¿Cómo ha estado para mí?».

Todos los behavioristas importantes eran WASP, algo que no pasó inadvertido para los jóvenes que empezaban a estudiar psicología en los años cincuenta. En retrospectiva, un observador casual de aquella época no habría podido evitar preguntarse si existirían dos disciplinas no relacionadas: «psicología WASP» y «psicología judía». Los WASP andaban por ahí en batas blancas de laboratorio y con portapapeles, pensando en nuevas maneras de torturar a las ratas y evitando el enorme follón de la experiencia humana. Los judíos aceptaban el follón, incluso aquellos judíos que rechazaban los métodos de Freud soñaban con la «objetividad», y querían encontrar los diversos tipos de verdades que se pueden poner a prueba siguiendo las reglas de la ciencia.

Danny, por su parte, buscaba la objetividad. La escuela de pensamiento psicológico que más le fascinaba era la psicología de la Gestalt.* Iniciada por judíos alemanes —se originó en Berlín a principios del siglo xx—, pretendía explorar a través de la ciencia los misterios de la mente humana. Los psicólogos de la Gestalt habían hecho carrera descubriendo fenómenos interesantes y demostrándolos con cierta espectacularidad: una luz parecía más brillante cuando emergía en la oscuridad total; el color gris parecía verde cuando estaba rodeado de violeta, y amarillo si estaba rodeado de azul; si le decías a una persona «No pises esa hiel de plátano», la persona no pensaría que habías dicho «hiel» sino «piel». Los gestaltistas demostraron que no existía una relación obvia entre un estímulo externo y la sensación que generaba en las personas, ya que la mente intervenía de muchas maneras curiosas. A Danny le llamaba mucho la atención el modo en que los psicólogos de la Gestalt, en sus escritos, incitaban a pasar a sus lectores por cierta experiencia de manera que pudieran sentir por sí mismos el misterioso funcionamiento interno de su propia mente:

> Si miramos al cielo en una noche clara, algunas estrellas se perciben de inmediato como formando parte de un grupo, o como desligadas de su entorno. La constelación Casiopea es un ejemplo, la Osa Mayor es otro. Durante siglos la gente ha visto las mismas agrupaciones como unidades, y en la actualidad los niños no ne-

---

* La palabra es alemana y significa «forma» o «configuración», pero, de una manera que habría gustado a los psicólogos gestaltistas, también ella ha tendido a cambiar de forma, dependiendo del contexto en que se use.

70

cesitan instrucción para percibirlas. De manera similar, en la Figura 1 el lector tiene ante sí dos grupos de manchas:

Figura 1. Adaptada de Wolfgang Köhler, Gestalt Psychology, *1947 (reproducido de Nueva York, Liveright, 1992), p. 142.*

¿Por qué no vemos solo seis manchas? ¿O dos grupos diferentes? ¿O tres grupos de dos manchas? Cuando se mira casualmente este patrón, todo el mundo ve dos grupos de tres manchas cada uno.

La cuestión fundamental planteada por los psicólogos de la Gestalt era precisamente aquello que los conductistas habían decidido ignorar: ¿cómo crea significados el cerebro? ¿Cómo convierte los fragmentos reunidos por los sentidos en una imagen coherente de la realidad? ¿Por qué esa imagen parece con tanta frecuencia impuesta por la mente al mundo que la rodea, y no por el mundo en la mente? ¿Cómo convierte una persona los fragmentos de memoria en una historia coherente de la vida? ¿Por qué la comprensión de lo que ve una persona cambia con el contexto en que lo ve? ¿Por qué —hablando en términos más amplios— cuando un régimen empeñado en la destrucción de los judíos asciende al poder en Europa, algunos judíos lo aprecian como lo que es y huyen, y otros se quedan para que los maten? Estas cuestiones, y otras parecidas, habían llevado a Danny a la psicología. No eran la clase de cuestiones que pueda resolver una rata, por mucho talento que tenga. Las respuestas, si es que existían, solo se podían encontrar en la mente humana.

Más adelante, Danny diría que para él la ciencia era como una conversación. De acuerdo con eso, la psicología sería como una cena o fiesta ruidosa, en la que los invitados pasan de un interlocutor a otro y cambian de tema con desconcertante frecuencia. Los psicólogos de la Gestalt, los conductistas y los psicoanalistas podían estar todos agrupados en el mismo edificio, con una placa en la entrada que dijera «Departamento de psicología», pero no perdían mucho tiempo escuchándose unos a otros. La psicología no era como la física, ni siquiera como la economía. Carecía de una teoría única y convincente en torno a la cual organizarse, y ni siquiera gozaba de un conjunto acordado de reglas para discutir. Sus principales figuras podían decir —y así hacían— de la obra de otros psicólogos: «Básicamente, lo que usted dice y hace es un completo disparate», sin ningún efecto apreciable en el comportamiento de estos.

Parte del problema era la increíble diversidad de quienes querían ser psicólogos: un batiburrillo de personajes con motivos que variaban desde el afán de racionalizar su propia infelicidad hasta la convicción de que tenían un profundo conocimiento de la condición humana pero carecían de la fuerza literaria para escribir una novela decente; desde la necesidad de un mercado para sus habilidades matemáticas después de no haber encontrado sitio en el departamento de física hasta el simple deseo de ayudar a la gente que sufre. La otra dificultad era que la psicología era como un cajón de sastre: un sitio donde se meten toda clase de problemas no relacionados y en apariencia irresolubles. «Es posible encontrar dos psicólogos académicos competentes y muy productivos que, si comieran juntos, se verían obligados a discutir las posibilidades de que los Twins ganen la liga o el talento escénico de Ronald, porque apenas existe coincidencia en sus conocimientos e intereses psicológicos», escribió el psicólogo de la Universidad de Minnesota Paul Meehl en el famoso ensayo de 1986 «Psychology. Does

Our Heterogeneous Subject Matter Have Any Unity?»: «Uno se puede preguntar por qué esto es así, si se puede hacer algo al respecto o —una pregunta que habría que hacerse en primer lugar— si en realidad importa. ¿Por qué un genetista del comportamiento que estudia la transmisión de la esquizofrenia iba a poder conversar con un experto en los procesos electroquímicos de la retina del lucio de agua dulce?».

Las pruebas de aptitud revelaron que Danny estaba dotado del mismo modo para las humanidades y la ciencia, pero él solo quería dedicarse a la ciencia. También quería estudiar a las personas. Aparte de eso, pronto quedó claro que no sabía lo que quería hacer. En su segundo año en la Universidad Hebrea, escuchó una conferencia de un neurocirujano alemán que aseguraba que las lesiones cerebrales provocaban que la gente perdiera la capacidad de pensamiento abstracto. Esto resultó ser falso, pero en aquel momento Danny quedó tan convencido que decidió dejar la psicología para estudiar medicina, y así poder hurgar en el cerebro humano y ver qué otros efectos se podían generar. Un profesor acabó convenciéndole de que era una locura tomarse tantas molestias para adquirir un título en medicina a menos que de verdad quisiera ser médico. Pero este fue el comienzo de algo que se repetiría en su vida: aferrarse con gran entusiasmo a una idea o ambición solo para abandonarla decepcionado. «Siempre me ha parecido que hay ideas a montones —decía—. Si has tenido una que no funciona, no debes empeñarte demasiado en mantenerla; simplemente, busca otra.»

En una sociedad normal es poco probable que alguien hubiera descubierto la fantástica utilidad práctica de Danny Kahneman. Pero Israel no era una sociedad normal. Al graduarse por la Universidad Hebrea —que de algún modo le otorgó un título en psicología—, Danny se vio obligado a servir en el ejército israelí. Amable, distante, desorganizado, con tendencia a evitar los conflictos y físicamente inepto, Danny no tenía madera de soldado. Solo dos veces estuvo a punto de entrar en combate, y las dos ocasiones fueron memorables para él. La primera ocurrió cuando ordenaron al pelotón del que era oficial que atacara una aldea árabe. El pelotón de Danny tenía que rondar alrededor de la aldea y emboscar a las tropas árabes que encontrara. Un año antes, después de que una unidad del ejército israelí masacrara a mujeres y niños árabes, Danny y su amigo Simon Shamir habían discutido lo que harían si se les ordenara matar a civiles árabes. Decidieron que desobedecerían la orden. Aquella fue la vez en que Danny estuvo más cerca de recibir la orden. «No teníamos que entrar en la aldea —cuenta—. Los otros oficiales tenían sus órdenes. Yo las escuché, y no se les ordenó matar civiles. Pero tampoco se les ordenó no matar civiles. Y yo no podía preguntar, porque no era mi misión.» Al final, la suya se canceló y su unidad se retiró antes de que tuviera ocasión de dispararle a nadie. Solo más adelante supo el porqué. Los otros pelotones habían caído en una emboscada. El ejército jordano los estaba esperando. Si él no se hubiera marchado, «nos habrían hecho pedazos».

En la otra ocasión, fue enviado una noche a emboscar al ejército jordano. Su unidad tenía tres pelotones. Condujo a los dos primeros a los puntos de emboscada y dejó subordinados al mando. El tercer pelotón, en la frontera jordana, lo mandaba él mismo. Para encontrar la frontera, su comandante (un poeta llamado Haim Gouri) le dijo que tenía que andar hasta llegar a un letrero que decía «Frontier. Stop». Pero en la oscuridad, Danny no vio el letrero. Cuando salió el sol, lo que vio fue un soldado enemigo en un altozano, de espaldas a él. Había invadido Jordania («Casi empecé una guerra»). Vio que la franja de tierra que había bajo la colina que tenían delante era ideal para los francotiradores jordanos que intentaran cazar a soldados israelíes. Danny se volvió para conducir a su patrulla de vuelta a Israel, pero entonces se fijó en que uno de

sus hombres había perdido la mochila. Imaginándose la reprimenda que recibirían por dejar una mochila en Jordania, él y sus hombres se arrastraron por los bordes de la zona de peligro. «Era increíblemente peligroso. Yo sabía que era una estupidez, pero teníamos
que quedarnos hasta encontrarla. Porque ya me parecía oír la primera pregunta: "¿Cómo os habéis podido dejar esa mochila?".
Jamás he olvidado aquella idiotez.» Encontraron la mochila y se
marcharon. Al regresar, sus superiores le amonestaron, pero no por
la mochila. «¿Por qué no disparasteis?», dijeron.

El ejército le sacó de su habitual y autoasignada postura de observador distante. Más adelante, Danny diría que el año que pasó
como jefe de pelotón «eliminó todo vestigio de la sensación per-
manente de vulnerabilidad, debilidad física e incompetencia que
había tenido en Francia». Pero no estaba hecho para disparar a nadie. Tampoco estaba hecho para la vida militar, pero el ejército le
obligó a adaptarse. Le destinaron a la unidad psicológica. La principal característica de la unidad psicológica del ejército israelí en
1954 era que no tenía psicólogos. Al incorporarse, Danny descubrió que su nuevo jefe —el jefe de investigación psicológica del
ejército israelí— era químico. Así que Danny, un refugiado euro-
peo de veinte años que había pasado una parte importante de su
vida escondido, se vio convertido en el experto en cuestiones psicológicas de las Fuerzas Armadas de Israel. «Era flaco, feo y muy
inteligente», recuerda Tammy Viz, que sirvió con Danny en esa
unidad. «Yo tenía diecinueve años y él veintiuno, y creo que flirteó
conmigo y yo fui tan tonta que no me di cuenta. No era un tipo
normal. Pero caía bien a la gente.» Y también le necesitaban... aunque al principio no se dieron cuenta de hasta qué punto.

La nueva nación se enfrentaba a un grave problema: cómo organizar una población diversa hasta enloquecer en una fuerza de
combate. En 1948, David Ben-Gurion había declarado que Israel
estaba abierto a todo judío que quisiera inmigrar. En los cinco

años siguientes, el estado aceptó a más de 730.000 personas de diferentes culturas y que hablaban distintos idiomas. Muchos de los jóvenes que llegaban a las nuevas Fuerzas Armadas de Israel ya habían soportado horrores indecibles: miraras donde miraras, veías personas con números tatuados en los brazos. En las calles de las ciudades israelíes había madres que se tropezaban de forma inesperada con sus hijos, a los que creían que habían asesinado los alemanes. A nadie se le animaba a hablar de lo que había experimentado en la guerra. «A los que padecían estrés postraumático se los consideraba débiles», explicaba un psicólogo israelí. Parte de la tarea de ser un judío israelí consistía en, como mínimo, fingir haber olvidado lo inolvidable.

Israel era todavía más un fortín que una nación, y sin embargo su ejército se encontraba en un estado de caos apenas controlado. Los soldados estaban mal preparados y las unidades mal coordinadas. El jefe de la división de tanques no hablaba el mismo idioma que la mayoría de sus hombres. A principios de los años cincuenta no había una guerra declarada entre árabes y judíos, pero la violencia intermitente y sin motivo dejaba al descubierto las vulnerabilidades del ejército israelí. Los soldados, por ejemplo, tendían a echar a correr a la primera señal de peligro; y los oficiales solían dirigir desde atrás. La infantería realizó una serie de ataques nocturnos fallidos contra las avanzadillas árabes, durante los cuales las tropas israelíes se perdieron en la oscuridad y nunca llegaron a sus objetivos. En un caso, después de que una unidad se pasara la noche vagando en círculos, el oficial al mando simplemente se pegó un tiro. Y cuando llegaban a enfrentarse al enemigo, los resultados eran muchas veces desastrosos. En octubre de 1953, una unidad israelí que tal vez tuviera —o tal vez no— instrucciones de no dañar a los civiles, había atacado una aldea jordana y matado a 69 personas, la mitad de ellas mujeres y niños.

Desde la Primera Guerra Mundial, la tarea de evaluar y clasificar a los jóvenes reclutas en los ejércitos había corrido a cargo de psicólogos, sobre todo porque algunos psicólogos ambiciosos habían convencido al ejército de Estados Unidos de que les encargaran a ellos la tarea. Aun así, si se tenía que clasificar con rapidez a decenas de miles de jóvenes para organizar una fuerza de combate eficiente, no era tan inmediatamente obvio que se necesitara un psicólogo, y resultaba aún menos obvio cuando el único psicólogo disponible era un joven universitario de veintiún años licenciado tras un programa de dos cursos que había seguido de manera más o menos autodidacta. El propio Danny estaba sorprendido de que le encomendaran a él la labor, y no se sentía preparado. Y ya sabía lo difícil que resultaba averiguar qué persona es adecuada para cada tarea cuando sus superiores le habían pedido que evaluara a los candidatos para la academia de oficiales.

A los jóvenes que se habían presentado para ascender a oficiales se les había encomendado una tarea extrañamente artificiosa: desplazarse desde un lado de una pared al otro sin tocarla, usando solo un tronco largo que no podía tocar ni la pared ni el suelo. «Observábamos quién tomaba el mando, quién intentaba mandar y no era obedecido, lo cooperativo que era cada soldado en su contribución al esfuerzo del grupo —escribió Danny—. Veíamos quién parecía testarudo, sumiso, arrogante, paciente, irritable, persistente o derrotista. Veíamos despecho competitivo cuando alguien cuya idea había sido rechazada por el grupo saboteaba sus esfuerzos. Y observábamos las reacciones a las crisis... Considerábamos que bajo la tensión del momento se revelaría la verdadera naturaleza de cada hombre. La impresión que teníamos del carácter de cada candidato era tan directa y visible como el color del cielo.»

No tuvo problemas para identificar quiénes serían buenos oficiales y quiénes no. «Estábamos muy dispuestos a declarar: "Este nunca servirá", "Este es bastante mediocre" o "Este será una es-

77

trella".» Los problemas empezaron cuando puso a prueba sus predicciones comparándolas con los resultados: cómo habían funcionado en la realidad los distintos candidatos a oficiales. Sus predicciones no servían para nada. Y sin embargo, como aquello era el ejército y él tenía un trabajo que hacer, siguió con ellas; y como era Danny, notó que aún seguía confiando en sus predicciones. La situación le recordó la famosa ilusión óptica de Müller-Lyer:

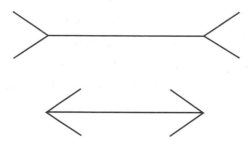

Figura 2. Ilusión óptica de Müller-Lyer.

Ante dos segmentos de igual longitud, el ojo se engaña y cree ver que uno es más largo que el otro. Incluso después de demostrarle a la gente con una regla que las dos líneas son idénticas, la ilusión persiste. Muchos insisten en que una línea sigue pareciendo más larga que la otra. Si la percepción tiene el poder de imponerse a la realidad en un caso tan simple, ¿cuánto poder tendría en una situación más complicada?

Los superiores de Danny creían que cada cuerpo de las fuerzas armadas israelíes tenía su propia personalidad. Había un tipo «piloto de combate», un tipo «unidad acorazada», un tipo «soldado de infantería», etcétera. Querían que Danny determinara para qué rama resultaba más adecuado cada recluta. Danny se propuso crear un test de personalidad que pudiera clasificar con eficacia a toda la población de Israel en su rama correcta. Empezó escribiendo una lista de las características que consideraba más obviamente correlacionadas con la aptitud de una persona para el combate: orgullo masculino, puntualidad, sociabilidad, sentido del deber, capacidad de pensamiento independiente... «La lista de caracteres no se inspiraba en nada —dijo más adelante—. Me la inventé yo. Un profesional habría tardado años en hacerlo, utilizando tests previos, probando múltiples versiones, etcétera, pero yo no sabía que era tan difícil.»

Danny pensaba que la parte complicada sería obtener una medida precisa de cualquiera de estas características en una entrevista de trabajo normal. Las sutiles diferencias que surgen cuando unas personas evalúan a otras ya las había descrito en 1915 un psicólogo estadounidense llamado Edward Thorndike. Thorndike pidió a varios oficiales del ejército estadounidense que evaluaran a sus hombres según un rasgo físico (constitución física, por ejemplo), y después según una cualidad menos tangible («inteligencia», «capacidad de liderazgo», etcétera). Descubrió que la sensación generada al llevar a cabo la primera valoración se filtraba a la segunda: si un oficial pensaba que un soldado tenía un físico impresionante, también lo encontraba impresionante en otros aspectos. Si se cambiaba el orden de las valoraciones, surgía el mismo problema: si a uno lo consideraban una gran persona en general, también se le consideraba más fuerte de lo que en realidad era. «En efecto, se crea un halo de virtud general que influye en la valoración de la habilidad especial, y viceversa», concluyó Thorndike. A continuación, declaró que estaba «convencido de que un capataz, empresario, profesor o jefe de departamento, por muy competentes que sean, son incapaces de contemplar a un individuo como una combinación de cualidades separadas y asignar una magnitud a cada cualidad con independencia de las otras.» Así nació lo que todavía se llama el «efecto halo».

Danny conocía el efecto halo. Y se daba cuenta de que los entrevistadores del ejército israelí habían sido víctimas de él. Habían pasado veinte minutos con cada nuevo recluta, y de ese encuentro habían extraído una impresión general de su carácter. Pero las impresiones generales habían demostrado ser engañosas, y Danny quería evitarlas. A decir verdad, quería evitar tener que fiarse de los juicios humanos. No estaba muy seguro de por qué exactamente desconfiaba de ellos. Más adelante, recordaba haber leído un libro reciente de Paul Meehl —el mismo Meehl que se preguntaba si había algún elemento que unificara el campo de la psicología— titulado *Clinical versus Statistical Prediction*. En él, Meehl demostraba que los psicoanalistas que intentaban predecir qué sería de sus pacientes neuróticos fallaban con estrépito en comparación con los simples algoritmos. El libro, publicado en 1954 —solo un año antes de que Danny supervisara la evaluación de la juventud del país a través del ejército israelí—, había irritado a los psicoanalistas, que consideraban que sus juicios y predicciones clínicas tenían mucho valor. También planteó una cuestión más general: si estos presuntos expertos podían estar engañados acerca del valor de sus predicciones, ¿quién no estaba engañado? «Lo único que sé es que, a juzgar por lo que hice, debía de haber leído el libro de Meehl», contaba Danny.

Lo que hizo fue enseñar a los entrevistadores del ejército —en su mayoría, mujeres jóvenes— cómo plantear a cada recluta una serie de preguntas para minimizar el efecto halo. Les dijo que hicieran preguntas muy concretas, ideadas para determinar, no lo que la persona pensaba de sí misma, sino cómo actuaría en la realidad. Las preguntas no buscaban datos, sino que estaban pensadas para disimular los datos que se buscaban. Y al final de cada sección, antes de pasar a la siguiente, el entrevistador tenía que asignar una puntuación del 1 al 5 a respuestas que iban desde «Nunca presenta este tipo de conducta» a «Siempre presenta este tipo de conducta». Por ejemplo, al evaluar la sociabilidad del recluta, le daban un 5 a las personas que «forman estrechas relaciones sociales y se identifican por completo con todo el grupo», y un 1 a «personas completamente aisladas». Hasta Danny se daba cuenta de que estos métodos tenían toda clase de problemas, pero no tenía tiempo para preocuparse mucho. Por ejemplo, durante un breve período le angustió cómo definir un 3: ¿alguien que era muy sociable algunas veces o que era moderadamente sociable siempre? Acabó decidiendo que las dos cosas valían. Lo importante era que el que juzgaba debía guardarse sus opiniones privadas para sí mismo. La cuestión no era «¿Qué opino de él?», sino «¿Qué ha hecho?». La decisión de quién iba a qué parte del ejército israelí la tomaba el algoritmo de Danny. «Los entrevistadores lo odiaban», recordaba. «Estuvo a punto de haber un motín. Todavía recuerdo a uno de ellos diciendo: "Nos estás convirtiendo en robots". Tenían la sensación de que podían distinguir el carácter de una persona. Y yo las estaba privando de ello. Y eso no les gustaba nada.»

Entonces Danny pidió que un asistente lo llevara en coche por todo el país para pedir a los oficiales del ejército que asignaran rasgos de carácter a sus soldados, y después compararlo con la actuación de cada soldado. Pensaba que si se identificaban las características personales que son útiles en una rama particular del ejército, se podrían utilizar para identificar a otros que presentasen esas mismas características y destinarlos a ese mismo cuerpo. (Su recuerdo de ese viaje era peculiar, observando un detalle curioso en lugar de una imagen general. No recordaba mucho de sus encuentros con oficiales de combate, pero recordaba a la perfección lo que el conductor había dicho cuando Danny cogió el volante del todoterreno. Danny no había conducido nunca. Cuando frenó al ver un bache en la carretera, el conductor lo elogió: «Esa es la suavidad exacta», dijo.) Gracias a los oficiales de combate, Danny comprendió que lo habían enviado a una misión sin sentido. Los estereotipos militares eran falsos. No había diferencias significativas entre las personalidades de los que lo habían hecho bien en las diferentes ramas. La personalidad que tenía éxito en infantería era más o menos la misma personalidad que tenía éxito en una unidad de artillería o dentro de un tanque.

Aun así, las puntuaciones de los tests de personalidad de Danny predecían una cosa: la probabilidad de que el recluta tuviera éxito en cualquier trabajo. Daban al ejército israelí una idea mejor que la que tenían antes de quién funcionaría bien como oficial o como miembro de un servicio de élite (piloto de combate, paracaidista) y quién no. (También resultó que predecían quién acabaría en la cárcel.) Pero lo más sorprendente fue tal vez que los resultados estaban poco correlacionados con la inteligencia y la educación; es decir, contenían información que esas simples mediciones no revelaban. El efecto de lo que se llegó a conocer extraoficialmente como «la puntuación Kahneman» fue sacar mayor partido militar a toda una nación y, en particular, reducir en la selección de líderes militares la importancia de la inteligencia pura y medible, y aumentar la importancia de las cualidades de la lista de Danny.

El sistema que Danny creó tuvo tanto éxito que el ejército israelí lo ha utilizado hasta el día de hoy con solo ligeros ajustes. (Cuando se admitieron mujeres en las unidades de combate, por ejemplo, el «orgullo masculino» se convirtió en un simple «orgullo».) «La verdad es que intentaron cambiarlo una vez», cuenta Reuven Gal, autor de *A Portrait of the Israeli Soldier*. Gal sirvió durante cinco años como psicólogo jefe de las fuerzas armadas israelíes. «Lo estropearon, así que lo volvieron a dejar como estaba.» Al abandonar el ejército en 1983, Gal fue a Washington D.C. como parte de una investigación de la Academia Nacional de Ciencias. Allí, un día, recibió una llamada de un importante general del Pentágono. «¿Le importaría venir a hablar con nosotros?», dijo. Gal fue al Pentágono, donde fue interrogado por un montón de generales del ejército de Estados Unidos. Le hicieron la pregunta de muchas maneras diferentes, pero, según Gal, siempre la misma: «Por favor, explíqueme cómo es posible que ustedes usen los mismos fusiles que nosotros, conduzcan los mismos tanques que nosotros, vuelen en los mismos aviones que nosotros, y se les dé tan bien ganar todas las batallas, y a nosotros no. Sé que no es cuestión de armas. Debe de ser la psicología. ¿Cómo eligen a los soldados para el combate?». «Durante las cinco horas siguientes estuvieron hurgando en mi cerebro en busca de una cosa: nuestro proceso de selección.»

Tiempo después, cuando era profesor universitario, Danny les comentaría a sus alumnos: «Cuando alguien diga algo, no os preguntéis si es verdad. Preguntaos qué podría ser verdad de todo ello». Aquel era su instinto intelectual, su primer paso natural hacia el ciclo mental: tomar cualquier cosa que alguien ha dicho y no intentar demolerlo, sino encontrarle sentido. La pregunta que le habían hecho los militares israelíes —«¿qué personalidades son más adecuadas para qué funciones militares?»— había resultado no tener sentido. Y así, Danny había respondido a una pregunta diferente y más fructífera: ¿cómo podemos evitar que la intuición de los entrevistadores eche a perder su evaluación de los reclutas del ejército? Le habían pedido que adivinara el carácter de los jóvenes de la nación. En cambio, había descubierto algo sobre quienes intentan adivinar el carácter de otras personas: quítales sus sensaciones viscerales y sus juicios mejoran. Le habían dado un problema estrecho y había descubierto una verdad amplia. «La diferencia entre Danny y los siguientes novecientos noventa y nueve mil novecientos noventa y nueve psicólogos es su capacidad de observar el fenómeno y después explicarlo de manera que se aplique a otras situaciones», ha dicho Dale Griffin, psicólogo de la Universidad de British Columbia. «Parece suerte, pero lo hace sin parar.»

Cualquier otra persona, más corriente, habría salido de la experiencia rebosando confianza. De un golpe, Danny Kahneman,

de veintiún años, había ejercido más influencia en el ejército israelí —la institución de la que dependía la sociedad para su supervivencia— que ningún otro psicólogo antes o después. El paso siguiente, en efecto, era dejar el ejército, empezar su doctorado y
convertirse en el principal experto israelí en evaluación de personalidad y procesos de selección. Varias de las principales figuras de
su campo estaban en Harvard, pero Danny decidió, sin consultar a
nadie, que no era lo bastante brillante para Harvard, y no se mo-
lestó en hacer la solicitud. En su lugar, fue a Berkeley.

Cuando volvió a la Universidad Hebrea como joven profesor
ayudante en 1961, después de cuatro años, estaba inspirado por los
estudios de personalidad realizados por el psicólogo Walter Mischel. A finales de los sesenta, Mischel ideó pruebas para niños, ma-
ravillosamente simples, que revelarían muchísimas cosas. En lo que
acabó conociéndose como «el experimento de la nube de azúcar»,
Mischel metía a niños de tres, cuatro y cinco años en una habitación y los dejaba solos con su golosina favorita —un pretzel, una
nube de azúcar—, diciéndoles que si podían aguantar unos minutos sin comerse la golosina, les daría otra. Resultó que la capacidad
de aguantar de un niño pequeño estaba correlacionada con su coeficiente intelectual, sus circunstancias familiares y otras cosas. Siguiendo la vida posterior de los niños, Mischel descubrió que
cuanto mejor resistían la tentación a los cinco años, más altas eran
sus notas de admisión en la universidad, menos grasa corporal tenían y menor era su probabilidad de sufrir una adicción.

Poseído de un nuevo entusiasmo, Danny diseñó una serie de
experimentos similares al de las nubes de azúcar. Incluso acuñó
una frase para lo que estaba haciendo: «la psicología de las preguntas sencillas». Por ejemplo —y es solo un ejemplo—, a los niños de
los campamentos infantiles israelíes les daba a elegir entre dormir
en una tienda individual, en una tienda para dos o en una tienda
para ocho personas. Danny pensaba que era posible que sus res-

puestas dijeran algo acerca de su tendencia a integrarse en un grupo. La idea no dio resultados, o al menos resultados que se pudieran replicar en un experimento posterior. Así que lo dejó. «Yo quería ser científico —dijo—, y pensé que no podía ser científico a menos que pudiera replicar mis resultados. Y no podía hacerlo.» Dudando una vez más de sí mismo, abandonó el estudio de la personalidad, decidiendo que no tenía talento para ello.

3

El de dentro

Amnon Rapoport tenía solo dieciocho años cuando el nuevo sistema de selección del ejército israelí identificó su capacidad de liderazgo. Le pusieron al mando de un tanque. «Ni siquiera sabía que había una división de tanques», dijo. Una noche de octubre de 1956 entró con su tanque en Jordania para vengar la muerte de varios civiles israelíes. En estas incursiones nunca sabías qué decisiones rápidas ibas a tener que tomar. ¿Disparar o contener el fuego? ¿Matar o dejar vivir? Pocos meses antes, un soldado israelí de la edad de Amnon había sido capturado por los sirios. Decidió matarse antes de que lo interrogaran. Cuando los sirios devolvieron su cadáver, el ejército israelí encontró una nota en una uña del pie: «No traicioné».

Aquella noche de octubre de 1956, la primera decisión de Amnon fue no disparar. Su trabajo consistía en bombardear el segundo piso de una comisaría de policía jordana hasta que los paracaidistas israelíes ocuparan la planta baja. No quería matar a sus compañeros. Después de dejar de apretar el gatillo, oyó por la radio de su tanque informes sobre el terreno. «Y de pronto, la realidad me golpeó. Aquello no era una simple aventura con héroes y villanos haciendo sus papeles. Había gente muriendo.» Los paracaidistas eran la fuerza de élite de Israel. Su unidad estaba sufriendo muchas bajas en el combate cuerpo a cuerpo, y sin embargo sus informes de la batalla sonaban tranquilos, casi indiferentes, a los oídos de Amnon que estaba en su tanque. «No había pánico —contaba—. Ningún cambio de entonación y prácticamente ninguna expresión de emoción.» Aquellos judíos se habían convertido en espartanos. ¿Cómo había ocurrido aquello? Se preguntó cómo se portaría él en un combate cuerpo a cuerpo. También él aspiraba a ser un guerrero.

Dos semanas después entró con su tanque en Egipto, en lo que resultó ser el principio de una invasión militar. Entre el humo de la batalla, su tanque fue ametrallado no solo por los egipcios, sino también por aviones israelíes. Su recuerdo más vivo era el de un MiG-15 egipcio que picaba directamente hacia su tanque, mientras él, con la cabeza por encima de la torreta para mantener una visión de 360° del campo de batalla, le gritaba al conductor que avanzara haciendo eses para evitar ser alcanzado. Era como si el MiG tuviera la misión específica de volarle la cabeza. Pocos días después, unos soldados egipcios desesperados y en plena retirada se acercaron al tanque de Amnon con los brazos en alto. Pidieron agua y protección contra los beduinos que los perseguían para apoderarse de sus fusiles y sus botas. El día anterior, Amnon estaba matando a aquellos hombres; ahora solo sentía lástima por ellos. Una vez más se maravilló «de lo fácil que es pasar de ser una eficiente máquina de matar a convertirse en un ser humano compasivo, y de lo rápido que podía ser el cambio». ¿Cómo ocurría aquello?

Después de las batallas, Amnon solo quería alejarse de todo aquello. «Después de dos años en el tanque, yo estaba un poco loco —dijo—. Quería irme lo más lejos posible. Salir del país en avión era demasiado caro.» En los años cincuenta, los israelíes no hablaban de fatiga de combate ni de las angustias de la guerra. Se limitaban a apechugar con ello. Consiguió un empleo en una mina de cobre en el desierto, justo al norte del mar Rojo. Decían que era una de las legendarias minas del rey Salomón. Sus habilidades matemáticas eran mejores que las de los demás trabajadores, la mayoría de los cuales eran presos, y se le encargó la contabilidad de la mina. Entre las comodidades que la mina del rey Salomón no ofrecía estaban los cuartos de baño y el papel higiénico. «Un día salí a... disculpe... a cagar. Y vi una noticia en el papel de periódico que había cogido para limpiarme el culo. Decía que estaban abriendo un departamento de psicología en la Universidad Hebrea.» Tenía veinte años. Lo que sabía de psicología se limitaba a Freud y Jung —«No había muchos textos de psicología en hebreo»—, pero el tema le interesaba. No podía decir por qué. La naturaleza había llamado, la psicología había respondido.

El ingreso al primer departamento de psicología de Israel, a diferencia del ingreso en la mayoría de los departamentos de la Universidad Hebrea, iba a estar muy competido. Pocas semanas después de haber leído el anuncio en el periódico, Amnon hacía cola a la puerta del monasterio que hacía las funciones de Universidad Hebrea, esperando para realizar una serie de curiosas pruebas, una de ellas diseñada por Danny Kahneman, que había escrito una página de prosa en un idioma inventado por él, para que los aspirantes intentaran descifrar su estructura gramatical. La cola de solicitantes se extendía a lo largo de la fachada. Había solo unas veinte plazas en el nuevo departamento, pero cientos de personas querían entrar en él. En 1957, un número asombroso de jóvenes israelíes quería saber lo que hace funcionar a la gente. También el talento era increíble: de las veinte personas admitidas, diecinueve llegaron a doctores, y la única que no lo hizo fue una mujer que, habiendo obtenido una de las notas más altas en las pruebas de admisión, vio truncada su carrera a causa de la maternidad. Israel sin un departamento de psicología era como Alabama sin un equipo de fútbol.

En la cola, junto a Amnon, había un soldado bajito, pálido y con cara de niño. Aparentaba unos quince años, pero llevaba, casi incongruentemente, las botas altas con suela de goma y el pulcro uniforme con boina roja de los paracaidistas israelíes. El nuevo espartano. Entablaron conversación. El chico se llamaba Amos Tversky. Amnon no recordaba con exactitud lo que había dicho, pero sí que recordaba muy bien cómo se había sentido: «Yo no era tan inteligente como él. Me di cuenta enseguida».

Para sus compatriotas israelíes, Amos Tversky era al mismo tiempo la persona más extraordinaria que habían conocido y el israelí por excelencia. Sus padres eran de los pioneros que habían huido del antisemitismo ruso a principios de los años veinte para construir una nación sionista. Su madre, Genia Tversky, era una influyente activista social y política que había formado parte del primer Parlamento israelí y de los cuatro siguientes. Había sacrificado su vida privada al servicio público, y la elección no le causaba mucha angustia. Estaba ausente con frecuencia: pasó dos años de la primera infancia de Amos en Europa, ayudando al ejército de Estados Unidos a liberar los campos de concentración y reinstalar a los supervivientes. Al regresar, pasaba más tiempo en la Knesset de Jerusalén que en su casa.

Amos tenía una hermana, pero era trece años mayor que él, y a todos los efectos se había criado como hijo único. Quien más se encargó de él fue su padre, un veterinario que pasaba gran parte del tiempo atendiendo al ganado (los israelíes no podían permitirse mascotas). Yosef Tversky, hijo de un rabino, despreciaba la religión, era un gran aficionado a la literatura rusa y encontraba divertidísimo lo que salía de las bocas de sus congéneres humanos. Amos explicaba a los amigos que su padre había abandonado su carrera inicial de medicina porque «opinaba que los animales sufren más dolores reales que las personas y se quejan mucho menos». Yosef Tversky era un hombre serio. Pero cuando hablaba de su vida y su trabajo hacía que su hijo se tronchara de risa con lo que contaba de sus experiencias y de los misterios de la vida. «Este trabajo está dedicado a mi padre, que me enseñó a hacerme preguntas», escribiría Amos en la introducción a su tesis doctoral.

A Amos le gustaba decir que las cosas interesantes les ocurren a las personas que son capaces de convertirlas en historias interesantes. También él sabía contar una historia con efectos sorprendentemente originales. Hablaba con un ligero ceceo, que recordaba el modo en que los andaluces hablan español. Era tan pálido que su piel era casi traslúcida. Tanto si hablaba como si escuchaba, sus claros ojos azules saltaban de delante atrás, como si buscaran una idea que se acercaba.

Hasta cuando hablaba daba una impresión de movimiento constante. No era atlético en el sentido convencional —siempre fue pequeño—, pero era flexible y rápido, inquieto e increíblemente ágil. Tenía una capacidad casi animal para correr a gran velocidad subiendo y bajando montañas. Uno de sus trucos favoritos —a veces lo hacía mientras contaba una historia— era subirse a una superficie elevada (una roca, una mesa o un tanque del ejército) y dejarse caer de cara al suelo. Con el cuerpo del todo horizontal, caía hasta que la gente chillaba y entonces cambiaba de postura en el último instante y se las arreglaba para caer de pie. Le encantaba la sensación de caída y la visión del mundo desde las alturas.

Además, Amos era físicamente valiente, o al menos estaba empeñado en parecerlo. En 1950, poco después de que sus padres se mudaran con él de Jerusalén a la ciudad costera de Haifa, estaba en una piscina con otros chicos. La piscina tenía un trampolín a diez metros de altura. Los demás chicos le desafiaron a saltar. Amos tenía doce años, pero aún no sabía nadar. En Jerusalén, durante la guerra de Independencia, no tenían agua para beber, y mucho menos para llenar piscinas. Amos se dirigió a un chico mayor y le dijo:

«Voy a saltar, pero necesito que estés en la piscina cuando caiga al agua, para que me saques del fondo». Amos saltó, y el otro lo rescató y lo sacó de la piscina, evitando que se ahogara.

Al entrar en el instituto, Amos, como todos los muchachos israelíes, tuvo que decidir si especializarse en ciencias y matemáticas o en humanidades. La nueva sociedad ejercía mucha presión para que los jóvenes estudiaran ciencias y matemáticas. Allí residían la consideración social y las carreras del futuro. Amos estaba dotado para las matemáticas y la ciencia, quizá más que ningún otro muchacho. Y sin embargo, para sorpresa de todos, fue el único de los chicos brillantes de su clase que eligió humanidades. Otro salto arriesgado a lo desconocido. Amos dijo que podía aprender matemáticas él solo, y que no podía renunciar a la emoción de estudiar con el profesor de humanidades, un hombre llamado Baruch Kurzweil. «A diferencia de la mayoría de los profesores, que no imparten más que aburrimiento y superficialidad, sus clases de literatura hebrea y filosofía están llenas de diversión y cosas asombrosas», le escribió Amos a su hermana mayor, Ruth, que se había instalado en Los Ángeles. Amos escribió poesía para Kurzweil y dijo a sus amigos que pensaba hacerse poeta o crítico literario.*

Entabló una relación intensa y privada, tal vez romántica, con una estudiante nueva llamada Dahlia Ravikovitch, que había aparecido un día, con aire taciturno, en su clase del instituto. Tras la muerte de su padre, Dahlia había vivido en un kibutz, que detes-

* Cuando B. F. Skinner se convenció de joven de que nunca escribiría la gran novela estadounidense, sintió una desesperación que, según contaba, casi lo llevó a la psicoterapia. El legendario psicólogo George Miller aseguraba que renunció a su ambición literaria a favor de la psicología porque no tenía nada de qué escribir. ¿Quién sabe qué sentimientos encontrados experimentó William James cuando leyó la primera novela de su hermano Henry? «Sería interesante preguntar cuántos psicólogos se han sentido inferiores a grandes escritores que tenían cerca —ha dicho un eminente psicólogo estadounidense—. Puede que sea el impulso fundamental.»

taba, y después pasó con tristeza por una serie de hogares de adopción. Era la imagen misma de la alienación social, o al menos de la versión israelí de los años cincuenta. Y sin embargo, Amos, el chico más popular del instituto, hizo buenas migas con ella. Los otros estudiantes no entendían nada. Amos aún parecía un niño; Dahlia parecía, en todos los aspectos, una mujer adulta. A él le gustaban el aire libre y los deportes; a ella... bueno, cuando todas las demás chicas iban a clase de gimnasia, ella se sentaba junto a la ventana y fumaba. A Amos le encantaba estar con grandes grupos de gente; Dahlia era solitaria. Solo años después, cuando las poesías de Dahlia ganaron los mayores premios literarios de Israel y ella se convirtió en una sensación mundial, sus compañeros dijeron: «Ah, ahora se entiende: dos genios». Como también se entendió, cuando Baruch Kurzweil se convirtió en el principal crítico literario de Israel, que Amos hubiera querido estudiar con él. Pero las cosas no estaban tan claras: Amos era la persona más consistentemente optimista que todos conocían; Dahlia, lo mismo que Kurzweil, intentó suicidarse (Kurzweil lo consiguió).

Como muchos chicos judíos de Haifa a principios de los cincuenta, Amos se unió a un movimiento juvenil de izquierdas llamado Nahal. Pronto se convirtió en un líder. El Nahal —la palabra era un acrónimo de la frase en hebreo «Juventud Pionera Luchadora»— era un vehículo para llevar a los jóvenes estudiantes sionistas a los kibutz. La idea era que sirvieran como soldados protegiendo las granjas durante un par de años y después se hicieran granjeros.

Durante el último año de Amos en el instituto, el aguerrido general israelí Moshe Dayan fue a Haifa para hablar a los estudiantes. Uno de los chicos del público recordaba: «Pidió que levantaran la mano todos los que estaban en el Nahal. Muchos la levantaron. Y Dayan dijo: "Sois unos traidores. No queremos que cultivéis tomates y pepinos. Queremos que luchéis".» Al año siguiente, se pidió a todas las organizaciones juveniles de Israel que eligieran doce chicos de cada cien para servir a su país, no como granjeros sino como paracaidistas. Amos parecía más un *boy scout* que un soldado de élite, pero se presentó voluntario de inmediato. Como era demasiado pequeño, bebió agua hasta dar el peso.

En la academia de paracaidistas convirtieron a Amos y los otros jóvenes en símbolos del nuevo país: guerreros y máquinas de matar. La cobardía no era una opción. En cuanto demostraban que eran capaces de saltar al suelo desde una altura de cinco metros y medio sin romperse nada, los subían a viejos aviones de la Segunda Guerra Mundial hechos de madera. La hélice estaba al mismo nivel que la puerta y justo delante, así que había un fuerte chorro de aire que te empujaba hacia atrás en cuanto salías. En la puerta había una luz roja. Cuando la luz se ponía verde, se revisaban unos a otros los equipos y avanzaban de uno en uno. Si alguno vacilaba, lo empujaban.

En los primeros saltos, muchos de los jóvenes dudaban: necesitaban un pequeño impulso. Un muchacho del grupo de Amos se negó a saltar y le hicieron el vacío el resto de su vida. («Hacía falta verdadero valor para no saltar», decía tiempo después un exparacaidista.) Amos nunca dudó. «Era siempre de lo más entusiasta a la hora de saltar de los aviones», recuerda su antiguo compañero paracaidista Uri Shamir. Saltó cincuenta veces, puede que más. Saltó tras las líneas enemigas. Saltó al campo de batalla en 1956, en la campaña del Sinaí. Una vez cayó por accidente en un avispero y le picaron tanto que perdió el conocimiento. Después de la universidad, en 1961, voló por primera vez sin paracaídas, para estudiar en Estados Unidos. Cuando su avión descendía, miró la tierra de abajo con auténtica curiosidad, se volvió hacia la persona que tenía al lado y dijo «Nunca he aterrizado».

Poco después de alistarse en los paracaidistas, Amos se convirtió en jefe de pelotón. «Es asombroso lo rápido que se adapta uno a un nuevo modo de vida —le escribió a su hermana en Los Ángeles—. Los chicos de mi edad no eran diferentes de mí, aparte de los dos galones en la manga. Ahora me saludan y siguen todas mis órdenes: correr o arrastrarse. Y ahora esta relación es aceptada, incluso por mí, y me parece natural.» Las cartas que Amos escribía a su familia estaban censuradas y solo dejaban entrever su experiencia de combate. Se le envió en misiones de represalia, que invitaban a atrocidades por las dos partes. Perdió hombres, salvó a otros. «Durante una de nuestras "misiones de castigo" salvé a uno de mis soldados y recibí una mención honorífica —le escribió a su hermana—. Yo no pensaba que hubiera hecho nada heroico, solo quería que mis soldados volvieran a casa sanos y salvos.»

Hubo otras experiencias duras, sobre las que no escribió y casi nunca hablaba. Un sádico oficial israelí quería comprobar hasta qué punto podían los hombres viajar sin las provisiones necesarias y les privaba de agua durante largos períodos. El experimento terminó cuando uno de los hombres de Amos murió de deshidratación. Amos testificó contra el oficial en el consiguiente consejo de guerra. Una noche, los hombres de Amos taparon con una manta la cabeza de otro oficial sádico y lo golpearon ferozmente. Amos no participó en la paliza, pero en la posterior investigación ayudó a los culpables a librarse de ser procesados. «Cuando me hacían preguntas, los aburría con montones de detalles irrelevantes y les hacía perder la pista», dijo. Y dio resultado.

A finales de 1956, Amos ya no solo era jefe de pelotón sino que recibió una de las más altas condecoraciones al valor del ejército israelí. Durante un ejercicio de entrenamiento delante del Estado Mayor de las fuerzas armadas israelíes, a uno de sus soldados le ordenaron destruir una alambrada con un torpedo bangalore. Desde que tiraba de la cuerda para activar el detonador, el soldado tenía veinte segundos para ponerse a cubierto. El soldado empujó el torpedo bajo la alambrada, tiró de la cuerda, se desmayó y cayó encima del explosivo. El oficial superior de Amos gritó a todos que se quedaran donde estaban... y dejaran morir al soldado inconsciente. Amos desobedeció y echó a correr desde detrás de la pared que servía de protección a su unidad, agarró al soldado, lo levantó, lo arrastró diez metros, lo dejó caer al suelo y se echó encima de él. La metralla de la explosión se quedó en el cuerpo de Amos para el resto de su vida. El ejército israelí no daba premios al valor a la ligera. Al entregarle a Amos su medalla, Moshe Dayan, que había presenciado todo el episodio, dijo: «Has hecho una cosa muy tonta y muy valerosa, y no volverás a librarte de algo así».

De vez en cuando, los que veían a Amos en acción tenían la sensación de que, más que ser valiente de verdad, temía que pusieran en duda su hombría. «Era siempre muy intrépido —recordaba Uri Shamir—. Yo pensaba que era para compensar el ser tan flaco, débil y pálido.» Llegó un momento en que no importaba. Se obligó a sí mismo a ser valiente hasta que la valentía se convirtió en un hábito. Y cuando terminó su tiempo en el ejército sentía con claridad que había cambiado. «No puedo librarme de la sensación de que ahora casi no me reconocerías —le escribió a su hermana—. Las cartas no pueden transmitir los drásticos cambios en el chaval con uniforme militar que vas a ver. Será muy diferente del chico con pantalones cortos que dejaste en el aeropuerto hace cinco años.»

Aparte de aquel breve comentario, Amos casi nunca mencionaba sus experiencias en el ejército, ni hablando ni por escrito, a menos que fuera para contar una anécdota graciosa o curiosa. Como por ejemplo, cuando, durante la campaña del Sinaí, su batallón capturó una caravana de camellos militares egipcios. Amos nunca había montado en uno, pero cuando terminó la operación militar, ganó la competición de montar al camello guía hasta casa.

Se mareó a los quince minutos y pasó los seis días siguientes caminando junto a la caravana por el Sinaí.

O cuando sus soldados, estando en combate, se negaron a ponerse los cascos alegando que hacía demasiado calor. «Si una bala me va a matar, es que ya lleva mi nombre.» A lo que Amos respondió: «¿Y qué me dices de todas esas balas dirigidas "a quien pueda interesar?"». De forma habitual, las anécdotas de Amos empezaban con algún comentario espontáneo sobre el mundo que le rodeaba. «Casi siempre, cuando nos encontrábamos, iniciaba la conversación con un "¿Te he contado esta historia?" —recuerda Samuel Sattah, un matemático israelí—. Pero las historias no eran sobre él. Decía, por ejemplo: "¿Sabes? En una reunión de una universidad israelí, todos se lanzan a hablar porque piensan que alguien puede estar a punto de decir lo que ellos quieren decir. Y en una reunión de profesores de una universidad estadounidense, todos se quedan callados porque piensan que ya se le ocurrirá a alguien decir lo que ellos quieren decir".» Y se embarcaba en una disquisición sobre las diferencias entre estadounidenses e israelíes: cómo los primeros creen que el mañana será mejor que hoy, mientras que los segundos están seguros de que será peor; cómo los chicos estadounidenses siempre van a clase preparados, mientras que los israelíes nunca se han leído los temas, pero son siempre los chicos israelíes los que tienen las ideas más audaces; etcétera.

Para los que le conocían bien, las historias de Amos eran un simple pretexto para disfrutar de él. «La gente que conocía a Amos no sabía hablar de otra cosa —decía una mujer israelí, que mantuvo con él una larga amistad—. Nada nos gustaba más que reunirnos y hablar de él, y más, y más, y más.» Estaban, por ejemplo, las anécdotas sobre las cosas graciosas que Amos había dicho, a menudo dirigidas a personas que consideraba demasiado engreídas. Después de escuchar a un economista estadounidense decir que Fulano era estúpido y que Mengano era tonto, Amos le dijo: «Todos sus modelos económicos se basan en la premisa de que la gente es inteligente y racional, y sin embargo toda la gente que usted conoce es idiota». Y después de oír a Murray Gell-Mann, Premio Nobel de Física, disertar largo y tendido sobre todo lo divino y lo humano, Amos le dijo: «¿Sabes, Murray? No hay nadie en el mundo que sea tan inteligente como tú crees que eres». Una vez, después de que Amos diera una conferencia, un estadístico inglés se le acercó. «Normalmente no me gustan los judíos, pero usted me gusta», dijo el estadístico. Y Amos replicó: «Normalmente me gustan los ingleses, pero usted no me gusta».

El efecto en los demás de lo que decía Amos solo daba lugar a más anécdotas sobre él. Por citar solo un ejemplo, en una ocasión la Universidad de Tel Aviv dio una fiesta en honor de un físico que acababa de ganar el Premio Wolf. Era el segundo galardón más importante de la disciplina, y muchos de los premiados ganaban después el Nobel. A la fiesta acudieron casi todos los principales físicos del país, pero de alguna manera el premiado acabó en un rincón hablando con Amos, que recientemente se había interesado por los agujeros negros. Al día siguiente, el galardonado llamó a los organizadores para preguntar: «¿Quién era ese físico con el que estuve hablando? No llegó a decirme su nombre». Tras unas cuantas pesquisas, los organizadores llegaron a la conclusión de que se refería a Amos, y le dijeron que Amos no era físico, sino psicólogo. «No es posible —dijo el físico—. Era el más inteligente de todos los físicos.»

El filósofo de Princeton Avishai Margalit dijo: «Fuera cual fuera el tema, lo primero que Amos pensaba estaba siempre en el 10 por ciento superior. Era una habilidad sorprendente. La claridad y profundidad de su primera reacción a cualquier problema —cualquier problema intelectual— era algo alucinante. Era como si estuviera ya en el centro de cualquier discusión». Irv Biederman, psicólogo de la Universidad del Sur de California, dijo: «Físicamente, era muy normalito. En una sala con treinta personas, sería el último en el que te fijarías. Y entonces empezaba a hablar. Todos los que le conocían pensaban que era la persona más inteligente que habían conocido». El psicólogo de la Universidad de Michigan Dick Nisbett, después de conocer a Amos, ideó un test de inteligencia de una sola frase: «Cuanto antes te des cuenta de que Amos es más inteligente que tú, más inteligente eres». Su amiga y colaboradora, la matemática Varda Liberman, lo recordaba así: «No parecía especial. Y su manera de vestir no te decía nada. Se sentaba y se quedaba callado. Y de pronto, abría la boca y hablaba. Y en nada de tiempo se convertía en la luz hacia la que vuelan todas las mariposas. Y en nada de tiempo, todos estaban pendientes de él, queriendo oír lo que iba a decir».

Aun así, la mayoría de las historias que la gente contaba sobre Amos tenían menos que ver con lo que salía de su boca que con su insólita manera de moverse por el mundo. Seguía el horario de un vampiro. Se acostaba al salir el sol y se despertaba al caer la tarde. Comía encurtidos en el desayuno y huevos en la cena. Minimizaba las tareas cotidianas que consideraba una pérdida de tiempo: se le podía encontrar a mitad del día, recién despertado, conduciendo hacia el trabajo mientras se afeitaba y cepillaba los dientes mirando el espejo retrovisor. «Nunca sabía qué hora era —decía su hija Dona—. No importaba. Él vivía en su propia esfera y tú te lo encontrabas allí.» No fingía estar interesado en cosas que otros esperaban que le interesaran. Y que Dios se apiadara de quien pretendiera arrastrarlo a un museo o a una reunión de una junta directiva. «Esa es la clase de cosas que les gustan a los que les gustan esas cosas», solía decir Amos, citando una frase de la novela de Muriel Spark *La plenitud de la señorita Brodie*. «Eludía las vacaciones en familia —cuenta su hija—. Venía si le gustaba el sitio. Si no, no venía.» Sus hijos no se lo tomaban a mal. Querían a su padre y sabían que él los quería. «Le gustaba la gente —contaba su hijo Oren—. Lo que no le gustaba eran las normas sociales.»

Muchas cosas que a la mayoría de los seres humanos no se les ocurriría hacer, a Amos le parecían normales. Por ejemplo, cuando le apetecía correr... simplemente, echaba a correr. Nada de estiramientos, nada de ropa deportiva, nada de trote moderado. Se quitaba los pantalones y salía corriendo en calzoncillos por la puerta de su casa, corriendo lo más rápido que podía, hasta que ya no podía correr más. «Amos opinaba que la gente paga un precio muy alto por evitar vergüenzas insignificantes —contaba su amigo Avishai Margalit—, y él había decidido muy pronto que no valía la pena.»

Con el tiempo, todos los que conocían a Amos se daban cuenta de que aquel hombre tenía un talento preternatural para hacer exactamente lo que quería hacer, y solo eso. Varda Liberman recordaba que fue a visitarlo un día y vio una mesa con el correo de toda una semana encima. Había pulcros montoncitos, uno por cada día, llenos de peticiones, solicitudes y demandas del tiempo de Amos: ofertas de trabajo, ofertas de títulos honoríficos, solicitudes de entrevistas y conferencias, peticiones de ayuda con algún problema abstruso, facturas. Cuando llegaba el nuevo correo, Amos abría lo que le interesaba y dejaba el resto de las cartas en su montoncito diario. Cada día llegaba más correo, y él iba empujando el viejo a lo largo de la mesa. Cuando un montón llegaba al final de la mesa, Amos lo empujaba, sin abrir, por el borde, haciéndolo caer en un cubo de basura. «Lo bueno que tienen las cosas urgentes —le gustaba decir— es que si esperas lo suficiente, dejan de ser urgentes.» Su viejo amigo Yeshu Kolodny recordaba: «Yo le decía a Amos: "Tengo que hacer esto o aquello", y él decía: "No, no tienes que hacerlo". Y yo pensaba "Vaya tío con suerte".»

Amos era de una sencillez maravillosa. En todo momento podías inferir de sus acciones lo que le gustaba y lo que no, de manera directa y precisa. Los tres hijos conservan vivos recuerdos de ver a sus padres salir en coche a ver una película elegida por su madre, y oír a su padre volver a su sofá veinte minutos después. Amos había decidido en los primeros cinco minutos si valía la pena la película. Y si no, volvía a casa y se ponía a ver *Canción triste de Hill Street* (su serie de televisión favorita), *Saturday Night Live* (nunca se lo perdía) o un partido de la NBA (estaba obsesionado con el baloncesto). Después volvía a salir y recogía a su mujer a la salida del cine. «Ya se han quedado con mi dinero —explicaba—. ¿Tengo que darles además mi tiempo?» Si por algún extraño accidente se encontraba en una reunión de seres humanos que no le interesaba, se volvía invisible. «Entraba en una sala y, si decidía que no quería tener nada que ver con aquello, se confundía con el fondo y desaparecía —cuenta Dona—. Era como un superpoder. Y era sobre todo un rechazo de la responsabilidad social. No aceptaba la responsabilidad social, de modo que con mucha elegancia se negaba a ello.»

De vez en cuando, Amos ofendía a alguien, naturalmente. Sus penetrantes ojos azules bastaban para inquietar a quienes no lo conocían. El constante movimiento de sus pupilas daba la impresión de que no estaba escuchando, cuando el problema solía ser que había escuchado demasiado bien. «Para él, lo peor era la gente que no distingue entre saber y no saber —cuenta Avishai Margalit—. Si pensaba que eras aburrido y que allí no había nada interesante, te cortaba como si tal cosa.» Los que le conocían bien aprendían a racionalizar todo lo que había dicho o hecho.

Jamás se le ocurrió que alguien con quien él quería estar pudiera no querer estar con él. «Contaba desde el primer momento con fascinarte —explicaba Samuel Sattah—. Y eso es raro en una persona tan inteligente.» «Prácticamente, invitaba a la gente a amarlo —decía Yeshu Kolodny—. Cuando le caías bien, era muy fácil quererlo. Sumamente fácil. A su alrededor se generaba una competición. La gente se disputaba a Amos.» Era muy corriente que los amigos de Amos se preguntaran: «Sé por qué me gusta, pero ¿por qué le gusto yo a él?».

Amnon Rapoport no carecía de admiradores. Su valor en la batalla le había dado fama. Las mujeres israelíes que veían por primera vez su pelo rubio, su piel bronceada y sus rasgos cincelados solían pensar que era el hombre más atractivo en el que habían puesto los ojos. Con el tiempo, obtendría su doctorado en psicología matemática y se convertiría en un profesor ilustre que podía elegir entre diversas universidades del mundo. Y sin embargo, también él, cuando se dio cuenta de que le caía bien a Amos, se preguntó por qué. «Yo sé que lo que me atrajo de Amos fue lo inteligente que era —contaba Amnon—. Pero no sé qué le atraía a él de mí. Se supone que yo era muy guapo; tal vez fuera eso.» Por el motivo que fuera, la atracción era fuerte. Desde el momento en que se conocieron, Amnon y Amos se hicieron inseparables. Se sentaban juntos en las mismas clases; vivieron en los mismos apartamentos; pasaron veranos recorriendo juntos el país. Eran una pareja famosa. «Creo que muchos pensaban que éramos homosexuales o algo así», contaba.

Amnon estaba también en la mejor posición cuando Amos decidió qué iba a hacer con su vida. A finales de los años cincuenta, la Universidad Hebrea exigía que los estudiantes eligieran dos campos de estudio. Amos había elegido filosofía y psicología. Pero él abordaba la vida intelectual de forma estratégica, como si fuera un campo petrolífero que había que perforar, y después de dos años de aguantar clases de filosofía declaró que esta era un pozo seco. «Recuerdo sus palabras —cuenta Amnon—. Dijo: "En filosofía no hay nada que hacer. Platón resolvió la mayor parte de los problemas. No podemos dejar ningún impacto en este campo. Hay demasiados tíos inteligentes y quedan muy pocos problemas, y esos problemas no tienen soluciones".» Un buen ejemplo era el problema mente-cuerpo. ¿Qué relación tienen nuestros diversos procesos mentales —lo que crees, lo que piensas— con nuestros estados físicos? ¿Qué relación hay entre nuestro cuerpo y nuestra mente? La cuestión era, por lo menos, tan vieja como Descartes, pero todavía no había respuesta a la vista; al menos, no en la filosofía. Amos pensaba que el problema de la filosofía era que no sigue las reglas de la ciencia. El filósofo pone a prueba sus teorías sobre la naturaleza humana con una muestra de una sola persona: él mismo. La psicología, por lo menos, pretendía ser una ciencia. Por lo menos tenía en todo momento una mano puesta sobre los datos objetivos. Un psicólogo puede poner a prueba cualquier teoría que se le ocurra con una muestra humana representativa. Sus teorías pueden ser puestas a prueba por otros, y sus conclusiones pueden ser confirmadas o refutadas. Si un psicólogo tropieza con una verdad, puede conseguir imponerla.

Para los amigos israelíes de Amos, nunca hubo nada misterioso en su interés por la psicología. Las cuestiones sobre por qué la gente hace lo que hace y piensa lo que piensa estaban en el aire que respiraban. «Nunca discutíamos de arte —recuerda Avishai Margalit—. Era un tema constante, un rompecabezas constante: ¿qué hace funcionar a los demás? Son cosas que vienen de los *shtetl*.* Los judíos eran pequeños comerciantes. Tenían que evaluar a otros todo el tiempo. ¿Quién es peligroso? ¿Quién no lo es? ¿Quién pagará la deuda, quién no pagará? La gente dependía mucho de su capacidad de juicio psicológico.» Aun así, para muchos, la presencia de una mente tan clara como la de Amos en un campo tan turbio como la psicología seguía siendo un misterio. ¿Cómo había ido a parar aquella persona tan invariablemente optimista, con su mente clara y lógica y su nula tolerancia a las tonterías, a un campo plagado de almas infelices y misticismo?

Cuando hablaba de ello, algo que casi nunca hacía, Amos daba

---

* Poblaciones judías en Europa. *(N. del T.)*

la impresión de que había empezado como un capricho. Cuando tenía cuarenta y tantos años y muchas de las mentes jóvenes más brillantes de su campo querían estudiar con él, estuvo hablando con un profesor de psiquiatría de Harvard llamado Miles Shore. Shore le preguntó cómo se había hecho psicólogo. «Es difícil saber cómo elige la gente un camino en la vida —dijo Amos—. Las grandes decisiones las tomamos prácticamente al azar. Tal vez, las pequeñas decisiones son las que más dicen sobre quiénes somos. En qué especialidad nos metemos puede depender de qué profesor nos tocó en el instituto. Con quién nos casamos puede depender de quién está a mano en el momento justo de la vida. En cambio, las pequeñas decisiones son muy sistemáticas. Que yo haya acabado siendo psicólogo quizá no es muy revelador. La clase de psicólogo que soy sí puede reflejar características profundas.»

¿Qué clase de psicólogo iba a ser? En la mayor parte de la psicología, Amos encontró pocas cosas que le interesaran. Después de ir a clases de psicología infantil, psicología clínica y psicología social, llegó a la conclusión de que podía prescindir sin problemas de una parte inmensa de su especialidad. Prestaba poquísima atención a los trabajos que se le encomendaban. Su compañera de clase Amia Lieblich fue testigo de la despreocupación de Amos cuando un profesor le asignó hacer un test de inteligencia a un niño de cinco años. «Una noche antes de tener que entregar el trabajo, Amos se dirigió a Amnon y le dijo: "Amnon, tiéndete en el sofá. Voy a hacerte unas preguntas. Imagínate que eres un niño de cinco años". ¡Y se salió con la suya!» Amos era el único alumno que nunca tomaba apuntes en clase. Cuando llegaba el momento de estudiar para un examen, Amos simplemente le pedía sus apuntes a Amnon. «Leía mis apuntes una vez y se sabía los temas mejor que yo», contaba Amnon. «De la misma manera podía encontrarse con un físico en la calle, hablar con él durante treinta minutos sin saber nada de física, y después decirle al físico algo sobre su campo que el físico no sabía. Al principio yo pensaba que era una persona muy superficial, que aquello era un truco de salón. Pero me equivocaba, porque no lo era.»

Tampoco ayudaba demasiado que muchos de los profesores parecieran estar improvisando sobre la marcha. Uno que había venido de Escocia para impartir historia de la psicología fue despedido cuando se descubrió que había falsificado su título de doctor. Otro que trajeron para dar clase sobre pruebas de personalidad —un judío polaco que había sobrevivido al Holocausto escondiéndose en los bosques— se marchó del aula llorando tras unas cuantas preguntas de Amos y Amnon. «Básicamente, tuvimos que aprender psicología solos», recordaba Amnon. Amos comparaba la psicología clínica —que entonces estaba en auge en todas partes y era el campo que más interesaba a los demás estudiantes— con la medicina. Si ibas al médico en el siglo XVII, te ponías peor por haber ido. A finales del siglo XIX, ir al médico era una apuesta igualada: tenías tantas posibilidades de salir mejor de la visita que de salir peor. Amos sostenía que la psicología clínica era como la medicina en el siglo XVII, y tenía montones de pruebas en apoyo de su argumento.

Un día de 1959, durante su segundo curso en la Universidad Hebrea, Amnon dio con un artículo titulado «The Theory of Decision Making», escrito por un profesor de psicología de la Johns Hopkins llamado Ward Edwards. Empezaba diciendo: «Muchos científicos sociales, además de los psicólogos, intentan explicar el comportamiento de los individuos. Los economistas y unos cuantos psicólogos han aportado un gran volumen de teoría y unos pocos experimentos referentes a la toma de decisiones por los individuos. El tipo de toma de decisiones del que se ocupa este cuerpo teórico es el siguiente: dados dos estados, A y B, en los que se puede situar un individuo, el individuo elige A con preferencia sobre B (o viceversa). Por ejemplo, un niño delante del mostrador de una confitería puede estar dudando entre dos estados. En el estado A, el niño tiene 0,25 dólares y ninguna golosina. En el estado B, el niño tiene 0,15 y un dulce de diez céntimos. La teoría económica de la toma de decisiones es una teoría que dice cómo predecir esas decisiones.» A continuación, Edwards exponía un problema. La teoría económica, el diseño de mercados, la política pública y muchas más cosas dependen de teorías sobre cómo la gente toma decisiones. Pero los psicólogos —las personas que más deberían poner a prueba esas teorías y determinar cómo toma decisiones la gente— no habían prestado atención al tema.

Edwards no se estaba oponiendo, ni estaba oponiendo su especialidad, a la economía. Solo estaba proponiendo que los psicólogos fueran invitados, o se invitaran solos, a poner a prueba las suposiciones y las predicciones hechas por los economistas. Los economistas suponían que la gente era «racional». ¿A qué se referían con eso? Como mínimo, querían decir que la gente podía saber qué quería. Dada una serie de opciones, podían ordenarlas de manera lógica, según sus gustos. Por ejemplo, si se les ofrecía un menú con tres bebidas calientes y decían que en cierto momento preferían el café al té y el té al chocolate, deberían preferir el café al chocolate. Si preferían A a B y B a C, deberían preferir A a C. En la jerga académica, eran «transitivos». Si la gente no pudiera ordenar de forma lógica sus preferencias, ¿cómo iba a funcionar bien cualquier mercado? Si la gente prefiriera el café al té y el té al chocolate, pero después resultara que prefería el chocolate al café, no terminaría de elegir nunca. En principio, estaría dispuesta a pagar para cambiar del chocolate al té, y también del té al café... y volvería a pagar para cambiar del café al chocolate. Nunca se decidiría por una bebida, sino que se quedaría atascada en este loco ciclo infinito, en el que seguiría pagando por cambiar de la bebida que ya tenía a otra bebida que le gustara más.

Aquí teníamos una de las predicciones de los economistas que

Edwards pensaba que los psicólogos debían poner a prueba: ¿Son transitivos los seres humanos reales? Si en un momento dado preferían el café al té y el té al chocolate, ¿preferirían el café al chocolate? Hacía poco tiempo, comentaba Edwards, unos cuantos autores habían considerado la cuestión, entre ellos un matemático llamado Kenneth May. En una de las principales revistas de economía, *Econometrica*, May explicaba que había puesto a prueba cuán lógicos eran sus alumnos al elegir pareja para casarse. Había propuesto a los alumnos tres posibles parejas, definidas por tres cualidades: el atractivo físico, la inteligencia y sus ingresos. Ninguna de las tres parejas potenciales era extrema en ningún aspecto: ninguna era pobre, tonta o tan fea que resultara repulsiva. Cada una tenía ventajas y desventajas relativas. Cada una era la mejor en una categoría, la segunda en otra y la peor en la tercera. Al hacer sus elecciones, los alumnos de May nunca consideraban al mismo tiempo a los tres posibles cónyuges. Se les presentaban por pares y tenían que elegir entre estos. Por ejemplo, se les podía pedir que eligieran entre el candidato más inteligente, medianamente atractivo pero más pobre, y el más rico, el segundo más inteligente y menos atractivo.

Cuando se asentó el polvo tras el frenesí de decisiones, más de una cuarta parte de los alumnos se había revelado como irracional, al menos desde el punto de vista de la teoría económica. Habían decidido que preferían casarse con Jim antes que con Bill, y con Bill antes que con Harry... pero después decían que se casarían con Harry antes que con Bill. Si la gente pudiera comprar y vender cónyuges como si fueran bebidas calientes, un gran número de ellos no acabaría nunca de decidirse, sino que seguiría pagando por una opción mejor. ¿Por qué? May no ofrecía ninguna explicación completa, pero sugería el principio de una: dado que Jim, Bill y Harry tenían cada uno sus ventajas y desventajas, eran difíciles de comparar. «Y son estos casos no comparables los que tienen interés

—escribía May—. La comparación de alternativas cuando una es superior a otra en todos los aspectos genera una teoría simple pero bastante trivial.»

Amnon le enseñó a Amos el artículo sobre toma de decisiones, y Amos se excitó mucho. «Amos podía oler el oro antes que nadie —dijo Amnon—, y había olido oro.»

En el otoño de 1961, pocas semanas después de que Amnon volara a la Universidad de Carolina del Norte, Amos partió de Jerusalén rumbo a la Universidad de Michigan... donde había ido a parar Ward Edwards después de ser despedido por la Johns Hopkins, en principio por no molestarse en hacer acto de presencia a las clases que tenía que dar. Ni Amnon ni Amos sabían mucho sobre las universidades estadounidenses. Amnon, que acababa de ser asignado a Carolina del Norte por una beca Fulbright, tuvo que recurrir a su atlas del mundo para localizarla. Amos sabía leer inglés, pero lo hablaba tan poco que cuando le dijo a la gente adónde pensaba ir, lo tomaron a broma. «¿Cómo va a sobrevivir?», se preguntaba su amiga Amia Lieblich. Ni Amnon ni Amos pensaban que tuvieran otras opciones. «En la Universidad Hebrea no había nadie que pudiera enseñarnos —dijo Amnon—. Teníamos que marcharnos.» Tanto Amnon como Amos suponían que la mudanza era temporal. Aprenderían lo que hubiera que aprender en Estados Unidos sobre este nuevo campo de la toma de decisiones, y después volverían a Israel y trabajarían juntos.

Los primeros avistamientos de Amos Tversky en Estados Unidos son anomalías en la historia de Amos. En su primera semana de clases, los otros estudiantes vieron un extranjero callado y en apariencia disciplinado que tomaba apuntes. Lo miraban con compasión. «Mi primer recuerdo de él es que era muy, muy callado —recordaba su compañero de estudios Paul Slovic—. Y tiene gracia, porque después resultó que no era nada callado.» Al ver que Amos escribía de derecha a izquierda, un estudiante sugirió que tal vez sufriera algún trastorno mental (estaba escribiendo en hebreo). Privado del poder de la palabra, Amos resultaba irreconocible. Mucho después, Slovic suponía que en sus primeros meses lejos de casa, Amos solo estaba esperando su momento. Hasta que supiera exactamente lo que podía decir, no iba a hacerlo.

Hacia la mitad de su primer curso, Amos ya sabía lo que podía decir... y desde aquel momento empezaron a circular historias sobre él. Como aquella vez que entró en un restaurante de Ann Arbor y pidió una hamburguesa con salsa de pepinillos. La camarera dijo que no tenían salsa de pepinillos. Muy bien, dijo Amos, pues con salsa de tomate. Tampoco tenemos tomate, dijo la camarera. «¿Puede decirme qué más no tienen?», preguntó Amos. O como aquella ocasión en que Amos llegó tarde a un examen que todos esperaban que fuera dificilísimo, a cargo del temido profesor de estadística John Milholland. Amos se deslizó en un pupitre justo cuando estaban repartiendo el examen. En el aula residía un silencio sepulcral y los estudiantes estaban angustiados y tensos. Cuando Milholland llegó a su pupitre, Amos se volvió hacia la persona sentada junto a él y dijo: «Por siempre y para siempre, adiós, John Milholland. / Si volvemos a vernos, sonreiremos. / Si no, ha estado bien esta despedida», que es lo que le dice Bruto a Casio en la primera escena del quinto acto de *Julio César*. Sacó la máxima nota en el examen.

Michigan exigía que todos los estudiantes de doctorado en psicología pasaran una prueba de aptitud en dos idiomas extranjeros. Curiosamente, la universidad no contaba el hebreo como lengua extranjera, pero aceptaba las matemáticas. Aunque era del todo autodidacta, Amos eligió las matemáticas como uno de sus idiomas y aprobó. Como segundo idioma eligió el francés. El examen consistía en traducir tres páginas de un libro en ese idioma. El estudiante elegía el libro y el examinador elegía las páginas que debían traducirse. Amos fue a la biblioteca y sacó un texto de matemáticas en francés que no tenía nada más que ecuaciones. «Puede que contuviera la palabra *donc* (por lo tanto)», contaba Mel Guyer, el compañero de habitación de Amos. La Universidad de Michigan declaró que Amos Tversky era competente en francés.

Amos quería estudiar cómo toma decisiones la gente. Para ello necesitaba sujetos que estuvieran cautivos y fueran lo bastante pobres para responder a los minúsculos incentivos financieros que él podía ofrecer. Los encontró en la galería de máxima seguridad de la prisión estatal de Jackson, cerca de Ann Arbor. Amos propuso a los presos —pero solo a los que tenían un coeficiente intelectual superior a 100— varios juegos de apuestas diferentes, con premios consistentes en dulces y cigarrillos. Las dos cosas se utilizaban como «dinero» en la cárcel, y todo el mundo sabía lo que valían: en el economato de la cárcel, un paquete de cigarrillos y una bolsa de dulces costaban treinta centavos cada uno, más o menos el salario de una semana. Los reclusos podían quedarse el premio o vender el derecho a apostar con Amos: es decir, recibían un pago seguro.

Resultó que los presos de la cárcel de Jackson, a la hora de escoger entre apuestas, tenían mucho en común con los alumnos de Kenneth May al elegir pareja para casarse: después de haber dicho que preferían A a B, y B a C, se los podía inducir a que prefirieran C a A. Incluso cuando les preguntabas de antemano si alguna vez elegirían C antes que A e insistían en que nunca harían tal cosa, la hacían. Hubo quien pensó que Amos estaba embrollando a los presos, pero no era así. «No engañaba a los presos para que infringieran la transitividad —dice Rich González, profesor en Michigan—. Utilizaba un proceso parecido al viejo cuento de la rana en la cazuela. Si la temperatura aumenta poco a poco, la rana no se percata. En efecto, la rana puede detectar una subida de cuarenta grados, pero no subidas de menos de un grado. Algunos de nuestros sistemas biológicos están preparados para detectar grandes diferencias; otros detectan las pequeñas: por ejemplo, una caricia o un golpe. Amos concluyó que si uno es incapaz de detectar pequeñas diferencias, puede violar la transitividad.»

Por supuesto, la gente tenía dificultades para detectar pequeñas diferencias. Tanto los presos de Jackson como los estudiantes de Harvard, con los que también hizo experimentos Amos. Escribió un artículo sobre ellos, en el que demostraba que incluso se puede predecir cuándo la gente va a ser intransitiva. Y sin embargo... no sacó mucho en limpio de todo ello. En lugar de extraer grandes conclusiones acerca de lo inadecuado de las suposiciones vigentes acerca de la irracionalidad humana, se había quedado perplejo. «¿Es irracional esta conducta? —escribió—. Tendemos a dudarlo... Cuando uno tiene que elegir entre alternativas complejas y multidimensionales, como la elección de empleos, las apuestas o los candidatos [políticos], es difícil en extremo utilizar adecuadamente toda la información disponible.» No era que la gente prefiriera de verdad A a B, y B a C, y después cambiara de parecer y prefiriera C a A. Lo que sucede es que a veces es muy difícil comprender las diferencias. Amos no creía que en el mundo real fuera tan fácil inducir a la gente a contradecirse como en los experimentos que él había diseñado.

El hombre cuyo trabajo había llevado a Amos a Michigan, Ward Edwards, le resultó más atractivo sobre el papel que en carne y hueso. Después de ser despedido de la Johns Hopkins, Edwards había encontrado un puesto en Michigan, pero su posición era insegura, y él también. Cuando llegaban estudiantes a trabajar con él, le soltaba a cada uno un pequeño y pomposo discurso, que él llamaba «el discurso de la llave». Edwards enseñaba la llave de la puerta de la casita que le servía de laboratorio y le decía al estudiante que era un honor que se le confiara la llave y, por extensión, estar asociado con Edwards. «Te daba la llave junto con el discurso —contaba Paul Slovic—. El significado de la llave, su simbolismo, era un poco raro. Normalmente, la gente se limita a darte una llave y decirte que no olvides cerrar la puerta al marcharte.»

Edwards dio una fiesta en su casa para algún académico visitante... y cobró a los invitados la cerveza. Envió a Amos a hacer unas investigaciones para él y se quedó con el dinero para gastos hasta que Amos lo reclamó indignado. Insistía en que cualquier trabajo que Amos hiciera en su laboratorio era, al menos en parte, propiedad de Ward Edwards, y por lo tanto, todo artículo que Amos escribiera debía llevar también el nombre de Ward Edwards. Amos solía decir que la tacañería era contagiosa, lo mismo que la generosidad, y que comportarse con generosidad te hacía más feliz que ser tacaño, de modo que había que evitar a la gente tacaña y pasar el tiempo solo con personas generosas. Prestaba atención a lo que Edwards maquinaba, sin prestar mucha atención al propio Edwards.

La Universidad de Michigan era —y sigue siendo— sede del mayor departamento de psicología del mundo. Había allí otras personas que estudiaban la toma de decisiones, y Amos se sintió atraído por una de ellas, Clyde Coombs. Coombs establecía una distinción entre la clase de decisiones en las que más es mejor y otras decisiones más sutiles. Por ejemplo, siendo igual todo lo demás, casi todo el mundo prefiere recibir más dinero en lugar de menos, y sufrir menos dolor y no más. Lo que le interesaba a Coombs eran las decisiones menos simples. ¿Cómo decide una persona dónde vivir, con quién casarse, e incluso qué mermelada comprar? La gigantesca empresa alimentaria General Mills había contratado a Coombs con la esperanza de que creara para ellos instrumentos con los que medir los sentimientos de los clientes hacia sus productos. Pero ¿cómo mides la intensidad de los sentimientos de una persona hacia los Cheerios? ¿Qué clase de escala puedes usar? Una persona puede ser el doble de alta que otra, pero ¿puede gustarle algo el doble? La temperatura puede ser diez grados más alta en un sitio que en otro, pero ¿pueden los sentimientos de una persona hacia los cereales del desayuno ser diez grados más altos que los de otra? Para predecir lo que la gente va a decidir, hay que poder medir sus preferencias. Pero ¿cómo?

Al principio, Coombs abordó el problema definiendo las decisiones como una serie de comparaciones entre dos cosas. En el modelo matemático que construyó, la elección entre, por ejemplo, dos posibles parejas para casarse, se convertía en un proceso de múltiples etapas. Una persona tenía en la mente una pareja ideal, o una serie de características que deseaba en su pareja. Comparaba cada una de las opciones del mundo real con este ideal, y elegía la pareja que más se pareciera al ideal. En efecto, Coombs no pensaba que la gente hiciera exactamente esto cuando elige algo. No sabía qué hacía. Solo intentaba construir un instrumento que le ayudara a predecir lo que elegirían los seres humanos cuando tienen que decidir entre una serie de opciones. Para explicar lo que se proponía —y tal vez, para que pareciera menos ridículo—, Coombs utilizaba el ejemplo de una taza de té. ¿Cómo decide una persona cuánto azúcar le pone al té? Sin duda, tiene una idea de la dulzura ideal, e irá añadiendo azúcar hasta que el resultado se parezca lo más posible a ese ideal. Coombs opinaba que muchas decisiones de la vida eran así, solo que más complicadas.

Consideremos la decisión de con quién casarse. Es de suponer que cada uno tiene en su mente al menos una vaga noción de su pareja ideal: una serie de características que le parecen importantes, aunque puede que no todas sean igual de importantes... y después elige entre las personas disponibles la que más se parezca a ese ideal. Por supuesto, para comprender la decisión hay que saber cuánta importancia asigna cada uno a las diferentes características. Para un hombre que busca esposa, ¿es más importante la inteligencia que la belleza? ¿Más la belleza que la posición económica? También hay que averiguar cómo se evalúan estas características.

Si una mujer busca marido, ¿cómo compara su ideal de marido con el hombre que acaba de conocer? ¿Cómo decide una mujer si el sentido de humor del hombre que se sienta frente a ella en una mesa de citas rápidas se parece a su sentido de humor ideal? Clyde Coombs pensaba que nuestras decisiones se pueden analizar como un conjunto de juicios sobre la similitud entre dos cosas: el ideal que tenemos en la cabeza y el objeto que se nos ofrece.

Amos estaba tan fascinado como Coombs por la cuestión de cómo medir lo que no se puede observar. Tan interesado que aprendió por sí solo las matemáticas necesarias para ello. Pero también se daba cuenta de que el intento de medir estas preferencias planteaba otra cuestión. Si ibas a tomar como hipótesis de trabajo (tal vez poco realista) la suposición de que la gente hace elecciones comparando un ideal que tiene en la cabeza con las versiones del mundo real, hay que saber cómo juzga estas cosas la gente. En un raro ejemplo de jerga profesional inteligible, los psicólogos llaman a esto «juicios de similitud». ¿Qué pasa en la mente cuando esta evalúa cuánto se parece una cosa a otra? El proceso es tan fundamental para nuestra existencia que casi nunca nos paramos a pensar en él. «Es un proceso que no para de funcionar y que genera gran parte de nuestro conocimiento y reacciones al mundo —dice el psicólogo de Berkeley Dacher Keltner—. En primer lugar: ¿cómo categorizas las cosas? Y eso lo es todo. ¿Me acuesto con él o no? ¿Me como esto o no me lo como? ¿Confío en esta persona o no? ¿Eso es un chico o una chica? ¿Eso es un depredador o una presa? Si resuelves cómo funciona el proceso, has resuelto cómo sabemos las cosas. Es así como se organiza el conocimiento del mundo. Es como un hilo que se entreteje con todo lo que hay en la mente.»

Todas las teorías psicológicas entonces vigentes sobre cómo se hacen juicios de similitud tenían una cosa en común: todas se basaban en la distancia física. Cuando comparas dos cosas, te estás preguntando cuánto se parecen una a otra, lo cerca que están. Dos objetos, dos personas, dos ideas, dos emociones: en la teoría psicológica existían en la mente como si estuvieran en un mapa, en una cuadrícula o en otro espacio físico, como si fueran puntos con una relación fija entre uno y otro. Amos no estaba tan seguro de esto. Había leído trabajos de la psicóloga de Berkeley Eleanor Rosch, que a principios de los años sesenta estudiaba cómo clasificamos los objetos. ¿Qué hace que una mesa sea una mesa? ¿Qué hace que un color sea ese color distintivo? En su trabajo, Rosch había pedido a sus sujetos que compararan colores y juzgaran lo similares que eran unos a otros.

Los sujetos decían algunas cosas muy raras. Por ejemplo, decían que el magenta era similar al rojo, pero que el rojo no era similar al magenta. Amos se percató de la contradicción y se propuso generalizarla. Preguntó a la gente si pensaba que Corea del Norte era como la China roja. Dijeron que sí. Les preguntó si la China roja era como Corea del Norte... y dijeron que no. La gente pensaba que Tel Aviv se parecía a Nueva York, pero que Nueva York no se parecía a Tel Aviv. La gente pensaba que el número 103 venía a equivaler a 100, pero que el 100 no se parecía en nada al 103. La gente pensaba que un tren de juguete era muy parecido a un tren de verdad, pero que un tren de verdad no se parecía a un tren de juguete. Mucha gente pensaba que un hijo se parecía al padre, pero si les preguntabas si el padre se parecía al hijo, te miraban raro. «La direccionalidad y la asimetría de las relaciones de similitud son particularmente apreciables en los símiles y metáforas —escribió Amos—. Decimos que los turcos luchan como tigres, pero no que los tigres luchan como turcos. Dado que el tigre es famoso por su espíritu combativo, se usa como referencia, y nunca como el sujeto del símil. El poeta escribe "mi amor es tan profundo como el océano", y nunca "el océano es tan profundo como mi amor", porque el océano es el epítome de la profundidad.»

Cuando la gente comparaba una cosa con otra —dos personas,

dos lugares, dos números, dos ideas—, no prestaba mucha atención a la simetría. Para Amos —y para nadie más antes que él—, de esta sencilla observación se deducía que todas las teorías que los intelectuales habían imaginado para explicar cómo hacemos juicios de similitud tenían que ser falsas. «Llega Amos y dice: "Eh, tíos, no estáis haciendo las preguntas adecuadas"», dice Rich González, psicólogo de la Universidad de Michigan. «¿Qué es la distancia? La distancia es simétrica. De Nueva York a Los Ángeles tiene que haber la misma distancia que de Los Ángeles a Nueva York. Y Amos dijo "Vale, vamos a ponerlo a prueba".» Si en un mapa mental Nueva York está a tal distancia de Tel Aviv, Tel Aviv tiene que estar exactamente a la misma distancia de Nueva York. Y sin embargo, solo tienes que preguntar a la gente para ver que no es así: Nueva York no se parece tanto a Tel Aviv como Tel Aviv se parece a Nueva York. «Lo que Amos descubrió es que, sea lo que sea, no es una distancia —dice González—. De un solo golpe echó abajo todas las teorías que hacían uso de la distancia. Si en tu teoría hay un concepto de distancia, estás automáticamente equivocado.»

Amos tenía su propia teoría, basada en lo que él llamaba «rasgos de similitud».* Argumentaba que cuando la gente compara dos cosas y juzga su similitud, lo que está haciendo es una lista de rasgos. Estos rasgos son solo lo que ellos observan de los objetos. Cuentan los rasgos apreciables compartidos por dos objetos. Cuantos más compartan, más similares serán. Cuantos más rasgos no compartan, más diferentes serán. No todos los objetos tienen el mismo número de rasgos apreciables. Nueva York, por ejemplo, tiene más que Tel Aviv. Amos elaboró un modelo matemático para describir lo que quería decir... y para invitar a otros a poner a prueba su teoría y tratar de demostrar que estaba equivocado.

---

* Hasta 1977 no apareció un artículo con este título, pero se fue gestando a partir de ideas que había tenido una década antes, como estudiante de posgrado.

Muchos lo han intentado. Antes de trasladarse a Stanford en los años ochenta para comenzar su doctorado con Amos, Rich González había leído «Rasgos de similitud» varias veces. Al llegar, se dirigió al despacho de Amos, se presentó y planteó lo que él consideraba una pregunta de jaque mate: «¿Qué me dice de un perro de tres patas?». En efecto, dos perros de tres patas se parecen más entre sí que un perro de tres patas a uno de cuatro patas. Sin embargo, un perro de tres patas comparte exactamente el mismo número de rasgos con un perro de cuatro patas que con uno de tres. ¡He aquí una excepción a la teoría de Amos! «Yo pensaba que estaba siendo más listo que Amos —recuerda González—. Él me miró con cara de "¿De verdad? ¿Eso es lo mejor que se te ocurre?". Creo que podría haber habido un enfrentamiento inicial, pero él se portó con amabilidad y me respondió: "La ausencia de un rasgo es un rasgo".» Amos había escrito eso en su trabajo original: «La similitud aumenta cuando se añaden rasgos comunes y/o se eliminan rasgos distintivos.»

De la teoría de Amos sobre el modo en que la gente hace juicios de similitud se han derivado toda clase de ideas interesantes. Si la mente, al comparar dos cosas, sobre todo cuenta los rasgos que advierte en cada una de ellas, también podría juzgar si estas cosas son a la vez más similares o más diferentes entre ellas que algún otro par de cosas. Podrían tener mucho en común y mucho que no es común. El amor y el odio, la alegría y la tristeza, lo serio y lo tonto: de pronto se podrían ver —y esa sensación da— como si tuvieran una relación más fluida una con otra. Ya no son simples contrarios en un continuo mental fijo. Se los podría considerar similares en algunos de sus rasgos y diferentes en otros. La teoría de Amos ofrecía además una nueva visión de lo que podría estar ocurriendo cuando la gente infringe la transitividad y toma decisiones aparentemente irracionales.

Cuando alguien prefiere el café al té, y el té al chocolate, y después decide que prefiere el chocolate al café, no está comparando dos bebidas de una manera holística. Las bebidas calientes no existen como puntos en un mapa mental, a distancias fijas de un ideal. Son conjuntos de rasgos. Estos rasgos pueden ser más o menos aparentes; su prominencia en la mente depende del contexto en el que se han percibido. Y la elección crea su propio contexto: diferentes rasgos pueden adoptar más prominencia en la mente cuando el café se compara con el té (cafeína) que cuando se compara con el chocolate (azúcar). Y lo que ocurre con las bebidas calientes podría ocurrir también con las personas, las ideas y las emociones.

La idea era interesante. Cuando la gente toma decisiones, también está haciendo juicios de similitud entre un objeto del mundo real y el ideal que desearía. Y estos juicios los hace contando los rasgos que percibe. Y como la notoriedad de los rasgos se puede manipular haciéndolos destacar más o menos, también se puede manipular la sensación de similitud entre dos cosas. Por ejemplo, si queremos que dos personas piensen que son más similares entre sí que lo que pensarían de otro modo, podemos ponerlas en un contexto que realce los rasgos compartidos. Dos estudiantes universitarios estadounidenses en Estados Unidos pueden mirarse uno a otro y ver un completo extraño; los dos mismos estudiantes haciendo un curso en Togo pueden descubrir que son sorprendentemente similares: ¡los dos son estadounidenses!

Cambiando el contexto en el que se comparan dos cosas se ocultan ciertos rasgos y emergen otros a la superficie. «En general, se da por supuesto que las clasificaciones están determinadas por similitudes entre los objetos», escribió Amos, antes de ofrecer una opinión contraria: que la similitud entre los objetos «se puede modificar según la manera en que se clasifican. Así pues, la similitud tiene dos caras: una causal y otra derivativa. Sirve de base para clasificar los objetos, pero también está influida por la clasificación adoptada.» Un plátano y una manzana parecen más similares que lo que parecerían de otro modo porque hemos acordado llamarles «frutas» a los dos. Las cosas se agrupan juntas por una razón, pero una vez agrupadas, su agrupamiento hace que parezcan más similares de lo que parecerían de otro modo. Es decir, el mero acto de la clasificación refuerza los estereotipos. Si queremos debilitar un estereotipo, eliminemos la clasificación.

La teoría de Amos no contribuyó precisamente al debate existente sobre cómo se efectúan los juicios de similitud. Más bien, acaparó el debate. Todos los participantes rodearon a Amos y escucharon. «El enfoque científico de Amos no era gradual y progresivo —cuenta Rich González—. Procedía a saltos. Encuentras un paradigma que está ahí. Encuentras una proposición general de ese paradigma. Y lo destruyes. Él se veía haciendo un estilo negativo de ciencia. Utilizaba mucho esta palabra: negativo. Y resulta que esta es una manera muy potente de hacer ciencia social.» Así era como empezaba Amos: deshaciendo errores de otros. Y resultó que otra gente había cometido algún que otro error.

4

Errores

Amos volvió a Israel en el otoño de 1966, cinco años después de haberse ido. Como no podía ser de otra forma, sus viejos amigos compararon el Amos que regresaba con el de sus recuerdos. Y percibieron un par de cambios. El Amos que volvió de Estados Unidos, investido de un aura de profesionalidad, parecía un hombre que se tomaba más en serio su trabajo. Ahora era profesor ayudante y tenía su propio despacho en la Universidad Hebrea, decorado con un estilo reconocible por su austeridad. Los únicos objetos que ocupaban la mesa eran un portaminas y, si Amos estaba sentada a ella, una goma y la carpeta ordenada a la perfección del proyecto en el que estuviera trabajando en esos momentos. Cuando se había ido a Estados Unidos, no tenía un solo traje. Cuando regresó a la Universidad Hebrea con traje azul claro, la gente quedó asombrada, y no solo por el color. «Fue algo inconcebible —decía Avishai Margalit—. Algo que nadie hacía. Una corbata era el símbolo de la burguesía. Recuerdo la primera vez que vi a mi padre vestido con traje y corbata. Fue como si lo hubiera pillado con una prostituta.» Por lo demás, Amos no había cambiado: era el último en irse a dormir, el alma de todas las fiestas, la luz que atraía a todas las polillas, y la persona más libre, feliz e interesante que siempre había. Seguía haciendo solo lo que quería. Incluso su nueva pasión por vestir traje se consideraba un rasgo más bien característico de

Amos que algo típicamente burgués. Elegía sus trajes en función de un único criterio: el número y tamaño de bolsillos de la americana. Además del interés por los bolsillos, sentía una gran pasión, que rozaba el fetiche, por los maletines, de los que se compró varias docenas. Tras haber vivido cinco años en la cultura más materialista de la faz de la tierra, había regresado poseído por un gran deseo hacia los objetos que podían ayudarlo a imponer el orden en el mundo que lo rodeaba.

Además del traje nuevo, Amos también tenía esposa. En Michigan, tres años antes, había conocido a una estudiante de psicología llamada Barbara Gans. Al cabo de un año, empezaron a salir. «Me dijo que no quería volver solo a Israel —dijo Barbara—. Y por ello nos casamos.» Ella se había criado en el Medio Oeste y nunca había salido de Estados Unidos. Para Barbara, el tópico que utilizaban a menudo los europeos para referirse a la informalidad y la gran tendencia a la improvisación de los estadounidenses era aún más cierto en el caso de los israelíes. «Solo teníamos gomas elásticas y cinta adhesiva, por lo que las cosas se arreglaban con gomas de plástico y cinta adhesiva», decía. Aunque le hacía sentirse pobre en un sentido material, Israel le parecía un país rico en otros aspectos. Todos los israelíes, al menos los judíos, parecían ganar el mismo dinero y podían cubrir sus necesidades básicas.

No había muchos lujos. Amos y ella no tenían teléfono ni coche, pero tampoco la mayoría de gente a la que conocían. Las tiendas eran pequeñas y específicas. Había afiladores, canteros y vendedores de falafel. Si necesitabas un carpintero o un pintor era inútil llamarlos, aunque tuvieras teléfono, porque nunca contestaban. Bastaba con que te acercaras al centro por la tarde con la esperanza de cruzarte con ellos. «Todo era personal, todas las transacciones. Había un chiste que sabía todo el mundo que decía: alguien sale corriendo de su casa en llamas para preguntarle a un amigo que pasa por la calle si conoce a alguien del cuerpo de bomberos.» No había televisión, pero las radios estaban por todas partes, y cuando empezaba la emisión de la BBC todo el mundo dejaba de hacer lo que tuviera entre manos para escucharla. Son palabras que transmiten una gran sensación de apremio: «Todo el mundo estaba en alerta», decía Barbara. La tensión que se palpaba en el ambiente nada tenía que ver con el conflicto que existía en Estados Unidos por culpa de la guerra de Vietnam. En Israel el peligro era una amenaza presente y personal: según Barbara, existía la sensación de que, si los árabes que rodeaban el país dejaban de pelearse entre ellos, podían invadirlos en cuestión de horas y matar a todo el mundo.

Barbara tenía la sensación de que el principal objetivo de los estudiantes de la Universidad Hebrea, donde impartía una asignatura, era detectar los errores de sus profesores. Eran increíblemente agresivos e ignoraban el significado de la palabra deferencia. Un estudiante insultó a un intelectual estadounidense invitado por la universidad e interrumpió su charla con comentarios desdeñosos. Su comportamiento fue tan grosero que los representantes académicos lo obligaron a disculparse ante el invitado. «Lo siento si lo he ofendido —dijo el estudiante al intelectual—, pero ¡es que su charla ha sido muy mala!» En el examen final de una asignatura de psicología, los estudiantes tenían que hallar el error de un artículo de investigación que se había publicado. El segundo día que Barbara impartía clase, cuando solo llevaba diez minutos, un estudiante gritó desde el fondo de la clase: «¡No es verdad!», y nadie se inmutó. Un distinguido profesor de la Universidad Hebrea pronunció una conferencia titulada «Qué no es qué en estadística», y un estudiante que había entre el público le espetó: «¡Esto le garantizará un lugar en el quién no es quién de la estadística!».

A pesar de todo ello, Israel se tomaba más en serio a los profesores universitarios que Estados Unidos. Se consideraba que los intelectuales israelíes debían desempeñar un papel de cierta relevancia en la supervivencia del estado judío, y estos reaccionaron asumiendo esa relevancia. En Michigan, Barbara y Amos habían vivido en la universidad y pasaban el tiempo con otros colegas del mundo académico. En Israel, convivían con políticos, generales, periodistas y otras personas implicadas en el gobierno del país. Durante los primeros meses tras su regreso, Amos dio varias charlas sobre las últimas teorías de toma de decisiones a generales del ejército y a las Fuerzas Armadas israelíes, aunque la aplicación práctica de esas teorías era, por decirlo con suavidad, incierta. «Nunca he visto a un país tan preocupado por mantener a los oficiales tan informados sobre las últimas novedades del mundo académico», escribió Barbara a su familia de Michigan.

Y, claro, todo el mundo formaba parte del ejército, hasta los profesores universitarios, por lo que ni siquiera el intelectual más excelso podía ignorar los peligros que acechaban a la sociedad. Todos estaban expuestos a los caprichos de los dictadores. Barbara lo vivió en carne propia cuando solo llevaba seis meses en Israel: el 22 de mayo de 1967, el presidente egipcio Gamal Abdel Nasser anunció que iba a cerrar los estrechos de Tirán a los barcos israelíes. La mayoría de importaciones a su país de acogida atravesaban esos estrechos, y el anuncio fue recibido como una acción de guerra. «Un día Amos llegó a casa y dijo: "El ejército va a venir a buscarme".» Revolvió todas las habitaciones y encontró el baúl donde guardaba su antiguo uniforme de paracaidista. Aún le iba bien. Ese mismo día, a las diez de la noche, fueron a buscarlo.

Habían pasado cinco años desde la última vez que Amos había saltado de un avión; aun así, lo pusieron al mando de una unidad. Todo el país se preparó para la guerra mientras intentaba discernir a qué tipo de contienda bélica se enfrentaban. En Jerusalén, los que recordaban la guerra de Independencia temían que se produjera otro asedio y compraron todos los alimentos envasados de las tiendas. No era fácil calcular las probabilidades de los posibles resultados: una guerra con Egipto ofrecía un panorama negro, pero el país podía sobrevivir; una guerra con todos los estados árabes podía suponer la aniquilación total. El gobierno israelí aprobó de forma discreta la conversión de los parques públicos en tierra consagrada, lo que permitía utilizarlos como fosas comunes. El país entero se movilizó. Los coches privados ocuparon las rutas de autobús, ya que el ejército había requisado todos los autobuses. Los escolares se encargaban de repartir la leche y el correo. Los árabes israelíes, que no podían formar parte del ejército, se ofrecieron para asumir los trabajos que habían tenido que dejar los reclutas judíos. Mientras tanto, vientos apocalípticos soplaban del desierto. Era una sensación que no se parecía en nada a lo que Barbara había experimentado en toda su vida. Por mucho que bebieras, era imposible saciar la sed; por muy mojada que estuviera la colada, volvía a estar seca al cabo de treinta minutos. Estaban a treinta y cinco grados, pero apenas se notaba el calor debido al fuerte viento del desierto. Barbara se dirigió a un kibutz de la frontera a las afueras de Jerusalén para ayudar a cavar trincheras. El hombre, de unos cuarenta años, que estaba al mando de los voluntarios había perdido una pierna en la guerra de Independencia y usaba una prótesis. Era poeta. Cojeaba y escribía poemas.

Antes de que estallaran los combates, Amos regresó a casa en dos ocasiones. Barbara estaba sorprendida por la familiaridad con la que su marido manejaba la Uzi en la cama, antes de ducharse. ¡No era para tanto! El país se encontraba en estado de pánico, pero Amos parecía ajeno a todo ello. «Me dijo: "No hay ningún motivo para preocuparse. Todo depende del poderío aéreo y en ese aspecto los superamos. Nuestras fuerzas aéreas destruirán a sus aviones".» La mañana del 5 de junio, cuando el ejército egipcio se encontraba desplegado en la frontera israelí, las fuerzas aéreas israelíes lanzaron un ataque sorpresa. En el transcurso de pocas horas, las fuerzas aéreas israelíes habían destruido unos cuatrocientos aviones, casi todas las unidades egipcias. Más adelante, el ejército israelí invadió el Sinaí. El 7 de junio libraba una guerra de tres frentes contra Egipto, Jordania y Siria. Barbara se guareció en un refugio antiaéreo de Jerusalén y dedicó el tiempo a coser sacos de arena.

Al cabo de un tiempo se supo que, antes del inicio de la guerra, el presidente Nasser había hablado con Ahmed Shukairy, fundador de la Organización para la Liberación de Palestina, recién creada. Nasser había propuesto que los judíos que sobrevivieran a la guerra regresaran a sus países de nacimiento; Shukairy le contestó que no era necesario preocuparse por ello ya que no sobreviviría ninguno. La guerra empezó un lunes. El sábado siguiente la radio anunció su fin. Israel había obtenido una victoria tan arrolladora que muchos judíos tuvieron la sensación de que no se trataba de una guerra moderna, sino de un milagro bíblico. De repente el país se había doblado en extensión y controlaba la ciudad vieja de Jerusalén, junto con todos los lugares sagrados. Tan solo una semana antes tenía el tamaño de New Jersey; ahora era más grande que Texas y el ejército tenía que defender unas líneas fronterizas mucho más largas. La radio dejó de emitir crónicas sobre los combates del frente y empezaron a sonar alegres canciones hebreas sobre Jerusalén. Israel era distinto de Estados Unidos en otro sentido: las guerras eran breves y siempre tenían un ganador.

El jueves, Barbara recibió un mensaje de un soldado de la unidad de Amos; la informaba de que su marido estaba vivo. El viernes llegó con un todoterreno del ejército al edificio beis donde se encontraba su apartamento y le pidió que se subiera. Juntos recorrieron Cisjordania, uno de los territorios recién conquistados. En el trayecto presenciaron escenas tan maravillosas como extrañas: reencuentros afectuosos entre tenderos árabes y judíos, separados desde 1948. Una fila de hombres árabes caminaba con los brazos en alto por el bulevar de Ruppin, en el barrio judío, y se detuvieron ante los semáforos para aplaudir... a los semáforos. Al llegar a

Cisjordania vieron tanques y todoterrenos jordanos arrasados por las llamas, y latas de atún que habían dejado los israelíes que ya habían ido de picnic. Acabaron en Jerusalén este, en el palacio a medio construir del rey Husein de Jordania, donde Amos estaba destinado, junto con doscientos soldados israelíes más. «Ver esa construcción fue un gran impacto —escribió Barbara a su familia de Michigan esa noche— ya que combinaba lo peor del gusto árabe con lo peor de Miami.»

Después se organizaron los funerales. «Hoy se ha publicado el número de bajas en el periódico: 679 muertos y 2.563 heridos —escribió Barbara en una carta que envió a casa—. Las cifras son pequeñas, pero también lo es el país, por lo que todo el mundo ha perdido a algún amigo.» Amos había perdido a uno de sus hombres en un ataque dirigido contra un monasterio situado en lo alto de una colina, en Belén. Uno de sus mejores amigos de la infancia había muerto por el disparo de un francotirador, y varios profesores de la Universidad Hebrea habían fallecido o resultado heridos. «Crecí con la guerra de Vietnam y no conocí a nadie que hubiera ido y, menos aún, que hubiera muerto allí —dijo Barbara—. Sin embargo, solo llevaba seis meses en Israel y conocí a cuatro personas que murieron en la guerra de los Seis Días.»

Durante la semana posterior a la guerra, Amos estableció su campamento en el palacio de verano del rey Husein. A continuación, ejerció brevemente como gobernador militar de Jericó. La Universidad Hebrea se convirtió en un campamento de prisioneros de guerra, pero las clases empezaron de nuevo el 26 de junio y los profesores que habían luchado en la guerra tuvieron que regresar a su antiguo trabajo sin demasiadas quejas. Entre ellos se encontraba Amnon Rapoport, que había vuelto a Israel con Amos, había empezado a trabajar en el departamento de psicología de la Universidad Hebrea, y ocupó su lugar natural como mejor amigo de Amos. Cuando Amos partió con su unidad de infantería, Amnon se subió a un tanque para entrar en Jordania. Sus blindados habían encabezado la incursión de las líneas del frente jordano. Esta vez Amnon tuvo que admitir que el hecho de participar en la guerra lo había sumido en un estado de ánimo menos sereno. «Es que, ¿cómo es posible? Soy un profesor ayudante joven y en menos de veinticuatro horas me ponen a matar a gente y me convierto en una máquina de asesinar. No sabía cómo asimilarlo. Durante meses tuve pesadillas. Amos y yo hablamos de ello: sobre cómo conciliar esos dos aspectos de la vida. Profesor y asesino.»

Amos y él siempre habían dado por sentado que trabajarían juntos para explorar los mecanismos de la toma de decisiones, pero Amos mantenía un vínculo muy estrecho con Israel, mientras que él, Amnon, quería irse. El problema no era solo la guerra constante, sino que la idea de trabajar con Amos había perdido su encanto. «Era un hombre muy dominante desde un punto de vista intelectual —decía Amnon—. Me di cuenta de que no quería seguir a la sombra de Amos toda la vida.» En 1968, Amnon partió a Estados Unidos, donde aceptó un puesto como profesor en la Universidad de Carolina del Norte, y dejó a Amos sin compañero de tertulia.

A principios de 1967, Avishai Henik tenía veintiún años y trabajaba en un kibutz, cerca de los altos del Golán. De vez en cuando los sirios los atacaban con morteros, pero Avi no le daba demasiadas vueltas al asunto. Había acabado el servicio militar y, aunque no había sido un estudiante brillante en el instituto, estaba pensando en ir a la universidad. En mayo de 1967 intentaba, sin demasiado éxito, decidir qué iba a estudiar, pero el ejército israelí lo llamó de nuevo a filas. El hecho de que lo reclutaran, dedujo Avi, implicaba que iba a haber una guerra. Se incorporó a una unidad de unos ciento cincuenta paracaidistas, a la mayoría de los cuales nunca había visto.

Al cabo de diez días estalló la guerra. Avi nunca había estado en combate. Al principio los oficiales al mando le dijeron que formaría parte del grupo de paracaidistas que iba a saltar en el Sinaí para enfrentarse a los egipcios. Luego cambiaron de opinión y ordenaron que la unidad de Avi se dirigiera en autobús a Jerusalén, donde se había abierto un segundo frente con Jordania. En Jerusalén había dos frentes de ataque y las tropas jordanas estaban atrincheradas a las afueras de la ciudad vieja. La unidad de Avi se infiltró en las líneas jordanas sin disparar ni una bala. «Los jordanos ni se dieron cuenta», dijo. Al cabo de unas horas, una segunda unidad de paracaidistas israelíes intentó infiltrarse y fue arrasada: la de Avi había tenido suerte. Cuando dejaron atrás la primera línea de combate, su unidad se aproximó a las murallas. «Fue entonces cuando empezaron los disparos», dijo. De repente se puso a correr junto a un joven que le caía bien llamado Moishe. Lo había conocido tan solo unos días antes, pero habría de recordar para siempre su cara. Una bala alcanzó al muchacho y cayó. «Murió en menos de un minuto.» Avi siguió avanzando, con la sensación de que también podía morir en cualquier momento. «Estaba aterrorizado. Muy asustado.» Su unidad se abrió paso en la ciudad vieja, y murieron más de diez hombres en la incursión. «Fueron cayendo, uno aquí, el otro allí.» Avi recordaba imágenes y momentos dramáticos: la cara de Moishe; el alcalde jordano de Jerusalén aproximándose a su unidad ondeando una bandera blanca, junto al Muro de las Lamentaciones. Este le pareció increíble. «Me quedé paralizado. Lo había visto en fotografías, y ahora me encontraba justo ahí.» Se volvió hacia su comandante, le dijo lo feliz que era y el oficial respondió: «Bueno, Avishai, no serás tan feliz mañana cuando sepas cuántos hombres han muerto». Avi encontró un teléfono, llamó a su madre y solo le dijo: «Estoy vivo».

Pero la particular guerra de los Seis Días de Avi no había acabado. Tras tomar la ciudad vieja de Jerusalén, los paracaidistas supervivientes de su unidad fueron enviados a los altos del Golán: ahora les tocaba enfrentarse a los sirios. En el camino se cruzaron con una mujer de mediana edad que se les acercó y les preguntó: «Sois paracaidistas, ¿alguien ha visto a mi Moishe?». Ninguno de ellos tuvo el valor de decirle lo que le había ocurrido a su hijo. Cuando llegaron a las sombras de los altos, les comunicaron la misión: iban a montar en helicópteros que los lanzarían sobre las tropas sirias atrincheradas. Cuando Avi lo oyó, tuvo la extraña sensación, sin el menor atisbo de duda, de que iba a morir. «Creí que si no había muerto en Jerusalén, moriría en los altos del Golán. A la segunda va la vencida.» El oficial al mando de la misión le ordenó que encabezara el grupo que atacaría las trincheras sirias: se situaría al frente de una unidad de paracaidistas israelíes hasta que lo mataran o se quedara sin balas.

Entonces, la mañana en que debían partir, el gobierno israelí decretó un alto el fuego a partir de las 18.30. Durante unos instantes Avi creyó que le habían devuelto la vida. Sin embargo, su oficial insistió en seguir adelante con el ataque. Avi no lo entendía y se armó del valor necesario para preguntarle los motivos. ¿Por qué tenían que atacar si la guerra iba a acabar dentro de unas horas? «Me dijo: "Qué ingenuo eres, Avi. ¿Crees que no tomaremos los altos del Golán a pesar del alto el fuego?". Y respondí: "De acuerdo, pues preparémonos para morir".» Liderado por Avi, el batallón de paracaidistas atacó los altos del Golán con helicópteros y se abalanzó contra las trincheras sirias. No había nadie. Las trincheras estaban vacías.

Después de la guerra, Avi, que ya tenía veintidós años, por fin decidió qué iba a estudiar: psicología. Si le hubieran preguntado por los motivos que lo habían llevado a elegir esa carrera, habría respondido: «Diría que quiero comprender el alma humana. No la mente. El alma». No obtuvo plaza en la Universidad Hebrea, por lo que fue a una universidad nueva que se encontraba al sur de Tel

Aviv, llamada Universidad del Néguev. El campus se encontraba en Beerseba. Asistió a clases de un profesor llamado Danny Kahneman, que estaba pluriempleado porque el sueldo de la Universidad Hebrea no era gran cosa. La primera asignatura fue una introducción a la estadística, que a priori parecía aburridísima, pero no fue así. «Hizo que nos interesáramos por ella porque utilizaba ejemplos de la vida real. No se limitó a enseñarnos estadística, sino que nos decía: ¿cuál es el significado de todo esto?»

Por entonces Danny colaboraba con las fuerzas aéreas israelíes para entrenar pilotos de caza. Se había dado cuenta de que los instructores creían que, para enseñar a pilotar esos aviones, la crítica era más útil que el halago. Le explicaron que solo tenía que ver lo que sucedía después de alabar a un piloto por haber rendido especialmente bien, o después de criticarlo por haberlo hecho muy mal. El piloto que recibía los halagos siempre tenía un rendimiento inferior en la siguiente ocasión, mientras que el piloto criticado mejoraba. Danny los observó durante un tiempo y luego les explicó lo que sucedía: el piloto que recibía elogios por haber volado muy bien, al igual que el piloto que era reprendido por haber tenido un mal rendimiento, regresaban a la media. Habrían mostrado una tendencia a rendir mejor (o peor) aunque el instructor no les hubiera dicho nada. Una falsa ilusión que llevaba a los instructores, y con seguridad a muchos otros, a creer que sus palabras eran menos efectivas cuando proporcionaban placer que cuando causaban dolor. La estadística no era solo un montón de números aburridos; contenía ideas que permitían a uno asomarse a las verdades más insondables de la vida humana. «Como tendemos a recompensar a los demás cuando se comportan bien y a castigarlos cuando lo hacen mal, y como hay una regresión a la media —escribió más adelante Danny—, es inherente a la condición humana que, a nivel estadístico, recibamos castigos para que otros puedan recibir una recompensa, y que nos recompensen para castigar a los demás.»

La otra asignatura que impartía Danny era sobre percepción: cómo interpretaban los sentidos y, en ocasiones, nos inducían al error. «Después de dos clases era obvio que ese tipo era excepcional», decía Avi. Danny recitaba largos fragmentos del Talmud en los que los rabinos describían que el día se convertía en noche, y la noche en día, y luego preguntaba a los alumnos: ¿qué colores ven los rabinos en ese momento, cuando el día se convierte en noche? ¿Qué podía aportar la psicología acerca del modo en que los rabinos veían el mundo que los rodeaba? Entonces habló del efecto Purkinje, bautizado con este nombre por el fisiólogo checo que lo describió por primera vez, a principios del siglo XIX. Purkinje se había fijado en que los colores que eran más brillantes al ojo humano a plena luz del día eran los que parecían más oscuros al anochecer. De modo que, por ejemplo, lo que los rabinos veían como un rojo intenso por la mañana podía parecer, en contraste con otros tonos, casi descolorido al atardecer. Danny parecía conocer no solo todos los fenómenos extraños descubiertos, sino que tenía la capacidad de describirlos de un modo que permitía que un estudiante viera el mundo de forma distinta. «¡Y venía a clase sin nada! —decía Avi—. Llegaba y se ponía a hablar.»

Una parte de Avi no podía creer la espontaneidad de las clases de Danny. Se preguntaba si tal vez lo había memorizado todo y solo se limitaba a fanfarronear sobre su talento. Esa sospecha quedó descartada el día en que Danny llegó a clase y pidió ayuda. «Se me acercó —recordó Avi—, y me dijo: "Avi, mis estudiantes de la Universidad Hebrea insisten en que les dé algo por escrito y no tengo nada. He visto que tomabas apuntes. ¿Te importaría prestármelos...? ¡Lo tengo todo en la cabeza!»

Ese día Avi descubrió que Danny esperaba que sus alumnos lo aprendieran todo de memoria, tal y como hacía él. Cuando quedaban pocas clases de la asignatura de percepción, el ejército volvió a llamar a filas a Avi, que tuvo que decirle a Danny que, por desgracia, tenía que marcharse a patrullar una frontera lejana, lo que iba a impedirle seguir el ritmo de las clases. «Danny me dijo: "No pasa nada, apréndete los libros". Y le pregunté: "¿A qué te refieres con que me aprenda los libros?". Y me respondió: "Llévalos contigo y memorízalos".» Y eso fue lo que hizo Avi. Al final logró volver a tiempo para hacer el examen final. Había memorizado los libros. Antes de que Danny devolviera los exámenes a los estudiantes, le pidió a Avi que levantara la mano. «Alcé la mano. ¿Qué había hecho esta vez? Y Danny dijo: "Has acertado el cien por cien. Cuando alguien consigue una nota como esta, hay que decirlo en público".»

Después de cursar las asignaturas con el profesor pluriempleado de la Universidad Hebrea, Avi tomó dos decisiones: iba a ser psicólogo y se iba a estudiar a la Universidad Hebrea. Dio por sentado que esta debía de ser un lugar mágico en el que los profesores eran genios capaces de inspirar a sus alumnos para que alcanzaran nuevas cotas de pasión por las asignaturas. De modo que eligió la facultad de esa universidad. Al final del primer año, el jefe del departamento de psicología mantuvo una charla con Avi mientras pasaba una encuesta al resto de alumnos.

—¿Qué tal los profesores? —le preguntó.

—No están mal —respondió Avi.

—¿No están mal? —replicó el jefe de departamento—. ¿No están mal y ya? ¿Por qué solo no están mal?»

—Es que tuve uno en Beerseba... —dijo Avi.

El jefe de departamento supo de inmediato lo que iba a decirle.

—Ah, claro, los estás comparando con Danny Kahneman. Pero no puedes hacerlo, no es justo. Hay una categoría de profesores a los que llamamos Kahnemans. No puedes comparar a tus profesores con los Kahnemans. Puedes decir que un profesor es bueno o malo en comparación con otros. Eso sí. Pero no lo compares con Kahneman.

En la clase, Danny era un auténtico genio. Fuera... Bueno, Avi se sorprendió al comprobar la volatilidad de su estado mental. Un día, en el campus, se cruzó con Danny y lo encontró con un ánimo muy sombrío. Nunca lo había visto así. Un estudiante le había dado una mala puntuación, le explicó, y creía que estaba acabado. «Incluso me preguntó: "Sigo siendo el mismo, ¿verdad?".» Para Avi, y para todos los demás salvo para Danny, saltaba a la vista que el alumno era un estúpido. «Danny era el mejor profesor de la Universidad Hebrea, pero costaba una barbaridad convencerlo de que la puntuación de la encuesta no importaba... de que él era un profesor excelente.» Fue solo el primero de los varios asuntos que habrían de amargarle la vida a Danny, que sufría una tendencia exagerada a creer lo peor que pudiera decir alguien de él. «Era muy inseguro. Formaba parte de su personalidad.»

Para aquellos que lo trataban a diario, Danny era un tipo insondable. La imagen que tenía la gente de él cambiaba sin cesar, como uno de esos dibujos que usan los psicólogos de la Gestalt. «Tenía un humor muy cambiante —decía un antiguo colega de facultad—. Nunca sabías con qué Danny ibas a encontrarte. Era muy vulnerable. Ansiaba la admiración y el afecto de los demás. Era un tipo muy tenso. Muy impresionable. Se sentía insultado por cualquier cosa.» Fumaba dos paquetes de cigarrillos al día. Se había casado y había tenido un hijo y una hija, pero todo el mundo tenía la sensación de que solo se sentía realizado con su trabajo. «Era alguien muy orientado al trabajo», decía Zur Shapira, alumno de Danny que después fue profesor de la Universidad de Nueva York. «Nadie diría que era una persona feliz.» Sus cambios de humor contribuían a crear un distanciamiento entre Danny y los demás, como sucedía con la distancia producto de un intenso dolor. «Las mujeres sentían la imperiosa necesidad de cuidar de él», dice Yaffa

Singer, que trabajó con Danny en la unidad de psicología del ejército israelí. «Vivía en la duda eterna», afirmaba Dalia Etzion, que fue asistente de Danny. «Recuerdo que me lo encontré un día y lo vi deprimido. Estaba dando clase y me dijo: "Estoy seguro de que no les gusto a los alumnos".Y yo pensé: "¿Y eso qué más da?". En el fondo era extraño porque los estudiantes lo adoraban.» Otro colega dijo: «Era como Woody Allen, pero sin el sentido del humor».

El carácter voluble de Danny era una debilidad y, algo que acaso no resultaba tan obvio, también una virtud. Lo llevó, casi sin que se diera cuenta, a ampliar sus horizontes. Al parecer nunca tuvo que decidir qué tipo de psicólogo iba a ser. Podía ser, y sería, distintos tipos de psicólogo. Al mismo tiempo que perdía la fe en su capacidad para estudiar la personalidad, estaba creando un laboratorio en el que podría estudiar la visión. El laboratorio de Danny tenía un banco en el que los sujetos permanecían inmovilizados en un dispositivo fabricado con ese fin, con la boca pegada en un molde de sus dientes, mientras Danny les iluminaba las pupilas con señales luminosas. La única forma de comprender un mecanismo como el del ojo, creía, era estudiando los errores que cometía. El error no era tan solo instructivo, sino que constituía la clave que podía desentrañar la naturaleza profunda de ese mecanismo. «¿Cómo entiendes la memoria?», preguntaba. «No se estudia la memoria. Se estudia olvidando.»

En su laboratorio de visión, Danny investigó las formas en que los ojos engañan. Cuando se veían sometidos a destellos fugaces, por ejemplo, el brillo que experimentaba el ojo no era una función directa del brillo del destello. También dependía de la duración del destello; de hecho, era un producto de la duración del destello y su intensidad. Un destello de un milisegundo con una intensidad de 10x no podía distinguirse de un destello de diez milisegundos con una intensidad de x. Pero cuando los destellos de luz duraban más de 300 milisegundos, los pacientes percibían el mismo brillo, sin importar la duración. Las razones que lo habían llevado a tomarse la molestia de descubrir esto no estaban muy claras, ni siquiera para Danny, pero las revistas de psicología habían creado una demanda de este tipo de estudios, y él creía que esas mediciones podían servirle de entrenamiento. «Estaba haciendo ciencia —decía—. Y lo hacía de forma deliberada. Consideraba que lo que estaba haciendo era llenar un vacío de mi educación, algo que tenía que hacer para ser un científico serio.»

Danny no se manejaba con naturalidad en esa rama de la ciencia. Un laboratorio de visión exigía precisión y él era tan preciso como una tormenta del desierto. En el caos que era su despacho, su secretaria se cansó tanto de que le pidiera ayuda para encontrar las tijeras, que las ató con un cordel a la silla del escritorio. Incluso sus intereses eran caóticos: el hecho de que la misma persona pudiera seguir mentalmente a escolares hasta la montaña para preguntarles con cuánta gente querían compartir su tienda, y que sujetara la mandíbula de un adulto con un torno para estudiar el funcionamiento de sus ojos, resultaba extraño incluso a otros psicólogos. Los examinadores de personalidad buscaban correlaciones aproximadas entre un rasgo y un comportamiento: la elección de la tienda y la sociabilidad, por ejemplo, o el coeficiente intelectual y el rendimiento en el trabajo. No tenían que ser precisos, y no necesitaban saber nada sobre la gente como organismos biológicos. Los estudios de Danny sobre el ojo humano estaban más relacionados con la oftalmología que con la psicología.

También cultivaba otros intereses. Quería estudiar lo que los psicólogos conocían como «defensa perceptiva», pero el resto de gente llamaba percepción subliminal. (A finales de los años cincuenta una oleada de preocupación barrió Estados Unidos debido a un libro de Vance Packard titulado *Las formas ocultas de la propaganda*, sobre el poder de la publicidad para moldear las decisiones de la gente influyéndola de forma subconsciente. El punto crítico se produjo en New Jersey, donde un investigador de mercados afirmó que había introducido de forma imperceptible mensajes breves como «¿Tienes hambre? ¡Come palomitas!» y «Bebe Coca-Cola» en una película, lo que había provocado un gran aumento de demanda de esos productos. Sin embargo, más adelante confesó que se lo había inventado.) Los psicólogos de finales de los años cuarenta habían detectado, o afirmaban haber detectado, que la mente tenía capacidad para defenderse de lo que en apariencia no quería percibir. Cuando los responsables del experimento mostraban palabras tabú frente a los ojos de los sujetos, por ejemplo, estos leían una palabra menos perturbadora. Al mismo tiempo, la gente también estaba influida por el mundo que los rodeaba de diversas formas sin llegar a ser del todo conscientes de ello: percibían ciertas cosas sin que la mente fuera se percatara.

¿Cómo funcionaban estos procesos inconscientes? ¿Cómo podía alguien comprender una palabra lo bastante bien para distorsionarla sin haberla percibido antes de algún modo? ¿Acaso entraba en funcionamiento más de un mecanismo mental? ¿Había una parte de la mente que percibía las señales que entraban, mientras que otra las bloqueaba? «Siempre me interesó la pregunta: "¿Hay otras formas de entender tu experiencia?" —decía Danny—. La defensa perceptiva era interesante porque parecía llegar a la vida inconsciente mediante técnicas experimentales adecuadas.» Danny diseñó algunas pruebas él mismo para ver si, como sospechaba, la gente podía aprender de forma subconsciente. Mostraba a varios sujetos una serie de naipes o números, por ejemplo, y les pedía que predijeran cuál iba a ser el siguiente. Los números o las cartas formaban una secuencia que no resultaba fácil de detectar. Si los sujetos podían percibir la secuencia, adivinaban la siguiente carta o número más a menudo que si lo hubieran dicho al azar, ¡y no sabían por qué! Habrían percibido el patrón sin ser conscientes de ello. Habrían aprendido algo de forma subconsciente. Danny abandonó los experimentos cuando llegó a la conclusión de que los sujetos no habían aprendido nada.

Ese era otro de los elementos que sus colegas y estudiantes destacaban de Danny: lo rápido que abandonaba temas que en un principio le apasionaban, la facilidad con la que aceptaba el fracaso. Era como si lo esperara. Pero no tenía miedo de ello. Intentaba cualquier cosa. Se consideraba alguien que disfrutaba, más que la mayoría, cambiando de opinión. «Me invade una sensación de actividad y descubrimiento cuando encuentro un error en alguno de mis razonamientos», dijo. Esta teoría que tenía acerca de sí mismo encajaba a la perfección con su carácter temperamental. Cuando era presa de un estado de ánimo más sombrío, se convertía en un fatalista, por lo que no se sorprendía ni alteraba cuando fracasaba (¡había demostrado que tenía razón!). En sus momentos de euforia sentía tanto entusiasmo que parecía olvidar por completo la posibilidad del fracaso y se entregaba a cualquier idea nueva que le viniera a la cabeza. «Podía sacar de quicio a la gente con su volatilidad —decía su colega Maya Bar-Hillel, psicóloga de la Universidad Hebrea—. Podía haber una cosa que un día era genial, al siguiente una estupidez, al otro genial, y a la semana siguiente de nuevo una estupidez.» Lo que volvía locos a los demás quizá le sirvió para conservar la cordura. Sus estados de ánimo eran el combustible que alimentaba su fábrica de ideas.

Si los diversos intereses intelectuales de Danny tenían un hilo conductor más allá de su pasión por ellos, a los demás no les resultaba tan fácil verlo. «Era incapaz de ver qué era una pérdida de tiempo y qué no —decía Dalia Etzion—. Estaba dispuesto a aceptar que cualquier cosa era susceptible de resultar interesante.» A pesar de los recelos que sentía hacia el psicoanálisis («Siempre he pensado que era una bobada»), aceptó una invitación del psicoanalista estadounidense David Rapaport para pasar el verano en el Austen Riggs Center de Stockbridge, Massachusetts. Todos los viernes por la mañana, los psicoanalistas de Austen Riggs, entre los que se encontraban algunos de los nombres más importantes de la disciplina, se reunían para debatir sobre un paciente al que habían observado durante un mes. Antes del encuentro los expertos habían escrito sus informes sobre el caso. Tras entregar sus diagnósticos, invitaban al paciente para entrevistarlo. Una semana Danny fue testigo de cómo un psicoanalista hablaba de una joven. La noche antes de entrevistarla, se suicidó. Ninguno de los psicoanalistas —todos ellos expertos mundiales que habían pasado un mes estudiando el estado mental de la mujer— había mostrado la menor preocupación por la posibilidad de que se suicidara. Ninguno de los informes psicológicos insinuaba siquiera ese riesgo. «Entonces sí que se pusieron todos de acuerdo. "¿Cómo es posible que no nos hayamos dado cuenta?" —recordaba Danny—. ¡Las señales estaban ahí! Una vez sucedido, a todos les parecía obvio. Pero antes de que se suicidara, no lo era tanto.» El posible interés que Danny pudiera haber desarrollado por el psicoanálisis se desvaneció. «Me di cuenta de que había sido toda una lección», dijo. No sobre los pacientes con problemas, sino sobre los psicoanalistas, o cualquier otra persona que estuviera en posición de revisar su predicción sobre el resultado de un acontecimiento incierto cuando ya tuviera conocimiento sobre ese resultado.

En 1965 fue aceptado en la Universidad de Michigan para realizar un estudio posdoctoral con un psicólogo llamado Gerald Blum, que quería evaluar cómo los estados de tensión emocional cambiaban el modo en que la gente se enfrentaba a diversas tareas mentales. Para hacerlo tenía que someter a los sujetos del estudio a un estado de tensión emocional. Y lo hacía mediante la hipnosis. Al principio le pedía a la gente que describiera con detalle una experiencia vital horrible. Luego les daba un objeto para que lo asociaran con el hecho, por ejemplo, una tarjeta donde podía leerse «A100». Después los hipnotizaba, les mostraba la tarjeta y los sujetos empezaban a revivir de inmediato la experiencia horrible. A continuación, analizaba cómo realizaban una tarea mental exigente: por ejemplo, repetir una serie de números. «Era algo raro y no me convenció —dijo Danny, aunque aprendió a hipnotizar—. Dirigí algunas sesiones con nuestro mejor sujeto, un tipo alto y delgado que se ponía rojo y parecía que se le iban a salir los ojos de las órbitas en cuanto le mostrábamos la tarjeta "A100" que le invitaba a sentir la peor experiencia emocional de su vida durante unos segundos.» De nuevo, al cabo de poco tiempo Danny ya había perdido la confianza en la empresa. «Un día pregunté: "¿Y si les damos a elegir entre eso y una pequeña descarga eléctrica?"», recordó. Se imaginaba que todo aquel que pudiera elegir entre revivir la peor experiencia de su vida y una leve descarga eléctrica elegiría la segunda. Sin embargo, ninguno de los pacientes se decantó por la descarga: todos dijeron que preferían revivir dicha experiencia. «Blum se horrorizó porque era incapaz de hacer daño siquiera a una mosca —dijo Danny—. Y fue entonces cuando me di cuenta de que era un juego estúpido. Que no podía tratarse de la peor experiencia de su vida. Que alguien fingía. Por lo que decidí abandonar ese campo de estudio.»

Ese mismo año, un psicólogo llamado Eckhard Hess escribió un artículo en *Scientific American* que llamó la atención de Danny (¿qué no lo hacía?). Hess describía los resultados de unos experimentos que había realizado midiendo la dilatación y constricción pupilar como reacción a todo tipo de estímulos. Si le mostraba la fotografía de una mujer ligera de ropa a un hombre, se le dilataban las pupilas. Lo mismo ocurría cuando le mostraba a una mujer la fotografía de un hombre atractivo. Por el contrario, si le mostraba a la gente la fotografía de un tiburón, el tamaño de la pupila se reducía. (El arte abstracto tenía el mismo efecto, curiosamente.) Si le daba a alguien algo bueno de beber, se le dilataban las pupilas; si le daba algo desagradable (zumo de limón o quinina), las pupilas se encogían. Si les daba a probar cinco bebidas gaseosas con sabor a naranja, las pupilas reflejaban el grado de placer que les proporcionaba cada una. La gente reaccionaba con una rapidez increíble, antes de que fueran del todo conscientes de cuál les gustaba más. «La sensibilidad esencial de la respuesta pupilar —escribió Hess— sugiere que puede revelar preferencias en algunos casos en los que las diferencias de sabor son tan pequeñas que el sujeto ni siquiera es capaz de expresarlas.»

El ojo podía abrir una ventana a la mente. En el laboratorio de hipnosis de Blum, con un psicólogo llamado Jackson Beatty, que le había pedido prestado al primero, Danny empezó a investigar cómo reaccionaba la pupila cuando se le pedía a la gente que realizara distintas tareas que exigían esfuerzo mental: recordar series de números, distinguir sonidos de diferente tonalidad, etcétera. No querían comprobar si el ojo engañaba a la mente, sino si la mente también engañaba al ojo. O, como lo expresaron ellos mismos, «el grado de intensidad con el que la actividad mental afecta a la percepción». Descubrieron que no era solo la excitación emocional la que alteraba el tamaño de la pupila: el esfuerzo mental tenía el mismo efecto. Tal y como ellos mismos lo expresaron, era muy probable que existiera «un antagonismo entre pensamiento y percepción».

Al regresar de Michigan, Danny esperaba obtener un puesto fijo en la Universidad Hebrea. Sin embargo, cuando la universidad pospuso su decisión, se negó a volver. «Estaba muy enfadado. Los llamé y les dije: "No vuelvo".» En lugar de ello, en el otoño de 1966 se marchó a Harvard. (Los tres años que había pasado en Berkeley le habían servido para convencerlo de que era lo bastante inteligente para jugar en las grandes ligas.) En Massachusetts asistió a una charla pronunciada por una joven psicóloga británica llamada Anne Treisman que le hizo tomar otra dirección.

A principios de los años sesenta, Treisman tomó el testigo de la investigación de sus compatriotas Colin Cherry y Donald Broadbent. Cherry, científico cognitivo, había identificado lo que se dio en conocer como el «efecto de la fiesta de cóctel». Este hacía referencia a la capacidad de la gente de filtrar muchos ruidos para oír solo los sonidos que le interesaban, como sucedía cuando escuchaban a una persona en concreto en un cóctel. Por entonces se trataba de un problema práctico debido al diseño de las torres de control del tráfico aéreo. En las primeras torres que se construyeron, las voces de todos los pilotos que necesitaban ayuda se emitían al mismo tiempo por los altavoces. De modo que los controladores aéreos tenían que filtrarlas para identificar el avión al que dirigirse. Se daba por sentado que podían ignorar las demás voces para concentrarse solo en aquella que requería de su atención.

Junto con otro colega británico, Neville Moray, Treisman quiso averiguar hasta qué punto podía la gente escuchar de forma selectiva cuando realizaba tal actividad. «Nadie había hecho o estaba haciendo investigación en el campo de la escucha selectiva —escribió en sus memorias—, por lo que estábamos más o menos solos.» Moray y ella facilitaron a los sujetos unos auriculares conectados a una grabadora de dos canales y reprodujeron dos fragmentos distintos de prosa al mismo tiempo, uno por cada oído. Treisman les pidió que le repitieran uno de los fragmentos mientras lo escuchaban. Después les preguntó lo que habían entendido del fragmento que, en teoría, habían ignorado. Y resultó que no lo habían ignorado por completo. Algunas palabras y expresiones se habían abierto paso hasta su mente, a pesar de que no las habían escuchado de forma activa. Por ejemplo, si en el fragmento que debían obviar se pronunciaba el nombre del sujeto, este lo oía a menudo.

Este hecho sorprendió a Treisman y a los pocos estudiosos que por entonces prestaban atención a la atención. «Yo creía que la atención era un filtro —decía Treisman—, pero resultó que también había una parte de seguimiento, de control. Y la pregunta que me hice fue, ¿cómo lo hacemos? ¿Cuándo y cómo se abre paso el contenido?» En su charla de Harvard, Treisman planteó que la gente no tenía un interruptor que les permitía prestar atención a lo que se suponía que debía prestar, sino que disponía de un mecanismo más sutil que debilitaba de forma selectiva, en lugar de bloquear por completo, el ruido de fondo. El hecho de que el ruido de fondo pudiera superar nuestras barreras no era una buena noticia para los pasajeros de los aviones que sobrevolaban en círculos las torres de control. Pero era un dato interesante.

Anne Treisman había ido de visita a Harvard, donde el éxito de convocatoria fue tan grande que hubo que trasladar la charla a una sala de conferencias fuera del campus. Danny salió del acto entusiasmado. Pidió que le encargaran la labor de atender a Treisman y su comitiva, que incluía a su madre, su marido y sus dos hijos. Les hizo una visita guiada de Harvard. «Tenía muchas ganas de impresionar —dijo Treisman—, y por lo tanto me dejé impresionar.» Aún habrían de pasar muchos años antes de que Danny y Anne rompieran sus matrimonios para casarse, pero Danny quedó fascinado de inmediato por sus ideas.

En otoño de 1967 Danny ya había superado la sensación de menosprecio que le había provocado el desaire de la Universidad Hebrea unos años antes, y regresó con la promesa de un puesto fijo y un programa de investigación. Por entonces era posible, gracias a las grabadoras de doble canal, medir hasta qué punto la gente era capaz de dividir la atención, o la trasladaba de una cosa a otra. Era lógico que algunas personas tuvieran una mayor predisposición para ello que otras, y que esta habilidad ofreciera alguna ventaja en ciertas líneas de trabajo. Con esta idea en mente, Danny fue a Inglaterra, invitado por la unidad de psicología aplicada de la Universidad de Cambridge, para examinar a futbolistas profesionales.

Creía que podía haber una diferencia entre la capacidad para modificar el foco de atención de los jugadores de primera división y los de cuarta. Tomó el tren de Cambridge a Londres para examinar a los jugadores del Arsenal, de primera división, pertrechado con la pesada grabadora de doble pista. Les puso los auriculares y examinó su capacidad para concentrarse en el mensaje que oían por un oído y luego en el otro y descubrió... nada. O, cuando menos, que no existían diferencias sustanciales entre los futbolistas profesionales y los que jugaban en ligas inferiores. El talento para jugar a fútbol no requería de una habilidad especial para dirigir la atención a un punto u otro.

«Entonces pensé que podía ser una característica vital para los pilotos», recordó. Sabía, gracias a su trabajo con instructores de vuelo, que los cadetes que se estaban preparando para pilotar aviones de combate fracasaban en ocasiones porque no podían dividir la atención entre tareas o porque tardaban demasiado en detectar señales de fondo que en apariencia no parecían importantes, pero que, en realidad, eran críticas. Regresó a Israel y examinó a chicos que se estaban entrenando para pilotar cazas de las fuerzas aéreas. En esta ocasión sí encontró lo que estaba buscando. Los mejores pilotos militares tenían una mayor capacidad para cambiar su objeto de atención que los demás, pero ambos grupos de pilotos destacaban en este aspecto en comparación con los conductores de autobús israelíes. Al final, uno de los estudiantes de Danny descubrió que se podía predecir, a partir de su eficiencia para cambiar de canal, qué conductores de autobús israelíes eran más proclives a tener un accidente.

La mente de Danny era implacable cuando tenía que pasar de la teoría a la práctica. Los psicólogos, sobre todo los que eran profesores universitarios, no destacaban demasiado por su capacidad para mostrarse útiles. Las exigencias de ser israelí habían obligado a Danny a encontrar un talento en sí que, de no ser por ello, quizá

le habría pasado desapercibido. Su amigo del instituto Ariel Ginsberg creía que el ejército israelí había convertido a Danny en un
hombre más práctico: la creación de un nuevo sistema de entrevistas, y su efecto en todo el ejército, había sido muy excitante. La
asignatura más famosa que impartía Danny en la Universidad Hebrea era un seminario de posgrado que él llamaba «Aplicaciones
de la psicología». Cada semana planteaba un problema del mundo
real y pedía a los estudiantes que utilizaran sus conocimientos sobre psicología para abordarlo. Algunas de las cuestiones nacían de
los diversos intentos de Danny para que la psicología resultara útil
a Israel. Cuando los terroristas empezaron a poner bombas en las
papeleras de las ciudades (y una en la cafetería de la Universidad
Hebrea en marzo de 1969 que hirió a veintinueve estudiantes),
Danny preguntó: «¿Qué os dice la psicología que podría resultar
útil para el gobierno en su afán de intentar minimizar el pánico de
la gente?». (Antes de que pudieran llegar a una conclusión, el gobierno eliminó las papeleras.)

Los israelíes de los años sesenta vivían sometidos a un cambio
constante. Los inmigrantes que habían llegado de la ciudad pasaron
a vivir en granjas colectivas. Las propias granjas sufrían una revolución tecnológica continua. Danny concibió un curso para formar a la gente que preparaba a los granjeros. «Las reformas siempre
crean ganadores y perdedores —explicó Danny—, y los perdedores siempre luchan más que los ganadores.» ¿Cómo se podía lograr
que los perdedores aceptaran el cambio? La estrategia predomi-
nante en las granjas israelíes, que no estaba dando muy buenos resultados, consistía en discutir con la gente que tenía que cambiar u
hostigarla. El psicólogo Kurt Lewin había sugerido, de forma bastante convincente, que en lugar de intentar vender el cambio a la
gente era mejor identificar los motivos de su resistencia y abordar-
los. «Imaginemos una tabla que se sostiene gracias a unos muelles
situados a ambos extremos —les decía Danny a sus estudiantes—.

¿Cómo la vais a mover? Podéis aumentar la fuerza en un lado de la tabla. O podéis reducir la fuerza en el otro. En un caso, se reduce la tensión general y, en el otro, aumenta.» Y esa era la prueba de que reducir la tensión suponía una ventaja. «Es una idea clave. Crear las condiciones ideales para el cambio.»

Danny también preparaba a instructores de vuelo de las fuerzas aéreas para que adiestraran a los pilotos de cazas (pero solo en tierra firme: la única vez que lo hicieron subir a un avión, vomitó en la máscara de oxígeno). ¿Cómo se podía hacer que los pilotos de combate memorizaran una serie de instrucciones? «Empezamos escribiendo una lista larga —recordaba Zur Shapira—. Danny nos dijo que no. Y nos habló de "el mágico número siete".» «The Magical Number Seven, Plus or Minus Two. Some Limits on Our Capacity for Processing Information» es un ensayo que escribió el psicólogo de Harvard George Miller, donde demostraba que la gente tenía la capacidad de recordar siete elementos, más o menos, en la memoria de corto plazo. Cualquier intento de que recordaran más era inútil. Miller sugería, medio en broma, que los siete pecados capitales, los siete mares, los siete días de la semana, los siete colores primarios, las siete maravillas del mundo y varios sietes más famosos tenían su origen en esta verdad.

En cualquier caso, la forma más efectiva de enseñar a la gente cadenas más largas de información era proporcionársela en fragmentos más pequeños. Sin embargo, tal y como recuerda Shapira, Danny se alzó con su propia versión de esta teoría. «Nos pidió que les dijéramos unas cuantas cosas y se las hiciéramos cantar.» A Danny le encantaba la idea de la «canción de acción». En sus clases de estadística había llegado a pedir a sus alumnos que cantaran las fórmulas. «Te obligaba a involucrarte en los problemas —decía Baruch Fischhoff, un estudiante que fue profesor de la Carnegie Mellon University—, aunque fueran problemas complicados sin soluciones sencillas. Te hacía sentir que podías hacer algo útil gracias a la ciencia.»

Muchos de los problemas que Danny planteaba a sus alumnos parecían producto de un antojo. Les pedía que diseñaran una moneda difícil de falsificar. ¿Era mejor que los billetes de distinto valor se parecieran, como en el caso del dólar estadounidense, lo que provocaba que todo aquel que aceptara uno tuviera que examinarlo de cerca; o debían tener una gran variedad de colores y formas para que fueran más difíciles de copiar? Les preguntaba cómo se podía diseñar un lugar de trabajo para que fuera más eficiente. (Y, por supuesto, debían estar familiarizados con la investigación científica que demostraba que algunos colores de pared hacían que los trabajadores fueran más productivos que otros.) En ocasiones, los problemas que proponía Danny eran tan abstrusos y extraños que la primera respuesta de los alumnos era: «Hum, tendremos que ir a la biblioteca para poder responder a la pregunta». «Cuando le decíamos eso —recordaba Zur Shapira—, Danny replicaba, con un leve deje de disgusto: "Habéis finalizado unos estudios de tres años en psicología. En teoría sois profesionales. No os escondáis detrás de la investigación. Aprovechad vuestros conocimientos para elaborar un plan".»

Pero ¿qué se suponía que tenían que hacer cuando les llevaba la copia de una receta de un médico del siglo XII, apenas legible, escrita en un idioma que no entendían, y les pedía que la descifraran? «Una vez alguien dijo que la educación era saber qué hacer cuando no sabes —dijo uno de sus estudiantes—. Danny se aferraba a esa idea y la llevaba a sus últimas consecuencias.» Un día llevó a clase varios de esos juegos en los que el objetivo es guiar una bola metálica a través de un laberinto de madera. Los deberes que puso a sus alumnos fueron: enseñar a alguien a cómo enseñar a otra persona a jugar a este juego. «A nadie se le había pasado por la cabeza que fuera algo que se pudiera enseñar —recordó uno de sus estudiantes—. El truco consistía en descomponerlo en las habilidades necesarias (aprender a sujetarlo sin que te temblara el pulso, a in-

147

clinarlo ligeramente a la derecha, etcétera), luego enseñarlas por separado y cuando las habías practicado todas, unirlas.» Al tipo de la tienda que vendió los juegos a Danny le pareció una idea desternillante. Pero para Danny, los consejos útiles, por muy obvios que fueran, siempre eran mejor que no recibir ninguno. Les pidió a sus alumnos que le propusieran qué consejo le darían a un egiptólogo que no podía descifrar un jeroglífico. «Nos dijo que el tipo iba muy lento y que cada vez estaba más bloqueado —recordaba Daniela Gordon, una estudiante que más adelante fue investigadora del ejército israelí—. Luego Danny nos preguntó: "¿Qué debería hacer?". A nadie se le ocurría nada, y Danny nos dijo: "¡Debería echarse una siesta!".»

Los estudiantes de Danny salían de clase con la sensación de que los problemas del mundo no tenían fin. Él encontraba problemas donde no parecía haber ninguno; era como si estructurase el mundo a su alrededor para que fuera comprendido como tal. Los estudiantes llegaban a las clases preguntándose qué nuevo dilema iba a plantearles. Entonces, un día, les llevó a Amos Tversky.

5

La colisión

Danny y Amos habían coincidido en la Universidad de Michigan durante seis meses, pero sus caminos apenas se habían cruzado; sus mentes, nunca. Danny había estado en un edificio, estudiando las pupilas de la gente; y Amos en otro, ideando enfoques matemáticos relacionados con la similitud, la medición y la toma de decisiones. «No habíamos tenido mucha relación», decía Danny. La docena aproximada de estudiantes de posgrado que cursaban su seminario en la Universidad Hebrea se sorprendieron cuando, en la primavera de 1969, Amos apareció en la clase. Danny nunca llevaba a profesores invitados: el seminario era su espectáculo. No había nadie más alejado de los problemas del mundo real que trabajaban en «Aplicaciones de la psicología» que Amos. Además, en apariencia Amos y Danny no congeniaban. «Los estudiantes teníamos la percepción de que existía una especie de rivalidad entre Danny y Amos —decía uno de los participantes del seminario—. Todo el mundo sabía que eran las estrellas del departamento y parecía que estaban en una longitud de onda distinta.»

Antes de marcharse a Carolina del Norte, Amnon Rapoport había tenido la sensación de que Amos y él molestaban a Danny, aunque no había llegado a identificar el motivo. «Creíamos que tenía miedo de nosotros o algo por el estilo —comentaba Amnon—. Que recelaba de nosotros.» Danny, por su parte, dijo que simplemente sentía curiosidad por Amos Tversky. «Creo que quería tener la oportunidad de conocerlo mejor.»

Danny invitó a Amos al seminario para que diera una charla sobre el tema que prefiriese. Se sorprendió un poco de que Amos no hablara de su obra, pero era tan teórica y abstracta que debió de pensar que no tenía cabida en el seminario. Si alguien se hubiera detenido a pensar en ello le hubiese resultado extraño que la obra de Amos mostrara tan poco interés por el mundo real, cuando el propio Amos mantenía una relación tan íntima y estrecha con ese mundo; y que, por el contrario, la obra de Danny tratara problemas del mundo real, cuando él mantenía una relación distante con el resto de personas.

Amos era lo que la gente definía, de manera algo confusa, como un «psicólogo matemático». Los psicólogos no matemáticos, como Danny, consideraban la psicología matemática, aunque no se atrevieran a expresarlo abiertamente, como una serie de ejercicios sin sentido realizados por personas que usaban sus habilidades para las matemáticas para ocultar el escaso interés psicológico que tenían. Los psicólogos matemáticos, por su parte, tendían a considerar que los psicólogos no matemáticos eran demasiado estúpidos para comprender la importancia de lo que decían. Por entonces Amos trabajaba con un equipo de académicos estadounidenses con un gran talento matemático en el que iba a ser un libro de texto de tres volúmenes, denso como el aceite y lleno de axiomas titulado *Foundations of Measurement*, más de mil páginas de argumentos y pruebas sobre cómo medir cosas. Por un lado, era una muestra increíble de pensamiento puro; por el otro, la empresa tenía un aire que recordaba al problema de «¿Si un árbol cae en el bosque...?». ¿Qué importancia podía tener el ruido que produjera si no había nadie para oírlo?

En lugar de recurrir a su obra, Amos habló a los estudiantes de Danny sobre las últimas investigaciones que se estaban llevando a cabo en el laboratorio de Ward Edwards en la Universidad de Michigan. Edwards y sus estudiantes aún se dedicaban a lo que consideraban que era una línea original de investigación. El estudio concreto al que hizo referencia Amos describía cómo reaccionaba la gente a nueva información cuando se encontraba en un proceso de toma de decisiones. Según la explicación de Amos, los psicólogos habían llevado a una serie de personas y les habían ofrecido dos bolsas llenas de fichas de póquer. Cada una contenía fichas rojas y fichas blancas. En una de las bolsas, el 75 por ciento de las fichas eran blancas, y el 25 por ciento, rojas; en la otra, el 75 por ciento de las fichas eran rojas y el 25 por ciento, blancas. El sujeto elegía una de las bolsas al azar y, sin mirar en el interior, empezaba a sacar fichas, una a una. Después de extraer cada una, tenía que decir a los psicólogos las probabilidades que creía que había de que la bolsa estuviera llena principalmente de fichas rojas o blancas.

Lo bonito del experimento es que hay una respuesta correcta a la pregunta: ¿cuáles son las probabilidades de que en mi bolsa haya más fichas rojas? La respuesta la proporciona una fórmula estadística llamada teorema de Bayes (por Thomas Bayes, quien, por extraño que parezca, dejó la fórmula entre sus papeles para que la descubrieran otros cuando murió en 1761). La ley de Bayes permite calcular las probabilidades auténticas, después de sacar una ficha, de que la bolsa en cuestión contenga una mayoría de fichas blancas o rojas. Antes de sacar la primera ficha, las probabilidades son de 50:50; la bolsa tiene las mismas probabilidades de que la mayoría de fichas sean rojas o blancas. Pero ¿cómo cambian estas probabilidades a medida que se van extrayendo fichas?

Eso depende, en gran medida, de la tasa base: el porcentaje de fichas rojas en comparación con las blancas que hay en la bolsa (este porcentaje se daba por conocido). Si uno sabe que una bolsa contiene un 99 por ciento de fichas rojas y la otra un 99 por ciento de fichas blancas, el color de la primera ficha que saquemos de la bolsa nos dice mucho más que si sabemos que cada bolsa solo contiene un 51 por ciento de fichas de un determinado color. Pero ¿hasta qué punto? Basta con añadir la tasa base a la fórmula de Bayes para obtener una respuesta. En el caso de las dos bolsas que sabemos que contienen una proporción de 75 por ciento y 25 por ciento de fichas rojas o blancas, las probabilidades de que estemos sujetando la bolsa que contiene más fichas rojas se multiplican por tres cada vez que sacamos una ficha roja, y se dividen por tres cada vez que sacamos una blanca. Si la primera ficha que sacamos es roja, hay una probabilidad de 3:1 (o del 75 por ciento) de que la bolsa que tenemos en las manos contenga una mayoría de fichas rojas. Si la segunda ficha que sacamos también es roja, las probabilidades aumentan a 9:1, o al 90 por ciento. Si la tercera ficha que sacamos es blanca, las probabilidades disminuyen a 3:1, etcétera.

Cuanto mayor sea la tasa base —el porcentaje de fichas rojas en comparación con las blancas—, más rápido pueden cambiar las probabilidades. Si las primeras tres fichas que extraemos son rojas, y sabemos que en la bolsa un 75 por ciento de las fichas son rojas o blancas, hay una probabilidad de 27:1, o un poco superior al 96 por ciento, de que tengamos en las manos una bolsa llena sobre todo de fichas rojas.

En principio, no se esperaba que las manos inocentes que sacaban las fichas de póquer de las bolsas conocieran el teorema de Bayes, ya que, en tal caso, el experimento no habría servido de nada. Su objetivo consistía en adivinar las probabilidades para que los psicólogos pudieran comparar sus cálculos con la respuesta correcta. A partir de los cálculos de los sujetos, los investigadores esperaban averiguar hasta qué punto los procesos mentales que llevaban a cabo las personas se asemejaban a un cálculo estadístico cuando les ofrecían nueva información. ¿Eran los humanos buenos estadísticos intuitivos? Cuando no conocían la fórmula, ¿se comportaban como si la supieran?

Por entonces, esos experimentos parecían radicales y emocionantes. Los psicólogos estaban convencidos de que los resultados revelaban todo tipo de problemas del mundo real: ¿cómo reaccionan los inversores a los informes de beneficios, o los pacientes a los diagnósticos, o los estrategas políticos a las encuestas, o los entrenadores a un nuevo resultado? Cuando una mujer de veinte años recibe un diagnóstico de cáncer de mama a partir de una única prueba, hay muchas más probabilidades de que el diagnóstico sea erróneo que en el caso de una mujer de cuarenta años. (Las tasas base son distintas: las mujeres de veinte años tienen menos probabilidades de sufrir cáncer de mama.) ¿Es consciente esa mujer de sus propias probabilidades? En tal caso, ¿hasta qué punto? La vida está llena de juegos de azar: ¿sabe jugar bien la gente a ellos? ¿Con qué precisión puede evaluar la nueva información? ¿Cómo pasa de una prueba a emitir una opinión sobre el estado del mundo? ¿Hasta qué punto es consciente de las tasas base? ¿Permite que lo que acaba de suceder altere, de manera precisa, su sentido de las probabilidades de lo que va a ocurrir a continuación?

La respuesta general a esta última pregunta procedente de la Universidad de Michigan, según dijo Amos en la clase de Danny, era que, sí, más o menos sí lo permiten. Amos presentó una investigación realizada en el laboratorio de Ward Edwards que mostraba que cuando la gente saca una ficha roja de la bolsa, cree que es más probable que esta contenga sobre todo fichas rojas. Si las primeras tres fichas que sacaban de una bolsa eran rojas, por ejemplo, las probabilidades de que la bolsa contuviera una mayoría de fichas rojas eran de 3:1. Sin embargo, las probabilidades bayesianas eran de 27:1. Dicho de otro modo, la gente cambiaba las probabilidades en la dirección correcta, pero no con la intensidad necesaria. Ward Edwards acuñó una expresión para describir cómo reaccionaban los seres humanos a nueva información. Eran «bayesianos conservadores». Es decir, se comportaban más o menos como si conocieran el teorema de Bayes. Aunque, claro, nadie creía que la gente utilizara mentalmente esa fórmula.

Lo que Edwards, además de muchos otros científicos sociales, creía (y parecía que quería creer) era que la gente se comportaba como si tuviera el teorema en la cabeza. Esa opinión encajaba a la perfección con la teoría preponderante por aquel entonces en las ciencias sociales, muy bien explicada por el economista Milton Friedman. En un artículo de 1953, Friedman escribió que una persona que juega a billar no calcula los ángulos de la mesa y la fuerza que imprime a la bola, ni la reacción de la bola al impactar con otra, como podría hacer un físico. Un jugador de billar se limita a golpear la bola en la dirección correcta con la fuerza más o menos necesaria, como si conociera los principios de la física. Su mente alcanza más o menos la respuesta correcta. El proceso mediante el cual llega a esa conclusión no importa. De forma parecida, cuando alguien calcula las probabilidades de una situación determinada, no realiza cálculos de estadística avanzada. Tan solo se comporta como si supiera hacerlos.

Cuando Amos acabó la charla, Danny se quedó perplejo. ¿Eso era todo? «Amos había descrito la investigación igual que otras personas describían las investigaciones llevadas a cabo por colegas respetados —decía Danny—. Das por sentado que todo es correcto y confías en la gente que las ha realizado. Cuando leemos un artículo publicado en una revista especializada, tendemos a juzgarlo por las apariencias, damos por sentado que lo que dicen los autores tiene que ser cierto ya que, de lo contrario, no se habría publicado.» Sin embargo, Danny creía que el experimento que describía Amos era una estupidez. Cuando una persona saca una ficha roja de una bolsa, aumentan las probabilidades de que crea que la bolsa contiene sobre todo fichas rojas: muy bien, pues vaya. ¿Qué iba a creer, si no? Danny no había estado expuesto a las nuevas investigaciones sobre la forma en que pensaba la gente cuando tomaba decisiones. «Nunca había pensado demasiado en el pensamiento», decía. Pero por lo que Danny había reflexionado sobre él, lo consideraba la forma de ver las cosas. Esta investigación de la mente humana, sin embargo, no guardaba ninguna relación con lo que sabía sobre lo que hacía la gente en la vida real. El ojo era engañado de forma sistemática. Y el oído también.

Los psicólogos de la Gestalt que tanto le gustaban se habían labrado una carrera entera engañando a la gente con ilusiones ópticas: incluso la gente que conocía la ilusión, caía en ella. Danny no entendía por qué el acto de pensar merecía mayor confianza. Para notar que las personas no eran estadísticos intuitivos, que su mente no gravitaba de forma natural hacia la respuesta «correcta», bastaba con asistir a cualquier clase de estadística de la Universidad Hebrea. Los estudiantes no interiorizaban de forma natural la importancia de las tasas base, por ejemplo. Había las mismas probabilidades de que extrajeran una gran conclusión de una pequeña muestra que de una grande. El propio Danny, ¡el mejor profesor de estadística de la Universidad Hebrea!, había llegado a la conclusión de que había fracasado en su intento de replicar lo que fuera que había descubierto sobre los niños israelíes y sus preferencias acerca de los tamaños de las tiendas de campaña porque había utilizado una muestra demasiado pequeña. Es decir, había examinado a muy pocos niños para obtener una imagen precisa de la población. Había dado por sentado, en otras palabras, que unas cuantas fichas de póquer revelaban el contenido real de la bolsa con la misma precisión que si hubiera sacado un gran puñado, por lo que no había llegado a averiguar qué había en la bolsa.

Danny consideraba que las personas no eran bayesianos conservadores. No eran estadísticos de ningún tipo. Por lo habitual llegaban a grandes conclusiones a partir de poca información. La teoría que atribuía a la mente una especie de papel estadístico no era más que una metáfora. Pero Danny creía que la metáfora era incorrecta. «Yo sabía que era un mal estadístico intuitivo —decía—. Y no creía que fuera más estúpido que los demás.»

A Danny los psicólogos del laboratorio de Ward Edwards le resultaban interesantes igual que también le habían resultado interesantes los psicoanalistas del Austen Riggs Center después de lo sorprendidos que se mostraron cuando su paciente se suicidó. Lo que le interesaba era su incapacidad para enfrentarse a las pruebas de su propia enajenación. El experimento que Amos había descrito solo resultaba atractivo para quienes ya habían aceptado de antemano la idea de que la opinión intuitiva de la gente se aproximaba a la respuesta correcta, de que las personas eran, más o menos, buenas estadísticas bayesianas.

Sin embargo, no dejaba de ser algo extraño. La mayoría de cálculos sobre la vida real no ofrecían unas probabilidades tan claras y reconocibles como el cálculo de si la bolsa contiene principalmente fichas rojas o blancas. Lo máximo que se podía demostrar con experimentos de ese tipo era que los humanos eran unos malos estadísticos intuitivos, tan malos que ni siquiera sabían elegir la bolsa que les ofrecía más probabilidades de acierto. La gente que demostraba una mayor capacidad para escoger la bolsa correcta se bloqueaba cuando se enfrentaba a cálculos en los que la tasa base era mucho más difícil de conocer, como, por ejemplo, si un dictador extranjero tenía armas de destrucción masiva o no. Danny creía que eso era lo que sucedía cuando la gente le tenía demasiado apego a una teoría. Hacían que la prueba encajara con la teoría, en lugar de al revés. Eran incapaces de ver lo que estaba bajo sus narices.

Era muy fácil encontrar auténticas idioteces que eran aceptadas como verdades sagradas por el mero hecho de que formaban parte de una teoría a la que los científicos habían dedicado su carrera. «Piensa en ello —decía Danny—. Durante décadas los psicólogos creyeron que el comportamiento debía explicarse mediante el aprendizaje, y estudiaron el aprendizaje observando a ratas hambrientas que tenían que aprender a encontrar la salida de un laberinto. Así es como se hacía. Algunos creían que era una sandez, pero no eran más inteligentes ni tenían más conocimientos que los científicos brillantes que habían dedicado su carrera a algo que ahora consideramos una estupidez.»

La gente que pertenecía a este nuevo campo que estudiaba la toma de decisiones en los seres humanos había quedado subyugada por su propia teoría. Bayesianos conservadores. Era una expresión tan horrible que carecía de significado. «Sugiere que las personas tienen la respuesta correcta y la adulteran, no hace referencia a un proceso psicológico realista que da lugar a los juicios que realiza la gente —decía Danny—. ¿Qué hace en realidad la gente cuando juzga estas probabilidades?» Amos era psicólogo y, sin embargo, el experimento que acababa de describir, con aparente aprobación, o al menos sin muestras obvias de escepticismo, no tenía nada de psicología. «Me pareció un ejercicio matemático», decía Danny. De modo que Danny hizo lo que cualquier miembro decente de la comunidad de la Universidad Hebrea hacía cuando oía algo que le parecía una idiotez: lo atacó. «La expresión "lo arrinconé" se usaba a menudo, incluso en conversaciones entre amigos —explicaba más adelante Danny—. La idea de que todo el mundo tiene derecho a tener su opinión era algo típico de California, pero en Jerusalén las cosas son distintas.»

Al final del seminario, Danny debió de darse cuenta de que Amos no tenía demasiadas ganas de seguir discutiendo con él. Danny se marchó a casa y presumió ante su mujer, Irah, de que había ganado una discusión con un colega más joven y presuntuoso. Al menos eso es lo que recordaba Irah. «Es, o era, un aspecto importante de cualquier debate que se producía en Israel —decía Danny—. Eran muy competitivos.»

En la historia de Amos no abundan los casos en los que perdiera una discusión de este tipo, y todavía menos los casos en los que cambiara de opinión. «No puedes decir que se equivoca, ni siquiera cuando se equivoca», decía su antiguo alumno Zur Shapira. No era que Amos fuera intransigente. Cuando conversaba con alguien se mostraba espontáneo, valiente y abierto a nuevas ideas, sobre todo si no entraban en claro conflicto con las suyas. Lo que sucedía a menudo era que, como Amos acostumbraba a llevar la razón en cualquier tipo de discusión o debate, la idea de que «Amos tiene la razón» se había convertido en un supuesto útil para todas las partes implicadas, incluido el propio Amos. Cuando le preguntaron por sus recuerdos sobre él, lo primero que le vino a la cabeza al Premio Nobel y economista de la Universidad Hebrea Robert Aumann fue que la única vez que había sorprendido a Amos con una idea. «Recuerdo que me dijo: "No se me había ocurrido eso". Y lo recuerdo porque no había muchas cosas que no se le hubieran ocurrido a Amos.»

Más adelante, Danny empezó sospechar que Amos no le había dado muchas vueltas a la idea de que la mente humana fuera una especie de estadístico bayesiano. Pensaba que todas esas cosas de las bolsas y las fichas de póquer no encajaban con su línea de investigación. «Creo que seguramente Amos nunca había mantenido un debate serio con nadie sobre ese artículo. Y si lo había hecho, nadie le había planteado grandes objeciones.» Los seres humanos eran bayesianos en la misma medida en que eran matemáticos. La mayoría de personas podía calcular que siete por ocho son cincuenta y seis: ¿y qué pasaba si alguien no era capaz de hacer esa operación? Fueran cuales fueran los errores que cometían, estos eran producto del azar. No era que la mente humana siguiera un método distinto para realizar cálculos matemáticos lo que la llevaba al error sistemático. Si alguien hubiera preguntado a Amos: «¿Cree que los seres humanos son bayesianos conservadores?», tal vez habría respondido: «No todo el mundo, pero me sirve como descripción de la persona media».

En la primavera de 1969, al menos, Amos no mostraba una actitud abiertamente hostil hacia las teorías imperantes en las ciencias sociales. A diferencia de Danny, no desdeñaba la teoría. Para él, las teorías eran como pequeños compartimentos mentales, o carteras, lugares en los que podías guardar las ideas que querías conservar. Hasta que no podías sustituir una teoría con otra mejor, que pudiera predecir con mayor precisión lo que sucedía, no te deshacías de la antigua. Las teorías servían para ordenar el conocimiento y permitían realizar mejores predicciones. Por aquel entonces, la teoría de mayor éxito en el campo de las ciencias sociales era que las personas eran racionales o, al menos, que eran unos estadísticos intuitivos bastante buenos. Se les daba bien interpretar información nueva y evaluar las probabilidades. Claro que cometían errores, pero estos eran producto de la emoción, y las emociones eran aleatorias, por lo que podían ignorarse con total tranquilidad.

Aun así, ese día algo cambió en el interior de Amos. Abandonó el seminario de Danny en un estado mental poco habitual en él: con duda. Después de esa clase, empezó a tratar las teorías que había aceptado y consideraba más o menos bien fundadas y plausibles como objetos que despertaban sus recelos.

Sus amigos más próximos, a los que sorprendió mucho ese cambio, creían que Amos siempre había albergado sus dudas. Por ejemplo, de vez en cuando hablaba de un problema que padecían los oficiales del ejército israelí cuando tenían que atravesar el desierto con sus tropas. Él lo había sufrido en carne propia. En el desierto, el ojo humano tiene dificultades para percibir formas y medir distancias. Es difícil orientarse. «Era algo que preocupaba mucho a Amos —decía su amigo Avishai Margalit—. En el ejército era importante tener un buen sentido de la orientación, y Amos lo tenía. Pero aun así era algo que lo preocupaba. Cuando viajabas de noche y veías una luz en la distancia, ¿estaba cerca o lejos? Parecía que el agua estaba a poco más de un kilómetro, pero luego tardabas varias horas en llegar hasta ella.» Los soldados israelíes no podían proteger su país si no lo conocían, pero eso no era tarea fácil. El ejército les facilitaba mapas, pero a menudo no les servían de nada. Una tormenta podía alterar por completo la orografía del desierto; un día el valle estaba ahí, al otro se había desplazado. Amos, que se había visto obligado a realizar varias travesías por el desierto al frente de un grupo de soldados, se había vuelto muy sensible al poder de las ilusiones ópticas, ya que estas podían acabar contigo. Los comandantes israelíes de los años cincuenta y sesenta que se desorientaban o se perdían en el desierto también perdían la obediencia de sus soldados, ya que estos sabían a la perfección que la línea que separaba el hecho de estar perdidos de la muerte era muy fina. Amos se preguntó: si los seres humanos habían evolucionado para adaptarse a su entorno, ¿por qué era tan proclive al error su percepción de ese entorno?

Asimismo, Amos había emitido otras señales de que no estaba del todo satisfecho con la cosmovisión de sus colegas teóricos sobre el proceso de toma de decisiones. Tan solo unos meses antes de participar en el seminario de Danny, por ejemplo, lo habían llamado a filas y lo habían enviado a los altos del Golán. Por entonces no se estaba librando ningún combate. Su trabajo consistía en comandar una unidad para que se adentrara en el territorio recién conquistado, vigilara a los soldados sirios y juzgara, observando sus movimientos, si estaban planeando un ataque. A su mando se encontraba Izzy Katznelson, que sería profesor de matemáticas de la Universidad de Stanford. Al igual que Amos, Katznelson era un niño que vivía en Jerusalén cuando estalló la guerra de Independencia de 1948; las escenas que se produjeron ese año quedaron grabadas en su memoria. Recordaba a los judíos que entraban en las casas de los árabes que habían huido y robaban lo que encontraban. «Pensé: esos árabes son gente como yo. No han iniciado la guerra y yo tampoco», dijo. Siguió un ruido, que lo llevó al interior de una de las casas árabes, y descubrió a unos chicos de una yeshivá que estaban destruyendo el magnífico piano de un vecino árabe para quedarse con la madera. Katznelson y Amos no hablaban de ello; eran hechos que preferían olvidar.

De lo que sí hablaban era de la curiosidad que Amos sentía por el modo en que la gente juzgaba las probabilidades de determinados hechos: por ejemplo, las de un ataque en ese momento por parte del ejército sirio. «Estábamos ahí, observando a los sirios. Amos hablaba de probabilidades, y de cómo las asignábamos. Le interesaba que en 1956 [momentos antes de la campaña del Sinaí] el gobierno había realizado una serie de cálculos que le habían permitido llegar a la conclusión de que no habría una guerra en un período de cinco años, y otros cálculos indicaban que ese período se extendería a diez años. Lo que Amos quería decir era que la probabilidad no era un dato conocido. La gente no sabe calcularla como es debido.»

Si, desde su regreso a Israel, había aumentado el movimiento en las placas tectónicas de su cabeza, el encuentro con Danny había dado pie al terremoto. Poco después, se topó con Avishai Margalit. «Estaba esperando en este pasillo —decía Margalit—, y se me acercó Amos, muy alterado. Me arrastró a una sala. Me dijo: "No te creerás lo que me ha pasado". Me contó que había dado una charla y que Danny le había soltado: "Ha sido una conferencia brillante, pero no me creo ni una palabra". Había algo que lo preocupaba, de modo que le insistí y me dijo: "Es imposible que el juicio no esté vinculado con la percepción. El pensamiento no es un acto aislado".» Los nuevos estudios que se estaban llevando a cabo sobre el funcionamiento de la mente humana cuando realizaba juicios imparciales habían pasado por alto lo que se sabía sobre el funcionamiento de la mente cuando hacía otras cosas. «Lo que le sucedió a Amos fue serio —decía Danny—. Sentía una devoción absoluta por una visión del mundo en la que la investigación de

Ward Edwards tenía sentido, y esa tarde descubrió el atractivo de otra visión en la que esas investigaciones parecían ridículas.»

Después del seminario, Amos y Danny almorzaron juntos en varias ocasiones, pero luego tomaron caminos distintos. Ese verano Amos partió a Estados Unidos para proseguir sus estudios, y Danny a Inglaterra. Tenía muchas ideas sobre la posible utilidad de su nuevo trabajo sobre la atención. En relación con los tanques militares, por ejemplo. En las investigaciones que estaba realizando, Danny recitaba una serie de números a una persona en el oído izquierdo, y otra en el derecho, e intentaba determinar la rapidez con la que podían cambiar la atención de un oído a otro, y también su capacidad para bloquear ciertos sonidos que se suponía que debían ignorar. «En los combates con tanques, al igual que en un tiroteo del oeste, la velocidad con la que uno elige un objetivo y es capaz de reaccionar supone la diferencia entre la vida y la muerte», dijo Danny más adelante. Quizá podría usar esta prueba para averiguar qué comandantes de blindados podían orientarse mejor a grandes velocidades y, entre estos, quién podía detectar con mayor rapidez la importancia de una señal y centrar su atención en ella antes de estallar en pedazos.

En otoño de 1969, Amos y Danny habían regresado a la Universidad Hebrea. Era habitual verlos juntos durante las horas que pasaban despiertos. Danny era madrugador, por lo que, si alguien quería hablar a solas con él, tenía que buscarlo antes del almuerzo. Si lo que querían era hablar con Amos, era mejor probarlo de noche. En el ínterin, lo habitual era verlos desaparecer tras la puerta de alguno de los seminarios que dirigían. Desde fuera, en ocasiones los oían discutir a gritos, pero el sonido más habitual era el de sus risas. Fuera cual fuera su tema de conversación, la gente llegaba a la deducción de que tenía que ser muy divertido. Sin embargo, fuera cual fuera ese tema, también debía de ser muy privado: nunca invitaban a nadie más a sus conversaciones. Si alguien pegaba la oreja a la puerta podía llegar a oír que mantenían la conversación en inglés y hebreo. Cambiaban de idioma con gran facilidad. Amos, en concreto, siempre recurría al hebreo cuando lo embargaba la emoción.

Los estudiantes que en el pasado se habían preguntado por qué las dos estrellas más brillantes de la Universidad Hebrea mantenían una actitud tan distante, ahora se preguntaban cómo era posible que dos personalidades tan radicalmente distintas hubieran hallado no solo un terreno común, sino que se hubieran convertido en almas gemelas. «Era muy difícil llegar a comprender cómo funcionaba esa buena química», decía Ditsa Kaffrey, estudiante de posgrado de psicología, que fue alumna de ambos. Danny era un niño del Holocausto; Amos un *sabra* (el término usado para referirse a los israelíes nativos) fanfarrón. Danny siempre creía que se equivocaba; Amos siempre creía que tenía razón. Amos era el alma de todas las fiestas; Danny no iba a ninguna. Amos era un tipo de vida disoluta e informal; Danny, aun cuando intentaba mostrarse distendido, era incapaz de desprenderse de esa aura de formalidad. Con Amos uno siempre tenía la sensación de que la relación se retomaba donde había quedado, por mucho tiempo que hubiera transcurrido desde el último encuentro; con Danny uno siempre tenía la sensación de que había que empezar de cero, aunque lo hubieras visto el día anterior. Amos no tenía oído musical, pero aun así cantaba canciones populares hebreas con auténtica pasión; Danny era de esas personas que podía tener una voz preciosa, pero que no permitía que nadie la descubriera. Amos era una bola de demolición para los argumentos ilógicos; cuando Danny escuchaba un argumento ilógico, preguntaba: «¿A qué podría aplicarse?». Danny era pesimista; Amos no solo era optimista, sino que deseaba serlo porque había decidido que el pesimismo era una estupidez.

«Cuando eres pesimista y sucede algo malo, lo vives dos veces —le gustaba decir a Amos—. Una cuando te preocupas por ello, y la segunda cuando ocurre.» «Eran muy distintos —decía un colega de la Universidad Hebrea—. Danny siempre tenía ganas de gustar. Era irritable, tenía poca paciencia, pero quería gustar. Amos no entendía que alguien quisiera gustar a los demás. Comprendía la importancia de ser cortés, pero de ahí a tener ganas de gustar... ¿Por qué?» Danny se lo tomaba todo muy a pecho; Amos lo convertía casi todo en una broma. Cuando la Universidad Hebrea incluyó a Amos en el comité para evaluar a los candidatos de doctorado, este se horrorizó al comprobar las propuestas de tesis que había en el campo de las humanidades. En lugar de plantear una queja formal, se limitó a decir: «Si esta tesis es lo bastante buena para este campo de estudio, también lo es para mí. ¡Siempre que el estudiante sepa dividir fracciones!».

Más allá de eso, Amos era la mente más aterradora que la mayoría de personas había conocido jamás. «La gente tenía miedo de debatir ideas delante de él», decía un amigo, porque temía que Amos señalara el error que ellos tan solo sospechaban. Una de los estudiantes de posgrado de Amos, Ruma Falk, decía que tenía tanto miedo de lo que pudiera pensar Amos de su habilidad al volante, que cuando lo acompañaba a casa, en su propio coche, le pedía que condujera él. Sin embargo, luego resultaba que un ser como Amos pasaba todo el tiempo que podía con Danny, cuya susceptibilidad a las críticas era tan extrema que un simple comentario equivocado de un alumno lo había arrojado a un profundo abismo de dudas sobre su capacidad. Fue como si alguien hubiera introducido un ratoncito blanco en la jaula de una pitón, los hubiera dejado solos, y al cabo de un rato hubiera descubierto al ratón hablando y a la pitón enroscada en un rincón, embelesada.

Sin embargo, también podría contarse otra historia sobre lo mucho que compartían Danny y Amos. Para empezar, ambos eran nietos de rabinos de la Europa del este. Ambos tenían un gran interés en el comportamiento de la gente cuando se encontraba en un estado no emotivo o «normal». Ambos querían hacer ciencia. Ambos querían llegar a verdades sencillas y poderosas. Por muy complicado que fuera Danny, aún deseaba dedicarse a «la psicología de las preguntas únicas», y por muy complicado que pareciera el trabajo de Amos, su instinto lo llevaba a pasar por encima de las sandeces de los demás para ir al meollo de cualquier asunto. Ambos hombres tenían una mente increíblemente fértil. Y ambos eran judíos agnósticos en Israel. Y, sin embargo, lo único que veía la gente eran sus diferencias.

La manifestación física más evidente de las profundas diferencias que existían entre ambos era el estado de sus despachos. «La oficina de Danny era un caos», recordaba Daniel Gordon, que había sido ayudante de Kahneman. «Había notas en las que había escrito una frase o dos. Papel por todas partes. Libros por todas partes. Libros abiertos en la página en la que había dejado de leer. Una vez encontré mi tesis abierta por la página trece, creo que es ahí donde la había dejado. Si salías al pasillo e ibas tres o cuatro despachos más allá, llegabas hasta el de Amos... En él no había nada. Un lápiz en el escritorio. En el despacho de Danny no podías encontrar nada porque era un caos. En el de Amos no podías encontrar nada porque no había nada.» La gente los observaba y se preguntaba cómo era posible que se llevaran tan bien. «Danny era una persona muy exigente desde el punto de vista afectivo —explicaba un colega—. Amos era la persona menos indicada para aguantar a alguien así. Sin embargo, estaba dispuesto a soportarlo, algo que resultaba increíble.»

Danny y Amos no hablaban demasiado sobre a qué se dedicaban cuando estaban juntos y a solas, lo que no hacía sino despertar aún más la curiosidad de la gente. Al principio se centraron en la proposición de Danny, según la cual los seres humanos no eran bayesianos, ni bayesianos conservadores ni estadísticos de ningún tipo. Fuera lo que fuera lo que hacían las personas cuando se enfrentaban a un problema que tenía una respuesta correcta desde un punto de vista estadístico, no era estadística. Pero ¿cómo se vendía eso a un público de científicos sociales profesionales que estaban cegados en mayor o menor grado por la teoría? ¿Y cómo se podía comprobar? Al final decidieron inventar una prueba estadística poco habitual y ofrecérsela a los científicos para observar cómo la llevaban a cabo. Su argumento se basaba en las pruebas constituidas por las respuestas a unas preguntas que habían realizado a una serie de sujetos, en este caso, un grupo de personas que había recibido educación formal sobre estadística y teoría probabilística. Danny se inventó la mayoría de las preguntas, muchas de las cuales eran versiones complejas de las preguntas sobre las fichas rojas y blancas: «El coeficiente intelectual (CI) medio de la población de octavo de primaria de una ciudad es igual a 100. Has seleccionado una muestra aleatoria de 50 niños para un estudio de objetivos educativos. El primer niño ha obtenido un CI de 150. ¿Cuál crees que será el CI medio de toda la muestra?».

Al final del verano de 1969, Amos llevó consigo las preguntas de Danny al encuentro anual de la American Psychological Association, que se celebraba en Washington D.C., y luego a una conferencia de psicólogos matemáticos. Hizo la prueba a varias personas que tenían grandes conocimientos de estadística. Dos de los examinados habían escrito libros de texto sobre la materia. Amos recogió las pruebas y regresó con ellas a Jerusalén.

Una vez en casa, Danny y él se sentaron para escribir juntos por primera vez. Sus despachos eran muy pequeños, por lo que trabajaron en una sala pequeña de seminario. Amos no sabía mecanografiar y a Danny no le apetecía demasiado sentarse ante la máquina de escribir, por lo que utilizaron libretas. Repasaban cada frase una y otra vez y escribían, como mucho, un párrafo o dos al día. «De pronto lo entendí y supe que lo que estábamos haciendo no era lo normal, que era algo distinto —decía Danny—. Porque era divertido.»

Cuando Danny recordaba esa época, lo que le venía a la cabeza sobre todo eran las risas: lo que oía la gente que se encontraba fuera de la sala del seminario. «Tengo una imagen en la cabeza en la que yo estaba sentado en la silla, apoyado solo en las patas de atrás, y me reí tanto que estuve a punto de caerme.» Quizá las risas eran más estridentes cuando era Amos quien bromeaba, pero ello se debía solo a que tenía la costumbre de reírse de sus propias bromas. («Era tan divertido que no me importaba que se riera de sus bromas.») Cuando estaba con Amos, Danny también se sentía gracioso, algo que nunca le había sucedido. En compañía de Danny, Amos también se convertía en una persona distinta: menos crítica. O, en cualquier caso, menos crítica con las opiniones que expresaba Danny. Ni siquiera lo provocaba para burlarse de él. Lograba que Danny se sintiera seguro de sí mismo, toda una novedad para él. Quizá por primera vez en su vida, Danny jugaba más al ataque. «Amos no escribía con una actitud defensiva —decía—. La arrogancia tenía algo liberador. Era sumamente gratificante sentirse como Amos, más inteligente que la inmensa mayoría de personas.» El ensayo acabado destilaba la seguridad en sí mismo de Amos, empezando por el título: «Belief in Law of Small Numbers». Sin embargo, la colaboración fue tan absoluta que ninguno de los dos se sentía cómodo en el papel de autor principal; lanzaron una moneda al aire para decidir qué nombre aparecería primero. Ganó Amos.

La creencia en la ley de los pequeños números hacía referencia a las implicaciones de un error mental que cometen a menudo las personas, incluso aquellas que son estadísticos con formación académica. La mayoría confunde una parte muy pequeña de algo con el todo. Incluso los estadísticos tienden a alcanzar conclusiones a partir de conjuntos de pruebas muy pequeñas. Y lo hacen, argumentaban Amos y Danny, porque creen, aunque no sean capaces de admitir esa creencia, que cualquier muestra de una gran población es más representativa de la población de lo que es en realidad.

El poder de la creencia puede verse en el modo en que la gente concibe patrones del todo aleatorios, como los que crea una moneda lanzada al aire. La gente sabe que una moneda tiene las mismas probabilidades de caer del lado de la cara que de la cruz. Pero también cree que, en el caso de una moneda lanzada al aire, pocas veces sale cara la mitad de las ocasiones, un error conocido como «la falacia del jugador». La gente tiende a creer que si una moneda cae en cara unas cuantas veces seguidas es más probable que al siguiente lanzamiento salga cruz, como si la propia moneda pudiera igualar los resultados. «Sin embargo, hasta la moneda más justa, dadas las limitaciones de su memoria y de su sentido de la moral, no puede ser tan justa como espera el jugador», escribieron. En una publicación académica, esa frase podía considerarse como un chiste magnífico.

Luego demostraron que los científicos calificados, los psicólogos experimentales, tenían cierta tendencia a cometer el mismo error. Por ejemplo, los psicólogos a los que pidieron que calcularan el coeficiente intelectual medio de la muestra de niños, en la que el primer niño había obtenido un resultado de 150, a menudo respondían que era 100, es decir, la media de la población de alumnos de octavo. Daban por sentado que el niño con el coeficiente elevado era un caso atípico que quedaría contrarrestado por otro muy bajo, es decir, que a toda cara le seguiría una cruz. Pero la respuesta correcta, tal y como demostraba el teorema de Bayes, era 101.

Incluso la gente formada en estadística y teoría de la probabilidad no lograba intuir que una muestra pequeña podía ser mucho más variable que la población general, y que cuanto más pequeña fuera la muestra, menores eran las probabilidades de que fuera un reflejo de la población. Daban por sentado que la muestra se corregiría a sí misma hasta que imitara a la población de la que formaba parte. En grupos muy numerosos, la ley de los números grandes garantizaba este resultado. Si lanzabas una moneda mil veces, había más probabilidades de que la mitad de las ocasiones saliera cara y la mitad cruz que si la lanzabas diez veces. Por algún motivo los seres humanos no lo veían así. «La intuición de la gente sobre las muestras aleatorias parece ceñirse a la ley de los números pequeños, que afirma que la ley de los números grandes también se aplica a números pequeños», escribieron Danny y Amos.

Este fallo de la intuición humana tenía todo tipo de implicaciones relacionadas con el modo en que la gente se maneja en el mundo y hace juicios y toma decisiones, pero el artículo de Danny y Amos, que vería la luz en el *Psychological Bulletin*, abordaba las consecuencias para la ciencia social. Los experimentos de esta disciplina acostumbraban a trabajar con una muestra pequeña tomada de una población mayor para poner a prueba una teoría. Imaginemos que un psicólogo cree que ha descubierto un vínculo: los niños que prefieren dormir solos en las acampadas tienen menos tendencia a participar en actividades sociales que los niños que prefieren las tiendas de ocho personas. El psicólogo ha realizado una prueba con un grupo de veinte niños que confirma esta hipótesis. No todos los niños que quieren dormir solos son asociales, y no todos los niños que prefieren la tienda de ocho personas son muy sociables, pero existe un patrón. El psicólogo, un científico concienzudo, elige una segunda muestra de niños para comprobar si puede replicar los resultados. Pero como no ha calculado bien el tamaño de la muestra si pretende ser un reflejo de toda la población, está a merced de la suerte.* Dada la viabilidad inherente de

* Muchos de los psicólogos de la época, incluido Danny, usaban tamaños de muestras de cuarenta sujetos, lo que solo les daba una probabilidad del 50 por

la muestra pequeña, cabe la posibilidad de que los niños de la segunda muestra no sean representativos, que no se parezcan a la mayoría de niños. Y sin embargo el psicólogo los ha tratado como si tuvieran la capacidad de confirmar o refutar su hipótesis.

La creencia en la ley de los números pequeños: ahí estaba el error intelectual que Danny y Amos sospechaban que cometían muchos psicólogos porque Danny lo había cometido. Y él mismo tenía una herramienta mucho mejor para la estadística que la mayoría de psicólogos, o incluso estadísticos. En otras palabras, todo el proyecto nacía de las dudas que Danny albergaba acerca de su propia obra, y de su voluntad, casi un anhelo, de encontrar el error. En manos de Amos y Danny, la tendencia de este a buscar sus propios errores se convirtió en un material de trabajo fantástico. Ya que no era solo Danny quien cometía los errores, sino todo el mundo. No era un problema personal, era un defecto de la naturaleza humana. Al menos esa era su sospecha.

La prueba que realizaron a los psicólogos confirmó esa sospecha. Al intentar determinar si la bolsa contenía más fichas rojas, los psicólogos tendían a extraer conclusiones generales a partir de muy pocas fichas. En su búsqueda de la verdad científica, se fiaban más de lo que creían en el azar. Es más, al ser tan grande su fe en el poder de las muestras pequeñas, tendían a racionalizar los resultados que obtenían, fueran cuales fueran.

La prueba que Amos y Danny habían creado preguntaba a los psicólogos qué aconsejarían a un estudiante que estaba poniendo a prueba una teoría psicológica, como, por ejemplo, que la gente con la nariz larga tiene una mayor tendencia a mentir. ¿Qué debía hacer el estudiante si las pruebas dan un resultado cierto en una

---

ciento de ser un reflejo fiel de la población. Para llegar al 90 por ciento de probabilidades de capturar los rasgos de la población, la muestra tenía que ser al menos de ciento treinta. Obtener una muestra más grande exigía mucho más trabajo, lo que retrasaba una carrera en el mundo de la investigación.

muestra, pero falso en otra? La pregunta que Danny y Amos plantearon a los psicólogos profesionales ofrecía varias respuestas. Tres de las opciones implicaban que había que decir al estudiante que aumentara el tamaño de la muestra o, cuando menos, que fuera más prudente con su teoría. Una abrumadora mayoría de los psicólogos eligió la cuarta opción, que decía: «Debería intentar encontrar una explicación que justifique las diferencias entre ambos grupos».

Es decir, debería intentar racionalizar por qué un grupo de personas con la nariz larga tiene más probabilidades de mentir, mientras que el otro no. Era tan grande la fe que tenían los psicólogos en las muestras pequeñas, que daban por sentado que fuera cual fuera la conclusión que les había permitido alcanzar cualquiera de los grupos tenía que ser cierta, aunque las conclusiones se contradijeran entre sí. El psicólogo experimental «no acostumbra a atribuir una desviación de los resultados de las expectativas a la variabilidad de la muestra porque encuentra una explicación a cualquier discrepancia —escribió Amos—. Por lo tanto, no tiene demasiadas oportunidades de reconocer una variación de la muestra en acción. Su creencia en la ley de los números pequeños, así pues, permanecerá intacta».

A lo que Amos añadió: «Edwards [...] ha argumentado que la gente no logra extraer suficiente información o certeza de datos probabilísticos; lo llamó fallo de conservadurismo. Las personas que han respondido nuestra prueba no pueden calificarse de conservadoras. En realidad, de acuerdo con la hipótesis de representación, tienden a extraer más certezas de los datos de las que estos contienen en realidad». («Ward Edwards era un experto consolidado —decía Danny—. Y nosotros nos dedicábamos a hacer disparos al azar.»)

Cuando acabaron de escribir el artículo, a principios de 1970, se habían difuminado por completo las contribuciones individuales de cada uno. Resultaba casi imposible afirmar si la idea de determinado fragmento había sido de Danny o de Amos. Fue mucho más fácil determinar, al menos para Danny, la responsabilidad del tono seguro, casi descarado del artículo. Danny siempre había sido un erudito nervioso. «Si lo hubiera escrito solo, además de tener un tono más vacilante e incluir cien referencias, seguramente habría acabado confesando que no soy más que un idiota que se ha reformado hace poco —decía—. Podría haberlo escrito yo solo. Pero de ser así la gente no le habría prestado ninguna atención. El artículo tenía un aura estelar, y yo atribuía esa cualidad a Amos.»

Danny creía que el artículo era gracioso, provocador, interesante y arrogante, unos rasgos que él no habría podido aportar si hubiera trabajado solo, pero a decir verdad tampoco le daba muchas vueltas a la cuestión, y creía que Amos tampoco. Entonces enviaron el artículo a una persona a la que consideraban un lector escéptico, un profesor de psicología de la Universidad de Michigan llamado Dave Krantz. Era un matemático serio, y uno de los coautores de la abstrusa obra *Foundations of Measurement*. «Me pareció una genialidad —recordaba Krantz—. Aún hoy creo que es uno de los artículos más importantes que se han escrito jamás. Iba contra corriente en relación con todos los trabajos que se estaban haciendo, que se regían por la idea de que ibas a explicar el juicio humano corrigiendo ciertos errores más o menos menores del modelo bayesiano. Contradecía las ideas que yo tenía. La estadística era el patrón que debías tomar para abordar las situaciones probabilísticas, pero no era lo que hacía la gente. Sus sujetos dominaban la materia estadística, ¡y aun así se equivocaron! Yo había tenido la tentación de elegir las mismas respuestas equivocadas que los expertos.»

Ese veredicto, que el artículo de Danny y Amos no solo era divertido, sino importante, acabaría trascendiendo el campo de la psicología. «Los economistas no se cansan de decir: "Si la prueba del mundo te dice que es cierto, entonces di que es cierto"», afirma Matthew Rabin, un profesor de economía de la Universidad de Harvard. «Esas personas son buenos estadísticos. Y si no lo son, no sobreviven. De modo que si repasas la lista de cosas que son importantes en el mundo, el hecho de que la gente no crea en la estadística es bastante importante.»

Danny, como no podía ser de otra forma, tardó en aceptar el cumplido. («Cuando Dave Krantz dijo: "Es un avance muy importante", creí que se había vuelto loco.») Sin embargo, Amos y él estaban abordando algo mucho más importante que un debate sobre el uso de la estadística. El poder de extraer información a partir de una cantidad pequeña de pruebas era tan grande que incluso quienes eran conscientes de ello acababan sucumbiendo. Las «expectativas intuitivas de la gente se rigen por una percepción equivocada constante del mundo», habían escrito Danny y Amos en su último párrafo. La percepción errónea estaba arraigada en la mente humana. Si la mente, cuando realizaba juicios probabilísticos sobre un mundo incierto, no era un estadista intuitivo, ¿qué era? Si no hacía lo que los principales científicos sociales creían que hacía, y que la teoría económica suponía que hacía, entonces ¿qué hacía exactamente?

6

Las reglas de la mente

*

En 1960, Paul Hoffman, un profesor de psicología de la Universidad de Oregón con especial interés en la facultad de juzgar de los seres humanos, persuadió a la National Science Foundation de que le donara sesenta mil dólares para poder dejar su trabajo de profesor y crear lo que él llamaba «un centro para la investigación básica de las ciencias del comportamiento». La verdad era que nunca le había gustado mucho la enseñanza y estaba frustrado por la lentitud con que se movía la vida académica, sobre todo en la cuestión de promoción personal. Así que lo dejó, y compró un edificio en un barrio arbolado de Eugene, que había servido de sede para una iglesia unitaria, y lo rebautizó como Oregon Research Institute, una institución privada dedicada exclusivamente al estudio de la conducta humana. No había nada parecido en el mundo y no tardó en atraer encargos curiosos y gente rara. «Aquí, personas cerebrales, trabajando en el ambiente adecuado, se dedican con tranquilidad a su tarea de descubrir qué nos hace funcionar», dijo un periódico local de Eugene.

La vaguedad de esta descripción se convirtió en algo típico del Oregon Research Institute. Nadie sabía exactamente qué hacían allí los psicólogos, aparte de que ya no podían decir «Soy profesor» y dejarlo así. Cuando Paul Slovic dejó la Universidad de Michigan para unirse a Hoffman en su nuevo centro de investigación y sus hijos pequeños le preguntaron qué hacía para ganarse la vida, señaló un póster que representaba un cerebro dividido en sus distintos compartimentos y dijo: «Estudio los misterios de la mente».

Durante mucho tiempo, la psicología había sido un cubo de basura intelectual para problemas y preguntas que, por una u otra razón, no eran bienvenidos en otras disciplinas académicas. El Oregon Research Institute se convirtió en una sucursal práctica de ese cubo de basura. Uno de sus primeros encargos vino de una compañía de contratas con sede en Eugene, a la que habían escogido para participar en la construcción de un par de audaces rascacielos en el bajo Manhattan, que se iban a llamar World Trade Center. Las torres gemelas iban a tener 110 plantas y una estructura de acero ligero. El arquitecto, Minoru Yamasaki, que sufría de fobia a las alturas, nunca había construido un edificio de más de 28 plantas. Los propietarios, la autoridad portuaria de Nueva York, pensaban cobrar alquileres más altos por las plantas superiores, y querían que el ingeniero, Les Robertson, garantizara que los inquilinos de los carísimos pisos en las alturas no sintieran nunca que los edificios se movían a causa del viento. Percatándose de que esto no era exactamente un problema de ingeniería, sino más bien un problema psicológico —¿cuánto se puede mover un edificio sin que lo sienta una persona sentada a una mesa en el piso 99?—, Robertson recurrió a Paul Hoffman y al Oregon Research Institute.

Hoffman alquiló otro edificio en otro barrio frondoso de Eugene y construyó dentro una habitación encima de unos rodillos hidráulicos como los que se usan para hacer rodar troncos en los aserraderos de Oregón. Con solo apretar un botón, se podía hacer que toda la habitación oscilara de delante atrás, sin ruido, como lo haría la cúspide de un rascacielos de Manhattan con el viento. Todo esto se hizo en secreto. La autoridad portuaria no quería que sus futuros inquilinos se enteraran de que iban a balancearse con el viento, y a Hoffman le preocupaba que si los sujetos de su experimento sabían que estaban en un edificio que se movía, se volvieran más sensibles al movimiento y estropearan los resultados. «Después de diseñar la habitación —recordaba Paul Slovic—, la cuestión era: ¿cómo metemos en ella a la gente sin que sepa para qué?» Así que después de construir la «habitación oscilante», Hoffman puso un cartel en la puerta que decía «Oregon Research Institute: centro de investigación de la visión», y ofrecía exámenes gratuitos de la vista a todos los que acudieran. (En el departamento de psicología de la Universidad de Oregón había encontrado un estudiante graduado que además tenía el título de optometrista.)

Mientras el graduado examinaba los ojos de los sujetos, Hoffman ponía en marcha los rodillos hidráulicos y hacía que la habitación oscilara. Los psicólogos no tardaron en descubrir que las personas que están en un edificio que se mueve se dan cuenta de que algo raro está pasando mucho antes de lo que había sospechado nadie, incluyendo a los diseñadores del World Trade Center. «Qué habitación más rara —dijo uno—. Supongo que será porque no llevo puestas las gafas. ¿Tiene algún truco? De verdad que noto una sensación rara.» El psicólogo que hacía los exámenes de visión volvía mareado a casa todas las noches.*

Cuando conocieron los resultados de Hoffman, el ingeniero del World Trade Center, el arquitecto y varios funcionarios de la autoridad portuaria de Nueva York volaron a Eugene para experimentar en persona la habitación oscilante. No se lo acababan de creer. Más adelante, Robertson recordaba su reacción en una entrevista con *The New York Times*: «Mil millones de dólares tirados a la basura». Regresó a Manhattan y construyó su propia habita-

---

* Debo parte de esta información a un espectacular artículo sobre la construcción y destrucción de las torres gemelas del World Trade Center, escrito por James Glanz y Eric Lipton y publicado en *The New York Times Magazine* pocos días antes del primer aniversario de los atentados. El libro de William Poundstone, *Priceless*, ofrece una descripción más detallada de la habitación oscilante.

ción oscilante, donde replicó los resultados de Hoffman. Al final, para dar más rigidez a los edificios, ideó e instaló en cada uno de ellos once mil amortiguadores metálicos de cuarenta y cinco centímetros de longitud. Tal vez este acero extra fue lo que permitió que los edificios se mantuvieran en pie durante tanto tiempo después de que se estrellaran contra ellos dos aviones de pasajeros, y lo que permitió que huyeran algunas de las catorce mil personas que se salvaron antes de que los edificios se derrumbaran.

Para el Oregon Research Institute, la habitación oscilante fue más bien una distracción. Muchos de los psicólogos que trabajaban allí compartían el interés de Hoffman por la facultad de juzgar de los seres humanos. También compartían un interés poco común por el libro de Paul Meehl, *Clinical versus Statistical Prediction*, que trata de la incapacidad de los psicólogos para obtener mejores resultados que los algoritmos cuando intentan diagnosticar o predecir el comportamiento de sus pacientes. Era el mismo libro que Danny Kahneman había leído a mediados de los años cincuenta, antes de sustituir a los evaluadores humanos de los reclutas israelíes por un crudo algoritmo. El propio Meehl era psicólogo clínico, y seguía insistiendo en que por supuesto que los psicólogos como él y los que él admiraba tenían muchas y sutiles percepciones que jamás podrían ser captadas por un algoritmo. Y sin embargo, a principios de los años sesenta había un volumen cada vez mayor de estudios que apoyaban el rudimentario escepticismo inicial de Meehl acerca de los juicios humanos.*

---

*En 1986, treinta y dos años después de la publicación de su libro, Meehl escribió un trabajo titulado «Causes and Effects of My Disturbing Little Book», en el que comentaba la por entonces abrumadora evidencia de que el juicio de los expertos tiene sus problemas. «Cuando has realizado 90 investigaciones prediciendo de todo, desde el resultado de partidos de fútbol hasta el diagnóstico de enfermedades del hígado, [...] y cuando apenas te han salido media docena de estudios que muestran una tendencia a favor del clínico, por débil que sea, es hora de sacar

Si nuestra capacidad de juicio era en algún modo inferior a simples modelos, la humanidad tenía un gran problema. La mayoría de los campos de los que los expertos se nutrían no aportaban tantos datos, ni eran tan proclives a ellos como la psicología. Casi todas las esferas de la actividad humana carecían de datos para elaborar los algoritmos que pudieran sustituir al juicio humano. Para la mayoría de los problemas espinosos de la vida, la gente necesitaba del juicio experto de alguna persona: médicos, jueces, asesores de inversiones, funcionarios del gobierno, comités de admisión, directivos de estudios de cine, cazatalentos de béisbol, jefes de personal y todos los demás que deciden cosas en el mundo. Hoffman y los psicólogos que inauguraron el Oregon Research Institute confiaban en determinar con exactitud qué mecanismos se ponían en funcionamiento en los expertos cuando estos emitían juicios. «No teníamos una visión especial —contaba Paul Slovic—. Solo sentíamos que esto era importante: cómo la gente reúne fragmentos de información y de alguna manera los procesa y acaba llegando a una decisión o evaluación.»

Lo interesante es que no se plantearon estudiar lo peor que se desempeñaban los expertos humanos cuando se les obligaba a competir con un algoritmo. Más bien se propusieron crear un modelo de los mecanismos que se ponían en funcionamiento cuando aquellos formulaban sus juicios. O, como decía Lew Goldberg, que había llegado al Oregon Research Institute en 1960 procedente de la Universidad de Stanford: «Ser capaz de detectar cuándo y dónde es más probable que los juicios humanos se equivoquen; esa era la idea». Si podían determinar dónde se torcían los juicios de los expertos, podrían cerrar el hueco entre estos y los algoritmos. «Yo

---

una conclusión práctica. [...] Para no hacer argumentos *ad hominem*, pero sí explicar después de los hechos, creo que este es solo uno más de los numerosos ejemplos de lo ubicua y recalcitrante que es la irracionalidad en la gestión de los asuntos humanos.»

pensaba que si entendías cómo se fraguan los juicios y las decisiones, se podrían mejorar las evaluaciones y la toma de decisiones —contaba Slovic—. Se podría conseguir que la gente predijera y decidiera mejor. Teníamos esa sensación... aunque en aquel momento no estaba muy clara.»

Con ese fin, en 1960, Hoffman había publicado un artículo en el que se proponía analizar cómo sacan sus conclusiones los expertos. Por supuesto, podría solo haber preguntado a los expertos cómo lo hacían, pero aquel habría sido un enfoque demasiado subjetivo. La gente dice con frecuencia que está haciendo una cosa cuando en realidad está haciendo otra. Según Hoffman, una mejor manera de conocer el pensamiento de los expertos debería pasar por fijarse en las diversas entradas de información que estos usaban para tomar sus decisiones (él las llamaba «señales»). Por ejemplo, para saber cómo decide el comité de admisiones de Yale quién entra en su universidad, se pide la lista de aspectos sobre los solicitantes que el comité tiene en cuenta: puntuación media, calificaciones, capacidad atlética, conexiones, tipo de instituto al que han asistido, etcétera. Después se observa una y otra vez cómo decide el comité a quién admitir. De las muchas decisiones se podría deducir el proceso que han utilizado sus miembros para sopesar las características consideradas relevantes para evaluar a un candidato. Si se tienen suficientes conocimientos matemáticos, se podría incluso construir un modelo de la interacción de dichas características en las mentes de los miembros del comité. (El comité, por ejemplo, podría dar más importancia a las notas medias de los atletas procedentes de colegios públicos que a las de los niños ricos de colegios privados.)

La habilidad matemática de Hoffman estaba a la altura. Su artículo para el *Psychological Bulletin* se había titulado «The Paramorphic Representation of Clinical Judgement». Si el título parecía incomprensible, se debía —al menos en parte— a que Hoffman esperaba que quien lo leyera supiera de qué estaba hablando. No tenía muchas esperanzas de que su artículo se diera a conocer fuera de su pequeño mundo: lo que ocurría en este nuevo y pequeño rincón de la psicología tendía a quedarse allí. «La gente que toma decisiones en el mundo real no lo leería nunca —decía Lew Goldberg—. Los que no son psicólogos no leen revistas de psicología.»

Los expertos del mundo real, cuya manera de pensar intentaban comprender los investigadores de Oregón eran, en principio, psicólogos clínicos; pero estaban convencidos de que lo que aprendieran se podría aplicar de manera más amplia a cualquier profesional que tomara decisiones: médicos, jueces, meteorólogos, cazatalentos de béisbol, etcétera. «Puede que solo hubiera quince personas en el mundo que estén pensando en esto —decía Paul Slovic—, pero nosotros considerábamos que estábamos haciendo algo que podría ser importante: expresar a base de números decisiones que parecían complejas, misteriosas e intuitivas.» A finales de los años sesenta, Hoffman y sus colaboradores habían llegado a algunas conclusiones inquietantes, expresadas a la perfección en un par de artículos escritos por Lew Goldberg. Goldberg publicó su primer artículo en 1968, en una revista académica titulada *American Psychologist*. Empezaba mencionando la pequeña montaña de estudios que sugerían que el juicio de los expertos era menos de fiar que los algoritmos. «Puedo resumir este creciente volumen de literatura —decía Goldberg— señalando que en una gran diversidad de tareas de evaluación clínica (incluyendo ahora algunas que se eligieron específicamente para presentar a los clínicos en su mejor aspecto y a los profesionales de la evaluación en el peor), los evaluadores pueden elaborar fórmulas bastante sencillas que funcionan a un nivel de validez no inferior al del experto clínico.»

Entonces, ¿qué estaban haciendo los expertos clínicos? Como otros que habían abordado el problema, Goldberg suponía que cuando un médico, por ejemplo, hace un diagnóstico, su pensamiento debe de ser complejo. Suponía también que cualquier modelo que pretendiera captar esa manera de pensar sería complejo también. Por ejemplo, un psicólogo de la Universidad de Colorado que estudiara cómo predecían sus colegas psicólogos qué jóvenes iban a tener problemas para adaptarse a la universidad, habría observado a sus compañeros hablando consigo mismos mientras estudiaban datos sobre sus pacientes, y después habría intentado elaborar un complicado programa informático para imitar esa manera de pensar. Goldberg decía que prefería empezar por lo simple e ir avanzando a partir de ahí. Como primer caso de estudio, eligió cómo los médicos diagnostican un cáncer.

Goldberg explicaba que el Oregon Research Institute había completado un estudio sobre los médicos. Habían encontrado un grupo de radiólogos de la Universidad de Oregón y les habían preguntado: «¿Cómo decidís a partir de una radiografía del estómago si una persona tiene cáncer?». Los médicos dijeron que había siete indicios principales: el tamaño de la úlcera, la forma de sus bordes, la anchura del agujero que producía, etcétera. Goldberg los llamó «señales», como había hecho Hoffman antes. Por supuesto, existían muchas combinaciones diferentes de estas siete señales, y los médicos tenían que esforzarse por encontrarles sentido en cada una de sus múltiples combinaciones. El tamaño de una úlcera podía significar una cosa si sus contornos eran lisos y otra si los contornos eran irregulares, por ejemplo. Goldberg señalaba que, en efecto, los expertos tendían a describir sus procesos de pensamiento como sutiles, complicados y difíciles de convertir en modelos.

Como punto de partida, los investigadores de Oregón empezaron creando un algoritmo muy simple, en el que la probabilidad de que una úlcera fuera maligna dependía de los siete factores que los médicos habían citado, concediéndoles a todos la misma importancia. A continuación, los investigadores pidieron a los médicos que juzgaran la probabilidad de cáncer en noventa y seis individuos diferentes con úlceras de estómago, en una escala del uno al siete, desde «maligno con seguridad» hasta «benigno con seguridad». Sin decir a los doctores lo que se proponían, les enseñaron cada úlcera dos veces, barajando al azar los duplicados para que los médicos no se percataran de que les estaban pidiendo que diagnosticaran exactamente la misma úlcera que ya habían visto antes. Los investigadores no tenían ordenador. Transfirieron todos sus datos a tarjetas perforadas que enviaron por correo a la UCLA, donde se analizaron en el enorme ordenador de la universidad. El objetivo de los investigadores era comprobar si podían crear un algoritmo que imitara las decisiones tomadas por los doctores.

Goldberg suponía que este sencillo primer intento era solo un punto de partida. El algoritmo iba a tener que volverse más complicado, y para ello se necesitarían matemáticas más avanzadas. Debería poder explicar las sutilezas de lo que los médicos pensaban de las señales. Por ejemplo, si una úlcera era particularmente grande, podía inducirlos a reconsiderar la importancia de las otras seis señales.

Pero cuando la UCLA les devolvió los datos ya analizados, el asunto se puso inquietante (Goldberg describió los resultados como «aterradores en general»). En primer lugar, el sencillo modelo que los investigadores habían creado como punto de partida resultó ser sumamente eficaz para predecir los diagnósticos de los médicos. Los doctores podían creer que sus procesos de pensamiento eran sutiles y complicados, pero un modelo sencillo los captaba a la perfección. Aquello no quería decir que su forma de pensar fuera necesariamente simple, pero sí que un modelo simple podía reproducirla. Aún más sorprendente resultó que los diagnósticos de los médicos abarcaran toda la gama de posibilidades: los expertos no estaban de acuerdo unos con otros. Y todavía más sorprendente: cuando se les enseñaban duplicados de la misma úlcera, todos los doctores se contradecían y daban más de un diagnóstico. Al parecer, aquellos doctores no estaban de acuerdo ni consigo mismos. «Estos resultados dan a entender que la coincidencia de los diagnósticos en la medicina clínica tal vez no sea mucho mayor que la que se da en la psicología clínica... Lo que debería hacerte pensar la próxima vez que acudas al médico de cabecera», escribió Goldberg. Si los médicos se contradecían a sí mismos, estaba claro que no siempre podían acertar. Y no acertaban.

Los investigadores repitieron el experimento con psicólogos clínicos y psiquiatras, que les facilitaron la lista de factores que tenían en cuenta para decidir si era seguro dar el alta a un paciente de un hospital psiquiátrico. Una vez más, los expertos dieron toda clase de respuestas. Pero lo más curioso era que los que tenían menos experiencia (estudiantes posgraduados) acertaban tanto como los más expertos (profesionales veteranos) en sus predicciones de lo que podría hacer un paciente si se le dejaba salir del psiquiátrico. Parecía que la experiencia tenía poco valor a la hora de juzgar, por ejemplo, si una persona corría riesgo de suicidarse. O como decía Goldberg: «El acierto en esta tarea no tenía correlación con la cantidad de experiencia profesional del que juzgaba».

Aun así, Goldberg no se decidía a culpar a los doctores. Al final de su artículo sugería que el problema podría consistir en que los médicos y psiquiatras rara vez tienen ocasión de juzgar el grado de acierto de su manera de pensar, para corregirla si fuera necesario. Carecían de «retroalimentación inmediata». Así pues, junto con un compañero del Oregon Research Institute llamado Leonard Rorer, intentó proporcionársela. Goldberg y Rorer eligieron dos grupos de psicólogos y les dieron miles de casos hipotéticos para diagnosticar. Un grupo recibió retroalimentación inmediata de sus diagnósticos; el otro, no. El objetivo era ver si los que recibían retroalimentación mejoraban.

Los resultados no fueron halagüeños. «Ahora parece que nuestra formulación inicial del problema de aprender inferencias clínicas era demasiado simple: los que juzgan necesitan mucho más que retroalimentación sobre sus resultados para aprender una tarea tan difícil como esta», escribió Goldberg. Y entonces, uno de los compañeros de Goldberg en Oregón —aunque no recuerda quién— hizo una sugerencia radical. «Alguien dijo: "Uno de estos modelos que habéis elaborado [para predecir qué harían los médicos] podría ser mejor que el médico" —recordaba Goldberg—. Y pensé: "Ay, Dios, qué idiota. ¿Cómo va a ser posible eso?".» ¿Cómo podía su sencillo modelo ser más eficaz que un médico para, por ejemplo, diagnosticar un cáncer? A todos los efectos, el modelo había sido creado por los propios médicos. Ellos les habían facilitado a los investigadores toda la información que habían utilizado para crear el modelo.

De todas maneras, los investigadores de Oregón pusieron a prueba la hipótesis. Y resultó ser cierta. Si querías saber si tenías cáncer o no, más valía utilizar el algoritmo creado por los investigadores que acudir al radiólogo para que estudiara tus radiografías. El sencillo algoritmo no solo había conseguido mejores resultados que el grupo de médicos: había superado al mejor médico del grupo. Se podía sustituir al médico por una ecuación creada por personas que no sabían nada de medicina, y solo a través de unas cuantas preguntas a los doctores.

Cuando Goldberg se sentó a escribir un nuevo artículo, que tituló «Man versus Model of Man», se sentía claramente menos optimista que antes, tanto acerca de los expertos como del enfoque adoptado por el Oregon Research Institute para comprender sus mentes. «Mi artículo [...] era una crónica de nuestros fracasos experimentales. No habíamos logrado demostrar las complejidades de los juicios humanos», escribió acerca de su trabajo anterior, el que había publicado en *American Psychologist*. «Dado que la bibliografía anterior sobre esa casuística estaba llena de especulaciones acerca de las complejas interacciones que son esperables cuando los profesionales procesan información clínica, habíamos esperado descubrir, con gran ingenuidad, que la simple combinación lineal de señales no sería muy útil para predecir los juicios de los individuos, y suponíamos que pronto tendríamos que idear expresiones matemáticas mucho más complejas para representar la estrategia de juicio individual. Por desgracia, no iba a ser así.» Era como si los médicos tuvieran una teoría acerca de la importancia que había que asignar a cada señal de una úlcera particular. El modelo reproducía su teoría sobre el mejor modo de diagnosticar una úlcera. Pero en la práctica, los médicos no se atenían a sus propias ideas sobre ello. Y como resultado, eran derrotados por su propio modelo.

Las implicaciones eran enormes. «Si estos descubrimientos se pudieran aplicar a otro tipo de problemas de juicio crítico —escribió Goldberg—, podría parecer que nunca o casi nunca valdrá la pena seguir utilizando seres humanos en lugar de un modelo.» ¿Pero cómo puede ser así? ¿Cómo es posible que el juicio de un experto —un doctor en medicina, nada menos— valga menos que un modelo creado a partir de los conocimientos de ese mismo experto? En este punto, Goldberg levantó las manos y dijo: bueno, hasta los expertos son humanos. «El profesional clínico no es una máquina —escribió—. Aunque posee todos los conocimientos necesarios y la capacidad de elaborar hipótesis, le falta la fiabilidad de la máquina. Tiene "sus días". El tedio, la fatiga, una enfermedad, situaciones o personas que le distraen, todo esto le influye, y el resultado es que cuando emite juicios repetidos sobre exactamente la misma configuración de estímulos, sus juicios no son idénticos. Si pudiéramos eliminar parte de esta falta de fiabilidad inherente al ser humano eliminando de sus juicios este error debido al azar, aumentaríamos la validez de las predicciones resultantes.»

Justo después de que Goldberg publicara estas palabras, a finales del verano de 1970, Amos Tversky se presentó en Eugene (Oregón). Iba a pasar un año en Stanford y quería visitar a su viejo amigo Paul Slovic, con el que había estudiado en Michigan. Slovic, que había jugado al baloncesto en la universidad, recuerda haber lanzado con él unos cuantos tiros a canasta en el porche de su casa. Amos, que no había jugado al baloncesto en la universidad, más que lanzar empujaba el balón hacia el aro, y sus saltos parecían más ejercicios de gimnasia que propios de un tiro a canasta. «Un tiro sin energía, a baja velocidad, que empezaba en medio del pecho y flotaba hacia el aro», según palabras de su hijo Oren. Y sin embargo, Amos se había convertido de alguna manera en un entusiasta del baloncesto. «A algunos les gusta pasear mientras hablan; a Amos le gustaba tirar a canasta», contaba Slovic, añadiendo con delicadeza que «no parecía que hubiera pasado mucho tiempo tirando». Mientras empujaba la pelota hacia el aro, Amos le dijo a Slovic que él y Danny habían estado dando vueltas a algunas ideas sobre el funcionamiento interno de la mente humana y tenían intención de estudiar más a fondo cómo se efectúan los juicios intuitivos. «Dijo que buscaban un sitio donde pudieran sentarse a hablar todo el día entre sí sin las distracciones de una universidad», contaba Slovic. Tenían algunas ideas sobre por qué hasta los expertos pueden cometer grandes y sistemáticos errores. Y no era solo porque tuvieran un mal día. «Y yo me quedé como atontado por lo apasionantes que eran esas ideas», decía Slovic.

Amos había acordado pasar el curso académico de 1970-1971 en la Universidad de Stanford, de modo que él y Danny —que se había quedado en Israel— estaban separados. Utilizaron aquel curso para recopilar datos. Estos consistían exclusivamente en respuestas a preguntas curiosas que ellos habían ideado. Primero plantearon estas cuestiones a alumnos de instituto de Israel. Danny envió a unos veinte posgraduados de la Universidad Hebrea en taxis, que recorrieron todo el país en busca de jóvenes israelíes desprevenidos («Se nos estaban acabando los chicos en Jerusalén»). Los posgraduados hacían a cada estudiante de dos a cuatro preguntas que sin duda le parecían del todo extravagantes, y le daban dos minutos para responder a cada pregunta. «Teníamos múltiples cuestionarios —contaba Danny—, porque ningún chico podía responder a toda la serie.»

Considera la siguiente pregunta:

En una ciudad se han estudiado todas las familias con seis hijos. En 72 familias, el orden exacto de nacimiento de hombres y mujeres era MHMHHM.

De las familias estudiadas, ¿cuántas calculas que habrá en las que el orden de nacimiento sea HMHHHH?

Es decir, en esta ciudad hipotética, si había 72 familias con seis hijos nacidos en el siguiente orden: mujer, hombre, mujer, hombre, hombre, mujer, ¿cuántas familias de seis hijos calculas que habrá con el orden hombre, mujer, hombre, hombre, hombre, hombre? Quién sabe lo que pensarían los estudiantes de instituto israelíes de esta extraña pregunta, pero mil quinientos de ellos la respondieron. Amos planteó otras preguntas igualmente extrañas a los estudiantes de las universidades de Michigan y Stanford. Por ejemplo:

En un juego de canicas, en cada ronda se reparten al azar 20 canicas entre cinco niños: Alan, Ben, Carl, Dan y Ed. Considera las siguientes distribuciones:

I		II	
Alan	4	Alan	4
Ben	4	Ben	4
Carl	5	Carl	4
Dan	4	Dan	4
Ed	3	Ed	4

Si se juegan muchas rondas, ¿habrá más resultados del tipo I o del tipo II?

Estaban intentando determinar cómo se suelen juzgar las probabilidades —o más bien, cómo las juzga mal— en una situación en la que es difícil o imposible conocerlas. Todas las preguntas tenían respuestas correctas y equivocadas. Las respuestas que daban los sujetos se podían comparar con la correcta, y después se estudiaban los errores en busca de pautas. «La idea general —decía Danny— era: ¿qué hace la gente? ¿Qué está pasando en realidad cuando la gente calcula probabilidades? Es un concepto muy abstracto. Tienen que estar haciendo algo.»

Amos y Danny no tenían dudas de que muchas personas iban a entender mal las preguntas que ellos habían ideado... porque ellos mismos también las habían entendido mal, aquellas u otras parecidas. De hecho, Danny cometió los errores y teorizó acerca de por qué los había cometido, y Amos quedó tan absorto por los errores de Danny y su percepción de dichos errores que al menos fingió haber estado tentado de cometerlos. «Le dimos vueltas y acabamos concentrándonos en nuestras intuiciones —dijo Danny—. Pensábamos que los errores que nosotros no habíamos cometido no eran interesantes.» Supusieron —y después se demostró que acertadamente— que si los dos habían cometido las mismas equivocaciones mentales, o habían estado tentados de cometerlas, casi todo el mundo las cometería. Más que experimentos, las preguntas que habían estado preparando durante un año para los estudiantes de Israel y Estados Unidos eran pequeños dramas. «Eh, mirad, esto es lo que hace la insegura mente humana.»

A muy temprana edad, Amos había reconocido una distinción dentro de la clase de gente que insistía en complicarse la vida. Él tenía tendencia a evitar a las personas que él llamaba «supercomplicadas». Pero de vez en cuando se encontraba una persona, en general una mujer, cuyas complicaciones le interesaban de verdad. En el instituto había quedado fascinado por la futura poetisa Dahlia Ravikovitch, y su íntima amistad con ella había sorprendido a sus compañeros. Su relación con Danny había tenido el mismo efecto. Un viejo amigo de Amos recordaría más adelante que «Amos solía decir que la gente no es tan complicada. Lo que sí es complicado son las relaciones entre la gente». Y después hacía una pausa y añadía: «Excepto Danny». Pero había algo en Danny que hacía que Amos bajara la guardia y lo convertía, cuando estaba a solas con él, en una persona diferente. «Cuando trabajábamos juntos, Amos casi suspendía la incredulidad —decía Danny—. Eso no lo hacía con otra gente. Y aquel era el motor de la colaboración.»

En agosto de 1971, Amos regresó a Eugene con su mujer, sus hijos y un montón de datos en la cabeza, y se instaló en una casa en lo alto de un farallón que dominaba la ciudad. Se la había alquilado a un psicólogo del Oregon Research Institute que estaba de vacaciones. «El termostato estaba fijado en 29 °C», contaba Barbara. «Los ventanales no tenían cortinas. Habían dejado una montaña de cosas para lavar, y nada era ropa». Pronto se enteraron de que sus caseros eran nudistas. (¡Bienvenidos a Eugene! ¡No miréis hacia abajo!) Pocas semanas después llegó Danny, también con su mujer e hijos y con un montón aún mayor de datos en la mente. Se instalaron en una casa que tenía algo todavía más inquietante —para Danny— que un nudista: césped. Danny no podía imaginarse a sí mismo trabajando en el jardín; ni nadie se lo imaginaba. Aun así, era insólitamente optimista. «Mis recuerdos de Eugene son todos de sol radiante», dijo más adelante, a pesar de haber venido de un país donde el sol brilla todo el tiempo, y a pesar de que más de la mitad de los días que pasó en Eugene el cielo estuvo más nublado que azul.

De hecho, pasó casi todo el tiempo de puertas adentro, hablando con Amos. Se instalaron en un despacho en la antigua iglesia unitaria, y continuaron la conversación que habían empezado en Jerusalén. «Tenía la sensación de que mi vida había cambiado —contaba Danny—. Nos entendíamos uno a otro mucho más deprisa que cada uno a sí mismo. La manera de funcionar del proceso creativo es que primero dices algo y después, a veces años después, entiendes lo que dijiste. En nuestro caso, esto se acortaba. Yo decía algo y Amos lo entendía. Cuando uno de los dos decía algo disparatado, el otro buscaba lo que albergara de positivo. Con frecuencia, uno terminaba las frases que empezaba el otro. Pero también nos seguíamos sorprendiendo uno a otro. Todavía se me pone la carne de gallina.» Por primera vez en sus carreras, tenían algo parecido a personal a su disposición. Alguien mecanografiaba sus trabajos, algún otro les conseguía sujetos para sus experimentos, y alguien más recaudaba fondos para su investigación. Lo único que tenían que hacer ellos era hablar entre sí.

Tenían algunas ideas acerca de los mecanismos de la mente humana que generan fallos. Se pusieron a buscar los errores interesantes —o sesgos— que estos mecanismos generaban. Y se creó una pauta: Danny llegaba cada mañana temprano y analizaba las respuestas que los estudiantes de Oregón habían dado a sus preguntas del día anterior. (Danny no creía en dejar pasar el tiempo: más adelante reprendía a los posgraduados que no analizaban los datos al día de obtenerlos, diciendo: «Es mala señal para vuestra carrera de investigadores».) Amos llegaba hacia el mediodía y los dos se iban a un restaurante de *fish and chips* que nadie más soportaba, comían, volvían al instituto y se pasaban el resto del día hablando. «Tenían un estilo de trabajo propio —recordaba Paul Slovic—, que consistía en hablar uno con otro durante horas y horas y horas.»

Los investigadores de Oregon se fijaron —como se habían fijado los profesores de la Universidad Hebrea— en que aquello de lo que hablaban Amos y Danny, fuera lo que fuera, tenía que ser divertido, porque se pasaban la mitad del tiempo riendo. Pasaban sin cesar del hebreo al inglés y se interrumpían uno a otro en ambos idiomas. Estaban en Eugene, rodeados de corredores, nudistas, hippies y bosques de pino ponderosa, pero igual habrían podido estar en Mongolia. «No creo que ninguno de los dos estuviera apegado a un lugar físico —decía Slovic—. No importaba dónde estuvieran. Lo único que importaba eran las ideas.» Todo el mundo se había fijado también en la cuidadosa intimidad de sus conversaciones. Antes de llegar a Eugene, Amos había dicho algo ambiguo acerca de incluir a Paul Slovic en la colaboración, pero en cuanto llegó Danny, Slovic vio con claridad que allí no pintaba nada. «No éramos un trío —dijo—. Ellos no querían que hubiera nadie más en la habitación.»

De algún modo, tampoco ellos mismos querían estar en la habitación. Querían que estuvieran las personas en que se convertían ellos cuando estaban juntos. Para Amos, el trabajo siempre había sido un juego: si no era divertido, no veía razón para hacerlo. Y ahora, el trabajo también era un juego para Danny. Esto era nuevo. Danny era como un niño con el mejor armario de juguetes del mundo, que se queda tan paralizado por la indecisión que nunca llega a disfrutar de sus posesiones, sino que se muere de preocupación, sin saber si jugar con su pistola de agua o dar una vuelta en su moto eléctrica. Amos se metía en la mente de Danny y decía: «A la porra, vamos a jugar con todas estas cosas». En una época posterior de su relación, había ocasiones en las que Danny se hundía en una profunda apatía —casi una depresión— y vagaba por ahí diciendo: «Se me han acabado las ideas». A Amos, hasta eso le parecía divertido. Su amigo común Avishai Margalit recordaba: «Cuando oía a Danny decir: "Estoy acabado. Ya no tengo ideas", Amos se echaba a reír y decía: "Danny tiene más ideas en un minuto que cien personas en cien años".» Cuando se sentaban a escribir, casi se fusionaban físicamente en una sola figura, de una manera que a los pocos que llegaban a verlos les parecía rara. «Escribían juntos, sentados los dos ante la misma máquina», recuerda el psicólogo de Michigan Richard Nisbett. «Yo ni me lo imagino. Tiene que ser como si alguien me cepillara los dientes.» Danny lo expresaba así: «Compartíamos una misma mente».

Su primer trabajo publicado —que ellos consideraban casi una broma al mundo académico— había demostrado que una persona que se enfrenta a un problema que tiene una respuesta estadísticamente correcta no piensa como los estadísticos. Ni siquiera ellos pensaban como tales. «Belief in Law of Small Numbers» había planteado una cuestión que resultaba obvia: si la gente no utiliza el razonamiento estadístico ni siquiera cuando se enfrenta a un problema que se podría resolver con ello, ¿qué clase de razonamiento utiliza? Si en las muchas situaciones inciertas de la vida no piensan como un contador de cartas en una mesa de blackjack, ¿cómo piensan? Su siguiente artículo ofrecía una respuesta parcial a la pregunta. La llamaban... Bueno, hay que decir que Amos tenía una cierta manía con los títulos. Se negaba a escribir un artículo hasta haber decidido cómo se iba a titular. Creía que el título te obliga a centrarte en el tema del trabajo.

Y sin embargo, los títulos que él y Danny ponían a sus artículos eran incomprensibles. Al menos al principio, tenían que jugar siguiendo las reglas del juego académico, y en ese juego no era muy respetable que se te entendiera con facilidad. Su primer intento de describir cómo se toman decisiones se titulaba «Subjective Probability. A Judgement of Representativeness» («Probabilidad subjetiva. Un juicio de representatividad»).* Probabilidad subjetiva: esto es posible que sí se entienda. Se refiere a la probabilidad que asignas a una situación cuando más o menos estás conjeturando. Miras por la ventana a medianoche y ves a tu hijo adolescente

---

* Tras darse cuenta desde el principio de su colaboración de que nunca serían capaces de determinar quién había contribuido más a un trabajo, se alternaban en el primer puesto de la autoría. Como Amos había ganado a cara o cruz ser el primer autor de «Belief in the Law of Small Numbers», el primer autor de este nuevo trabajo sería Danny.

que se acerca haciendo eses hacia la puerta de tu casa, y te dices: «Hay una probabilidad del 75 por ciento de que haya estado bebiendo». Eso es la probabilidad subjetiva. Pero «un juicio de representatividad»... ¿Eso qué demonios es? «Las probabilidades subjetivas desempeñan un importante papel en nuestras vidas», empezaban diciendo. «Las decisiones que tomamos, las conclusiones a las que llegamos y las explicaciones que damos suelen basarse en nuestros juicios sobre la probabilidad de acontecimientos inciertos, como el éxito en un nuevo trabajo, el resultado de unas elecciones o el estado de un mercado.» En estas y otras muchas situaciones inciertas, la mente no calcula de manera natural las probabilidades correctas. Pero entonces, ¿qué hace?

La respuesta que ofrecían ahora era: la mente sustituye las leyes de la probabilidad por el ojo de buen cubero. A estas decisiones «a ojo», Amos y Danny las llamaron «heurística». Y la primera cuestión heurística que querían estudiar era lo que denominaban «representatividad».

Argumentaban que cuando una persona juzga, compara lo que está juzgando con algún modelo que tiene en la mente. ¿Cuánto se parecen esos nubarrones a mi modelo mental de una tormenta que se aproxima? ¿Cuánto se parece esta úlcera a mi modelo mental de un cáncer maligno? ¿Se ajusta Jeremy Lin a mi imagen mental de un futuro jugador de la NBA? ¿Se parece ese político alemán tan belicoso a mi idea de un hombre capaz de orquestar un genocidio? El mundo no es solo un escenario. Es un casino, y nuestras vidas son juegos de azar. Y cuando la gente calcula las probabilidades en cualquier situación, suele estar haciendo juicios sobre la similitud... o (¡vaya palabra rara!) la representatividad. Tienes una cierta idea sobre las nociones de la población general: «nubes de tormenta», «úlceras gástricas», «dictadores genocidas» o «jugadores de la NBA». Y comparas el caso concreto con esa población general.

Amos y Danny dejaban sin plantear la cuestión de cómo se

forman exactamente esos modelos mentales iniciales, y cómo se llevan a cabo esos juicios de similitud. Prefirieron centrarse en casos en los que el modelo mental fuese bastante obvio. Cuanto más similar sea el caso concreto a la idea que tienes en la cabeza, más probable es que creas que pertenece al grupo general. «Nuestra tesis —escribieron— es que, en muchas situaciones, se juzga que el evento A es más probable que el evento B, siempre que A parezca más representativo que B.» Cuanto más se parezca un baloncestista a tu imagen mental de un jugador de la NBA, más probable es que pienses que es un jugador de la NBA.

Tenían la corazonada de que las personas, al tomar decisiones, no solo estaban cometiendo errores aleatorios, sino que estaban haciendo algo mal sistemáticamente. Las extrañas preguntas que formulaban a los estudiantes israelíes y estadounidenses estaban pensadas para sacar a la superficie las pautas del error humano. Era un problema sutil. Las decisiones «a ojo» que ellos habían llamado representatividad no siempre se equivocaban. Si en ocasiones la mente abordaba la incertidumbre de manera engañosa, era porque muchas veces el método resultaba útil. A menudo, la persona que puede llegar a ser un buen jugador de la NBA coincide bastante bien con el modelo mental de un «buen jugador de la NBA». Pero a veces, una persona no coincide con el modelo, y en los errores sistemáticos que ellos hacen cometer a los demás se puede vislumbrar la naturaleza de las reglas extraídas por el «ojo de buen cubero».

Por ejemplo, en las familias con seis hijos, el orden de nacimiento HMHHHH era aproximadamente tan probable como MHMHHM. Pero los estudiantes israelíes —y como después se vería, casi todos los habitantes del planeta— parecían creer de manera natural que la secuencia MHMHHM era más probable. ¿Por qué? «La secuencia con cinco chicos y una chica no consigue reflejar la proporción de hombres y mujeres en la población», explicaban. Era menos representativa. Y lo que es más, si pedías a los mismos muchachos que eligieran la secuencia de nacimientos más probable en las familias con seis hijos, HHHMMM o MHHMHM, optaban abrumadoramente por la segunda. Pero las dos secuencias son igual de probables. ¿Por qué se creía de forma casi universal que una era mucho más probable que la otra? Porque, decían Amos y Danny, la gente piensa que el orden de nacimientos es un proceso aleatorio, y la segunda secuencia parece más «al azar» que la primera.

La siguiente pregunta natural: ¿cuándo nuestro «ojo» nos lleva a graves errores de cálculo a la hora de calcular las probabilidades? Una respuesta era: cuando se le pide que evalúe algo con un componente azaroso. Según Danny y Amos, no basta con que el evento incierto que se está juzgando se parezca a la población general. «Además, el evento debe reflejar las propiedades de los procesos inciertos que lo generan.» Es decir, si un proceso depende del azar, su resultado debe parecer aleatorio. No explicaban cómo se forma el modelo mental de «aleatoriedad» que tiene la gente. En cambio, decían: «Consideremos los juicios que implican aleatoriedad, porque los psicólogos podemos ponernos de acuerdo en el modelo mental que tiene la gente de ello».

Durante la Segunda Guerra Mundial, los londinenses pensaban que las bombas alemanas iban dirigidas a objetivos concretos, porque algunas partes de la ciudad fueron golpeadas de forma repetida, mientras que otras se libraron por completo. (Más adelante, los estadísticos demostraron que la distribución era exactamente la que cabría esperar de un bombardeo al azar.) Nos parece una coincidencia notable que dos alumnos de la misma clase cumplan años el mismo día, cuando en realidad hay más del 50 por ciento de probabilidades de que en un grupo de veintitrés personas haya dos que hayan nacido el mismo día. Tenemos una especie de estereotipo de la «aleatoriedad» que es diferente de la verdadera aleatoriedad. Nuestro estereotipo de lo aleatorio carece de los agrupamientos y pautas que se dan en las secuencias verdaderamente aleatorias.

Si das veinte canicas al azar a cinco niños, en realidad es más probable que cada uno reciba cuatro canicas (columna II) y menos probable que reciban la combinación de la columna I. Y sin embargo, los universitarios estadounidenses insistían en que la distribución desigual de la columna I era más probable que la equitativa de la columna II. ¿Por qué? Porque la columna II «parece demasiado equitativa para ser el resultado de un proceso al azar».

El artículo de Danny y Amos planteaba una sugerencia: si nuestras mentes se pueden dejar engañar por un falso estereotipo de algo tan fácil de medir como la probabilidad, ¿cuánto más se dejará engañar por otros estereotipos más inconcretos?

> Las estaturas medias de los hombres y mujeres adultos en Estados Unidos son, respectivamente, 1,77 y 1,65 metros. Ambas distribuciones son aproximadamente normales, con una desviación estándar de unos 6,25 centímetros.*
>
> Un investigador ha seleccionado una población al azar y de ella ha extraído una muestra al azar.
>
> ¿Qué probabilidades cree usted que existen de que haya elegido la población masculina si
>
> 1. la muestra consta de una sola persona con una estatura de 1,77 metros?
> 2. la muestra consta de 6 personas cuya estatura media es de 1,72 metros?

Las probabilidades asignadas con más frecuencia eran de 8:1 a favor en el primer caso, y 2,5:1 a favor en el segundo caso. Las res-

---

* La desviación estándar es una medida de la dispersión de una población. Cuanto mayor sea la desviación estándar, más variada es la población. Una desviación estándar de 6,25 centímetros en un mundo en el que el hombre medio mide 1,77 significa que aproximadamente el 68 por ciento de los hombres miden entre 1,71 y 1,83. Si la desviación estándar es cero, todos los hombres medirían exactamente 1,77.

puestas correctas eran 16:1 a favor en el primer caso y 29:1 a favor en el segundo. La muestra de seis personas aportaba mucha más información que la de una sola persona. Y sin embargo, los sujetos habían creído, de forma equivocada, que si se había elegido una sola persona que midiera 1,77 era más probable que correspondiera a la población de hombres que si se hubiera elegido seis personas con una estatura media de 1,72. Los sujetos no solo calcularon mal las verdaderas probabilidades de una situación: además, trataban la propuesta menos probable como si fuera la más probable. Amos y Danny conjeturaron que lo respondieron así porque veían «1,77 metros» y pensaban: «Este es el hombre tipo». El estereotipo del hombre los cegaba ante la posibilidad de que estuvieran en presencia de una mujer alta.

> Una ciudad cuenta con dos hospitales. En el hospital grande nacen unos 45 niños cada día, y en el hospital pequeño nacen unos 15. Como usted sabe, aproximadamente el 50 por ciento de los niños son varones. Sin embargo, el porcentaje de varones nacidos varía de un día a otro. A veces es superior al 50 por ciento y a veces es inferior.
> Durante un período de un año, cada hospital registró los días en los que más del 60 por ciento de los niños nacidos eran varones. ¿Qué hospital cree que registró más de estos días? Elija una opción:
> 1. El hospital grande.
> 2. El hospital pequeño.
> 3. Los dos aproximadamente igual (menos del 5 por ciento de diferencia con el otro).

También esto lo entendieron mal los sujetos. La respuesta habitual era «los dos igual», pero la respuesta correcta es «el hospital pequeño». Cuanto más pequeña sea la muestra, más probable es que no sea representativa de la población general. «Desde luego, no queremos dar a entender que los sujetos son incapaces de apreciar el efecto del tamaño en la variación de la muestra», escribieron Danny y Amos. «Se puede enseñar la regla correcta, puede incluso que con poca dificultad. Pero lo cierto es que los seres humanos, si se les deja a su aire, no siguen la regla correcta.»

A lo cual, un perplejo estudiante estadounidense podría replicar: «¡Qué preguntas más raras! ¿Qué tienen que ver con mi vida?». Danny y Amos creían que mucho. «En la vida cotidiana —escribieron—, la gente se plantea preguntas como: ¿qué probabilidades hay de que este chico de doce años sea científico de mayor? ¿Qué probabilidades tiene este candidato de ser elegido? ¿Cuál es la probabilidad de que esta empresa acabe quebrando?» Confesaban que habían limitado sus preguntas a situaciones en las que se podían calcular las probabilidades de forma objetiva. Pero estaban bastante seguros de que se cometen los mismos errores cuando es más difícil, o incluso imposible, conocer las probabilidades. Por ejemplo, al conjeturar la profesión que elegiría un niño al hacerse mayor, la gente pensaba en estereotipos. Si el niño se ajustaba a su imagen mental de un científico, supondrían que se haría científico... y no tendrían en cuenta las probabilidades previas de que cualquier niño acabe siéndolo.

Por supuesto, no se podía demostrar que una persona juzgara mal las probabilidades de una situación cuando estas eran muy difíciles o imposibles de calcular. ¿Cómo vas a poder demostrar que la gente llega a una respuesta equivocada cuando no existe una respuesta correcta? Pero si los juicios estaban distorsionados por la representatividad cuando se podían conocer las probabilidades, ¿qué posibilidad había de que sus juicios fueran mejores cuando las probabilidades eran un completo misterio?

Danny y Amos habían llegado a su primera gran conclusión general: la mente disponía de estos mecanismos para juzgar y tomar decisiones, que por lo general eran útiles, pero que también podían generar graves errores. El siguiente artículo que redactaron en el Oregon Research Institute describía un segundo mecanismo, una idea que se les había ocurrido solo dos semanas después que la primera. «No todo era representatividad —decía Danny—. Había algo más en acción. Y no era solo la similitud.» Una vez más, el título del nuevo artículo era más desconcertante que esclarecedor: «Availability. A Heuristic for Judging Frequency and Probability». Una vez más, los autores presentaban los resultados de preguntas que habían formulado a estudiantes sobre todo de la Universidad de Oregón, donde ahora tenían un suministro inagotable de ratas de laboratorio. Reunieron a un gran número de estudiantes en diversas aulas y les pidieron que respondieran, sin diccionarios ni texto alguno, a estas extravagantes preguntas:

> Se ha estudiado la frecuencia de aparición de las letras en el idioma inglés. Se ha elegido un texto típico y se ha registrado la frecuencia relativa con que aparecen las distintas letras del alfabeto en la primera y tercera posición de las palabras. Se han excluido del recuento las palabras con menos de tres letras.
>
> Se le van a dar varias letras del alfabeto, y se le va a pedir que juzgue si estas letras aparecen con más frecuencia en la primera o en la tercera posición, y que calcule la proporción de la frecuencia con la que aparecen en estas posiciones.
> Considere la letra «k».
> ¿Es más probable que la «k» aparezca en _____ la primera posición?
> _____ la tercera posición?
> (marque una)
> Mi cálculo de la proporción de estos dos valores es _____ :1

Si uno pensaba que la letra «k» aparecía, por ejemplo, el doble de veces como primera letra de una palabra inglesa que como tercera letra, marcaba la primera casilla y escribía la proporción 2:1.

Esto era, en efecto, lo que hacía una persona típica. Amos y Danny repitieron el experimento con otras letras: «r», «l», «n» y «v». Todas estas letras aparecían con más frecuencia en tercera posición en las palabras inglesas que en primera posición. La proporción era de dos a uno. Una vez más, el juicio de los sujetos era, sistemáticamente, muy equivocado. Y Danny y Amos proponían que era así porque estaba distorsionado por la memoria. Simplemente, es más fácil recordar palabras que empiecen por «k» que recordar palabras que tengan la «k» como tercera letra.

Cuanto más fácil sea traer a la mente una situación —cuanto más disponible esté—, más probable es que lo hagamos. Cualquier hecho o incidente que sea especialmente vívido, reciente o común —o cualquier cosa que preocupe a una persona— tiene más probabilidades de ser recordado con facilidad, y se le dará una importancia desproporcionada en un juicio. Danny y Amos habían observado la manera tan extraña y tan poco de fiar en que sus propias mentes recalculaban las probabilidades a la luz de una experiencia reciente o memorable. Por ejemplo, si iban conduciendo por la carretera y pasaban por donde había ocurrido un terrible accidente, reducían la velocidad: su sensación de la probabilidad de verse envueltos en un accidente había cambiado. Después de ver una película sobre el peligro de la guerra nuclear, se preocupaban más por ello; de hecho, sentían que era más probable que ocurriera. La misma volatilidad de los cálculos de probabilidades que llevan a cabo las personas —el hecho de que su sensación de probabilidad puede cambiar después de dos horas en un cine— nos dice algo sobre la fiabilidad del mecanismo que juzga estas probabilidades.

A continuación, Amos y Danny describían otros nueve pequeños experimentos igual de curiosos, que demostraban los diversos trucos que puede hacer la memoria para influir en el juicio. Danny los comparaba con las ilusiones ópticas que mostraban en sus textos los psicólogos de la Gestalt que tanto le habían gustado en su juventud. Las veías, te dejabas engañar por ellas y querías saber por qué. Él y Amos estaban tratando con trucos de la mente, y no trucos de la vista, pero el efecto era similar y el material disponible parecía mucho más abundante. Por ejemplo, leyeron a los estudiantes de Oregón listas de nombres de personas. Treinta y nueve nombres, leídos a una velocidad de dos segundos por nombre. Todos los nombres eran fácilmente identificables como masculinos o femeninos. Algunos eran nombres de personas famosas: Elizabeth Taylor, Richard Nixon...; unos cuantos eran nombres de personas un poco menos famosas: Lana Turner, William Fulbright... Una lista constaba de diecinueve nombres de hombre y veinte de mujer; la otra, de veinte nombres de hombre y diecinueve de mujer. La lista que tenía más nombres de mujer incluía más nombres de hombres famosos, y la lista con más nombres de hombre contenía más nombres de mujeres famosas. Después de leerles una lista, se pedía a los desprevenidos estudiantes de Oregón que juzgaran si contenía más nombres de mujer o de hombre.

Los estudiantes casi siempre lo interpretaron al revés. Si la lista tenía más nombres de hombre, pero las mujeres nombradas eran famosas, decían que la lista contenía más nombres de mujer, y viceversa. «Cada uno de los problemas tenía una respuesta objetivamente correcta», escribieron Amos y Danny después de concluir sus curiosos experimentos. «Esto no es así en muchas situaciones de la vida real en las que se juzgan probabilidades. Cada caso de recesión económica, operación quirúrgica con éxito o divorcio es básicamente único, y su probabilidad no se puede evaluar mediante un simple recuento de casos.» No obstante, se puede aplicar la heurística de disponibilidad para evaluar la probabilidad de ese tipo de sucesos. «Al juzgar la probabilidad de que una pareja concreta se divorcie, por ejemplo, uno puede buscar en su memoria casos de parejas similares que esta en concreto le traiga a la mente.

Si en los casos recordados parecidos predominan los divorcios, el divorcio parecerá más probable.»

Una vez más, no se trata de que seamos estúpidos. Esta regla particular que utilizamos para juzgar probabilidades (cuanto más fácil me resulte recuperarlo de mi memoria, más probable es) funciona bien muchas veces. Pero si nos presentan situaciones en las que resulta difícil recuperar de la memoria la evidencia que necesitamos para juzgarlas correctamente, y en cambio se nos aparece una evidencia engañosa, cometemos errores. «En consecuencia —escribieron Amos y Danny—, el uso de la heurística de disponibilidad conduce a sesgos sistemáticos.» Los juicios humanos están distorsionados por... lo memorable.

Después de identificar lo que ellos consideraban dos mecanismos de la mente para enfrentarse a la incertidumbre, era natural que se preguntaran: ¿existen otros? Parece que no estaban seguros. Antes de marcharse de Eugene, escribieron algunas notas acerca de otras posibilidades. A una de ellas la llamaron «heurística de condicionalidad». Al juzgar el grado de incertidumbre en una situación, decían, la gente lleva a cabo «presunciones no declaradas». «Al calcular los beneficios de una empresa, por ejemplo, la gente tiende a dar por supuesto que las condiciones de funcionamiento son normales, y sus evaluaciones son contingentes con esta presunción», escribieron en sus notas. «No incorporan a sus estimaciones la posibilidad de que estas condiciones puedan cambiar drásticamente a causa de una guerra, un sabotaje, una recesión o la desaparición de un competidor importante.» Estaba claro que aquí yacía otra fuente de errores: no solo no sabemos lo que no sabemos, sino que no nos molestamos en tener en cuenta nuestra ignorancia a la hora de juzgar.

Otra posible heurística es lo que ellos llamaban «ajuste y anclaje». Simularon por primera vez sus efectos dando a dos grupos de estudiantes de instituto cinco segundos para realizar un cálculo aritmético. Al primer grupo se le pidió que calculara este producto:

$$8 \times 7 \times 6 \times 5 \times 4 \times 3 \times 2 \times 1$$

Y al segundo grupo que calculara este otro:

$$1 \times 2 \times 3 \times 4 \times 5 \times 6 \times 7 \times 8$$

Cinco segundos, en efecto, no era tiempo suficiente para hacer la multiplicación. Los chicos tenían que hacerlo a bulto. Las respuestas de los dos grupos tendrían que haber sido, al menos, similares, pero no lo eran en absoluto. La media de las respuestas del primer grupo era 2.250. La respuesta media del segundo grupo era 512 (la respuesta correcta es 40.320). La razón de que los chicos del primer grupo calcularan una cifra más alta era que habían usado el 8 como punto de partida, mientras que los chicos del segundo grupo habían empezado por el 1.

Era casi demasiado fácil llevar a cabo este extraño truco de la mente. A la gente se la podía «anclar» con información totalmente irrelevante para el problema que se le pedía que resolviera. Por ejemplo, Danny y Amos pidieron a sus sujetos que hicieran girar una rueda de la fortuna con casillas numeradas del 0 al 100. Después les pidieron que intentaran acertar el porcentaje de países africanos en Naciones Unidas. Las personas que habían sacado un número más alto en la rueda tendían a suponer un porcentaje de naciones africanas en Naciones Unidas superior al que decían las personas que habían obtenido un número más bajo. ¿Qué estaba pasando aquí? ¿Era el anclaje una heurística, del mismo modo en que son heurísticas la representatividad y la disponibilidad? ¿Era un atajo que la gente utiliza para responder satisfactoriamente una pregunta de la que no puede adivinar la respuesta correcta? Amos pensaba que sí; Danny pensaba que no. Nunca llegaron a ponerse lo bastante de acuerdo para escribir un artículo sobre el tema. Pero sí que lo dejaron caer en resúmenes de su trabajo. «Tuvimos que aferrarnos al anclaje, porque el resultado era espectacular», decía Danny. «Pero como consecuencia, nos quedamos con una idea muy vaga de lo que es una heurística.»

Más adelante, Danny diría que era difícil explicar lo que él y Amos estaban haciendo al principio: «¿Cómo puedes explicar una niebla conceptual? —dijo—. No teníamos los instrumentos intelectuales para comprender lo que estábamos descubriendo». ¿Estaban investigando los sesgos o las heurísticas? ¿Los errores o los mecanismos que producían los errores? Los errores te permitían ofrecer al menos una descripción parcial del mecanismo. El sesgo era la huella dejada por la heurística. También los sesgos iban a recibir pronto nombres propios, como el «sesgo de experiencia reciente» y el «sesgo de impacto». Pero al buscar errores que ellos mismos habían cometido, y después de seguir el rastro hasta su origen en la mente humana, se habían topado con errores sin un rastro visible. ¿Qué iban a hacer con los errores sistemáticos para los que no existía un mecanismo aparente? «Lo cierto es que no se nos ocurrían otros —decía Danny—. Parecía que existían muy pocos mecanismos.»

Así como nunca intentaron explicar cómo crea la mente los modelos en que se basa la heurística de representatividad, también dejaron muy de lado la cuestión de por qué la memoria humana trabaja de tal manera que la heurística de disponibilidad tiene tanto poder para engañarnos. Se centraron en exclusiva solo en las diversas trampas que esta heurística puede colocarnos. Cuanto más complicada y realista fuera la situación que se pedía a una persona que juzgara, más insidioso era el papel de la disponibilidad. Cómo actuaba la gente ante muchos problemas complicados de la vida real —al intentar predecir, por ejemplo, si Egipto invadiría Israel, o si tu marido te va a dejar por otra mujer— era construir relatos. Las historias que inventamos, arraigadas en nuestra memoria, suplantan a los juicios de probabilidad. «Es muy probable que la invención de un relato atractivo limite el pensamiento futuro», escribieron Danny y Amos. «Hay muchas evidencias que demuestran que cuando se percibe una situación incierta y se interpreta de una manera particular, resulta muy difícil verla de otra manera.»

Pero estas historias que las personas se cuentan a sí mismas están sesgadas por la disponibilidad del material empleado para construirlas. «Las imágenes del futuro están moldeadas por la experiencia del pasado», escribieron, volviendo del revés la famosa frase de Santayana sobre la importancia de la historia: «Los que son incapaces de recordar el pasado están condenados a repetirlo». Lo que la gente recuerda del pasado, sugirieron, es probable que distorsione sus juicios sobre el futuro. «Muchas veces decidimos que un resultado es sumamente improbable o imposible, porque somos incapaces de imaginar una cadena de eventos que pueda ocasionar que ocurra. El defecto, muchas veces, está en nuestra imaginación».*

En efecto, las historias que las personas se cuentan a sí mismas cuando las probabilidades son desconocidas o imposibles de conocer son muy simples. Llegaron a la conclusión de que «Esta tendencia a considerar solo argumentos relativamente simples puede tener efectos particularmente notables en situaciones de conflicto. Los estados de ánimo y los planes de uno mismo son más accesibles que los del adversario. No es fácil adoptar su punto de vista en el tablero de ajedrez o en el campo de batalla». Parecía como si la

---

* Estas frases no aparecen en ninguna publicación, sino en un resumen de su trabajo que elaboraron un año después de la aparición de su artículo.

imaginación estuviera gobernada por reglas. Y las reglas limitan el pensamiento. Para un judío que viviera en París en 1939, era mucho más fácil construir una historia en la que el ejército alemán se comportara como en 1919 que inventar una historia en la que se comportara como lo hizo en 1941, por muy persuasiva que fuera la evidencia de que esta vez las cosas serían diferentes.

7

Las reglas de la predicción

A Amos le gustaba decir que si te piden que hagas algo —asistir a una fiesta, pronunciar un discurso, levantar un dedo—, nunca debes responder al instante, aunque estés seguro de que quieres hacerlo. «Espera un día —decía Amos—, y te sorprenderá ver cuántas de esas invitaciones habrías aceptado ayer, pero las rechazas cuando has tenido un día para pensártelo.» Un corolario a su regla para tratar las demandas que le quitarían tiempo era su sistema de afrontar situaciones de las que deseaba escapar. A un ser humano que se encuentra atrapado en una reunión o un cóctel aburridos suele resultarle difícil inventar una excusa para marcharse. La regla de Amos cuando quería abandonar una reunión era, simplemente, levantarse y marcharse. «Tú echa a andar y te sorprenderá lo creativo que te vuelves y lo deprisa que encuentras palabras para excusarte», decía. Su actitud ante los engorros de la vida cotidiana era coherente con su estrategia para afrontar las demandas sociales. «Si no te arrepientes una vez al mes por haber rechazado algo, es que no estás rechazando lo suficiente», decía. Todo lo que no le parecía notablemente importante, Amos lo descartaba, y así lo que salvaba adquiría el interés de los objetos que han se han librado de una despiadada matanza selectiva. Un improbable superviviente fue una hoja de papel con unas cuantas líneas mal mecanografiadas, extraídas de conversaciones que mantuvo con Danny en la prima-

vera de 1972, poco antes de que terminara su estancia en Eugene.
Por alguna razón, Amos la guardó:

> La gente predice inventando historias.
> La gente predice muy poco y lo explica todo.
> La gente vive en la incertidumbre, le guste o no.
> La gente cree que puede predecir el futuro si se esfuerza lo suficiente.
> La gente acepta cualquier explicación que se ajuste a los hechos.
> La advertencia estaba escrita en la pared, pero con tinta invisible.

> La gente suele esforzarse mucho para obtener información que ya tiene y evitar los conocimientos nuevos.
> El hombre es un artefacto determinista metido en un universo probabilístico.
> En este partido se esperan sorpresas.
> Todo lo que ya ha ocurrido tiene que haber sido inevitable.

A primera vista, parece un poema. En realidad, eran notas para su próximo artículo con Danny, que también sería su primer intento de exponer sus ideas de manera que pudieran influir directamente en el universo fuera de su disciplina. Antes de regresar a Israel, habían decidido escribir un artículo sobre el modo en que la gente hace predicciones. La diferencia entre un juicio y una predicción no era tan obvia para todo el mundo como lo era para Amos y Danny. Según su manera de pensar, un juicio («este parece un buen oficial del ejército israelí») implica una predicción («será un buen oficial del ejército israelí»), de la misma manera en que una predicción implica algún tipo de juicio: sin juzgar, ¿cómo podemos predecir? Pero para ellos existía una distinción: una predicción es un juicio que implica incertidumbre. «Adolf Hitler es un orador elocuente» es un juicio con el que no se puede hacer mucho más. «Adolf Hitler será canciller de Alemania» es, por lo menos hasta el 30 de enero de 1933, una predicción de un suceso incierto que acaba siendo acertado o equivocado. El título de su siguiente artículo era «On the Psychology of Prediction». «Al realizar predicciones y juicios en condiciones de incertidumbre —escribieron—, la gente no parece seguir el cálculo de probabilidades ni la teoría estadística de la predicción. Más bien se basa en un limitado número de heurísticas que a veces dan lugar a juicios razonables y otras veces conducen a graves y sistemáticos errores.»

Visto en retrospectiva, el artículo parece haber empezado más o menos con la experiencia de Danny en el ejército israelí. Los encargados de examinar a los jóvenes israelíes no habían sido capaces de predecir cuáles serían buenos oficiales, y los responsables de su formación en la academia no habían podido predecir cuáles de los jóvenes que les enviaban se desenvolverían bien en el combate, o incluso en la rutina diaria de mandar sobre la tropa. En una ocasión, Danny y Amos pasaron una tarde divertida tratando de predecir las futuras profesiones de los hijos pequeños de sus amigos, y les había sorprendido la facilidad y la confianza con que lo habían hecho. Ahora querían comprobar cómo predecimos... o más bien, simular cómo utilizamos lo que ellos llamaron «heurística de representatividad» para efectuar predicciones.

Pero para ello, necesitaban algo que predecir.

Decidieron pedirles a sus sujetos que predijeran el futuro de un estudiante, identificado solo por algunos rasgos personales, que se disponía a empezar una licenciatura. De las nueve principales licenciaturas que entonces se podían estudiar en Estados Unidos, ¿cuál seguiría? Empezaron por pedir a sus sujetos que calcularan el porcentaje de estudiantes en cada carrera. Estos fueron sus pronósticos medios:

Económicas: 15 por ciento

Informática: 7 por ciento

Ingeniería: 9 por ciento

Humanidades y educación: 20 por ciento

Derecho: 9 por ciento

Biblioteconomía: 3 por ciento

Medicina: 8 por ciento

Ciencias físicas y de la vida: 12 por ciento

Ciencias sociales y trabajo social: 17 por ciento

Para cualquiera que pretenda predecir qué campo de estudio seguirá una persona, estos porcentajes deberían servir de base. Es decir, si no sabes nada de un estudiante concreto, pero sabes que un 15 por ciento de los estudiantes va a estudiar Económicas, y se te pide que predigas la probabilidad de que el estudiante en cuestión vaya a la facultad de Económicas, es normal decir «un 15 por ciento». Esta era una manera útil de considerar los porcentajes básicos. Es lo que se prediciría si no se contara con ninguna información.

Ahora Danny y Amos se proponían simular lo que ocurre cuando das a la gente un poco de información. Pero ¿qué clase de información? Danny se pasó un día encerrado en el Oregon Research Institute dándole vueltas a la pregunta... y quedó tan absorto en la tarea que se pasó la noche en vela diseñando lo que entonces parecía el estereotipo de un estudiante de informática. Le llamó «Tom W».

Tom W. tiene mucha inteligencia, pero le falta verdadera creatividad. Tiene necesidad de orden y claridad, y de sistemas pulcros y ordenados donde cada detalle encuentre su sitio adecuado. Su escritura es bastante monótona y mecánica, animada de vez en cuando por algún mal juego de palabras y por chispazos de imaginación de estilo fantástico. Tiene un fuerte impulso de competencia. Parece tener pocos sentimientos y poca simpatía por otras personas y no le gusta interactuar con los demás. Es egocéntrico, pero no obstante tiene un profundo sentido moral.

Pidieron a un grupo de sujetos —al que llamaban «grupo de similitud»— que evaluaran lo «similar» que era Tom a los estudiantes de cada una de las nueve carreras. Aquello era solo para determinar qué campo de estudio era más «representativo» de Tom W.

A continuación, pasaron a un segundo grupo —el llamado «grupo de predicción»— esta información adicional:

> El anterior esbozo de personalidad de Tom W. lo escribió un psicólogo durante el último curso de Tom en el instituto, basándose en pruebas proyectivas. En la actualidad, Tom W. es estudiante de licenciatura. Por favor, valore los nueve campos de especialización siguientes, en orden de probabilidad de que Tom W. estudie actualmente cada uno de ellos.

No solo daban a los sujetos el esbozo de personalidad, sino que les informaban de que era una descripción poco fiable de Tom W. Para empezar, la había escrito un psicólogo, y además se les decía que la descripción se había hecho años atrás. Lo que Amos y Danny sospechaban —porque lo habían comprobado antes en ellos mismos— era que la gente salta del juicio de similitud («Ese tipo parece un informático») a una predicción («Ese tipo debe de ser un informático»), pasando por alto los porcentajes básicos (solo el 7 por ciento de los jóvenes estudiaban informática) y la dudosa fiabilidad de la descripción de carácter.

La primera persona que llegó al trabajo el día en que Danny terminó su descripción fue un investigador de Oregón llamado Robyn Dawes. Dawes había estudiado estadística y era legendario por el rigor de su mente. Danny le enseñó la descripción de Tom W. «La leyó y se le puso una sonrisa astuta, como si hubiera pillado

213

el truco —contaba Danny—. Y dijo: "¡Un informático!". Después de aquello, ya no me preocupó qué responderían los estudiantes de Oregón.»

Los estudiantes de Oregón a los que presentaron el problema hicieron caso omiso de todos los datos objetivos y se dejaron llevar por su sensación visceral, prediciendo con gran seguridad que Tom W. estudiaba informática. Habiendo determinado que el ser humano permitía que un estereotipo distorsionara su juicio, Amos y Danny se preguntaron: si estamos dispuestos a hacer predicciones irracionales basándonos en ese tipo de información, ¿qué clase de predicciones haremos si disponemos de una información totalmente irrelevante? Mientras jugaban con esta idea —la de que podían aumentar la confianza de la gente en sus predicciones proporcionándole cualquier información, por inútil que fuera—, las risas que se oían desde el otro lado de la puerta cerrada se hicieron más estridentes. Al final, Danny creó otro personaje, al que llamó «Dick».

> Dick es un hombre de treinta años. Está casado, sin hijos. Es un hombre muy capaz y muy motivado, que promete tener mucho éxito en su campo. Es muy apreciado por sus compañeros.

Y a continuación pusieron en marcha otra prueba. Era una versión del experimento de la bolsa y las fichas de póquer sobre el que Amos y Danny habían discutido en el seminario del segundo en la Universidad Hebrea. Dijeron a los sujetos que habían elegido a una persona de un grupo de cien, setenta de las cuales eran ingenieros y treinta, abogados. Y les preguntaron: ¿cuál es la probabilidad de que la persona elegida sea un abogado? Los sujetos juzgaron correctamente que un 30 por ciento. Y si se les decía que habían hecho lo mismo, pero en un grupo con setenta abogados y treinta ingenieros, decían, correctamente, que había un 70 por

214

ciento de probabilidades de que la persona elegida fuera un abogado. Pero si les decías que no habías elegido a una persona anónima sin nombre, sino a un tipo llamado Dick, y les leías la descripción de Dick que había escrito Danny —que no contenía ninguna información que te ayudara a adivinar cómo se ganaba Dick la vida—, suponían que había las mismas probabilidades de que Dick fuera abogado o ingeniero, sin que importara el grupo del que hubiera salido. «En efecto, respondemos de manera diferente cuando no se nos da evidencia concreta y cuando se nos da evidencia inútil —escribieron Danny y Amos—. Cuando no tenemos evidencia concreta, utilizamos correctamente las probabilidades básicas; cuando disponemos de evidencia concreta pero inútil, no se tienen en cuenta las probabilidades básicas.»*

Había mucho más en «On the Psychology of Prediction». Por ejemplo, demostraban que los mismos factores que producen que tengamos más confianza en nuestras predicciones hacen que estas predicciones sean menos correctas. Y al final, volvían al problema que había interesado a Danny desde que aceptó ayudar al ejército israelí a perfeccionar su manera de seleccionar y adiestrar a los reclutas:

> Los instructores de una escuela de vuelo adoptaron una política de refuerzos positivos constantes, recomendada por los psicólogos. Reforzaban verbalmente toda ejecución correcta de una maniobra de vuelo. Después de haber experimentado con este

---

* Cuando terminaron con este proyecto, habían inventado una serie de personajes ridículamente insulsos para que la gente valorara y juzgara si parecían abogados o ingenieros. Paul, por ejemplo, tiene treinta y seis años y está casado, con dos hijos. Es pausado y se siente cómodo consigo mismo y con otros. Es excelente como miembro de un equipo, constructivo y nada dogmático. Disfruta con todos los aspectos de su trabajo, y en particular con la satisfacción de encontrar soluciones claras a problemas complejos».

método de adiestramiento, los instructores aseguraron que, en contra de lo que dice la doctrina psicológica, los elogios por una buena ejecución de maniobras complejas daban como resultado una disminución de la calidad en el siguiente intento. ¿Qué deberían decir los psicólogos como respuesta?

Los sujetos a los que plantearon esta pregunta ofrecieron toda clase de consejos. Conjeturaron que los elogios de los instructores no daban buenos resultados porque hacían que los pilotos sintieran un exceso de confianza. Sugirieron que los instructores no sabían de lo que hablaban. Nadie vio lo que Danny veía: que si nadie les hubiera dicho nada, los pilotos habrían tendido a hacerlo mejor después de una maniobra especialmente mala, y peor después de una especialmente buena. La incapacidad humana para apreciar el poder de la regresión a la media le deja a uno ciego para apreciar la naturaleza del mundo que le rodea. Estamos expuestos a un plan para toda la vida en el que con mucha frecuencia se nos premia por castigar a otros y se nos castiga por premiarlos.

Cuando escribieron sus primeros artículos, Danny y Amos no tenían en mente ningún público particular. Sus lectores eran el puñado de académicos suscritos a las revistas especializadas de psicología en las que publicaban. En el verano de 1972 habían pasado ya casi tres años descubriendo las maneras en las que gente juzga y predice, pero los ejemplos que habían utilizado para ilustrar sus ideas estaban sacados directamente de la psicología, o de las extrañas y artificiosas pruebas que habían realizado con estudiantes de instituto y de universidad. Sin embargo, estaban seguros de que sus revelaciones se podían aplicar a cualquier aspecto del mundo en el que la gente juzgara probabilidades y tomara decisiones. Tenían la sensación de que necesitaban encontrar un público más amplio.

«La siguiente fase del proyecto se dedicará principalmente a la extensión y aplicación de este trabajo a otras actividades profesionales de alto nivel, como la planificación económica, las previsiones tecnológicas, la toma de decisiones políticas, el diagnóstico médico y la evaluación de pruebas legales», escribieron en una propuesta de investigación. Tenían la esperanza, decían, de que las decisiones que toman los expertos en estos campos se podrían «mejorar significativamente si estos expertos tomasen conciencia de sus propios sesgos, a través del desarrollo de métodos para reducir y contrarrestar las causas de los sesgos en sus juicios». Querían convertir el mundo real en un laboratorio. Y sus ratas ya no serían solo estudiantes, sino también médicos, jueces y políticos. La cuestión era: ¿cómo hacerlo?

No podían evitar la sensación de que, durante su estancia en Eugene, había aumentado el interés por su trabajo. «Aquel fue el año en que quedó realmente claro que habíamos dado con algo —recordaba Danny—. La gente empezó a tratarnos con respeto.» A principios de 1972, Irv Biederman, que entonces era profesor agregado de psicología en la Universidad de Stanford, oyó a Danny pronunciar una conferencia sobre heurísticas y sesgos en el campus de Stanford. «Recuerdo que llegué a casa después de la conferencia y le dije a mi mujer: "Esto va a ganar un Premio Nobel de Economía" —recordaba Biederman—. Estaba del todo convencido. Era una teoría psicológica sobre el hombre económico. Y yo pensé: ¿qué podría ser mejor? De aquí vienen todas esas irracionalidades y errores. Vienen del funcionamiento interno de la mente humana.»

Biederman había sido amigo de Amos en la Universidad de Michigan y ahora era miembro del claustro de la Universidad Estatal de Nueva York en Buffalo. El Amos que él conocía estaba consumido por problemas tal vez importantes pero irresolubles, y sin duda oscuros acerca de la medición. «Yo no habría invitado a

Amos a Buffalo para hablar de eso —dijo— porque nadie lo habría entendido ni le habría importado.» Pero este nuevo trabajo que Amos parecía estar desarrollando con Danny Kahneman era impresionante. Confirmaba la convicción de Biederman de que «la mayoría de los avances científicos no surgen de "momentos eureka", sino de "Vaya, qué divertido es esto"». Convenció a Amos de que se pasara por Buffalo en el verano de 1972, en camino de Oregón a Israel. En una sola semana, Amos dio cinco conferencias diferentes acerca de su trabajo con Danny, cada una dirigida a un grupo diferente de académicos. La sala estuvo abarrotada en cada ocasión, y quince años más tarde, en 1987, cuando Biederman dejó Buffalo por la Universidad de Minnesota, la gente todavía hablaba de las conferencias de Amos.

Amos dedicó una charla a cada una de las heurísticas que él y Danny habían descubierto, y otra a la predicción. Pero la que se grabó en la mente de Biederman fue la quinta y última: Amos la había titulado «Historical Interpretation. Judgement Under Uncertainty». De un plumazo, demostró a una sala llena de historiadores profesionales cómo se puede reexaminar gran parte de la experiencia humana de un modo nuevo y fresco, si se contempla a través de la lente que él había creado con Danny.

En el curso de nuestras vidas personales y profesionales, muchas veces nos encontramos en situaciones que parecen desconcertantes a primera vista. Siquiera aunque nos fuera la vida en ello podríamos saber por qué el señor X actuó de aquella manera, ni podemos entender que los resultados del experimento salieran como salieron, etcétera. Sin embargo, lo habitual es que en muy poco tiempo encontremos una explicación, una hipótesis o una interpretación de los hechos que los vuelve comprensibles, coherentes o naturales. El mismo fenómeno se observa en la percepción. A la gente se le da muy bien detectar pautas y tendencias, incluso en datos aleatorios. En contraste con nuestra habilidad para inventar argumentos, explicaciones e interpretaciones, nuestra capacidad de determinar sus probabilidades o de evaluarlas de manera crítica es sumamente inadecuada. Una vez que hemos adoptado una hipótesis o explicación particular, tendemos a exagerar mucho la probabilidad de esa hipótesis, y nos resulta muy difícil ver las cosas de otra manera.

Amos estuvo muy comedido. No dijo, como solía decir: «Es asombroso lo aburridos que son los libros de historia, teniendo en cuenta que gran parte de su contenido es inventado». Pero es probable que lo que apuntó resultara aún más chocante para su público. Como los demás seres humanos, los historiadores son propensos a los sesgos cognitivos que él y Danny habían descrito. «El juicio histórico —decía— forma parte de una clase más amplia de procesos que incluyen la interpretación intuitiva de datos.» Los juicios históricos estaban sometidos a sesgos. Como ejemplo, Amos citaba una investigación que entonces estaba realizando uno de sus estudiantes posgraduados de la Universidad Hebrea, Baruch Fischhoff. Cuando Richard Nixon anunció su sorprendente decisión de visitar China y Rusia, Fischhoff pidió a unas cuantas personas que asignaran probabilidades a una lista de posibles resultados: por ejemplo, que Nixon se entrevistara con el presidente Mao al menos una vez, que Estados Unidos y la Unión Soviética crearan un programa espacial conjunto, que varios judíos soviéticos fuesen detenidos por intentar hablar con Nixon, etcétera. Después del viaje, Fischhoff volvió y pidió a las mismas personas que recordaran las probabilidades que habían asignado a cada resultado. Sus recuerdos estaban muy distorsionados. Todas creían que habían asignado más probabilidades a lo que había acabado sucediendo. Sobreestimaban mucho su evaluación previa de lo que había ocurrido en realidad. Es decir, una vez que se conocía el resultado, creían que había sido mucho más predecible de lo que habían juzgado antes. Pocos años después de que Amos describiera este trabajo a su público de Buffalo, Fischhoff llamó al fenómeno «sesgo de retrospección».*

En su conferencia para los historiadores, Amos describió su riesgo profesional: la tendencia a tomar todos los datos que habían observado (sin tener en cuenta los que no habían observado o no podían observar) y hacerlos encajar limpiamente en una historia que sonaba muy segura:

> Con mucha frecuencia, somos incapaces de predecir lo que ocurrirá; sin embargo, después de los hechos explicamos lo ocurrido con muchísima seguridad. Esta «capacidad» de explicar lo que no pudimos predecir, incluso en ausencia de información adicional, representa un sutil pero importante fallo en nuestro razonamiento. Nos induce a creer que existe un mundo menos incierto de lo que es en realidad, y que somos menos brillantes de lo que podríamos ser. Porque si podemos explicar mañana lo que no podemos predecir hoy sin información añadida excepto el conocimiento del resultado, este resultado tendría que haberse determinado por anticipado y nosotros deberíamos haber sido capaces de predecirlo. El hecho de que no pudiésemos se toma como indicación de nuestra limitada inteligencia, y no de la incertidumbre del mundo. Con mucha frecuencia, sentimos ganas de fustigarnos por no haber sido capaces de predecir lo que después parece inevitable. Que nosotros sepamos, las señales de advertencia podrían

* Más adelante, en una breve memoria, Fischhoff recordaría que la idea se le había ocurrido en el seminario de Danny: «Habíamos leído "Why I Do Not Attend Case Conferences" (1973), de Paul Meehl. Uno de sus muchos descubrimientos se refería a la exagerada sensación que tenían los clínicos de que siempre habían sabido cómo se iba a desarrollar el caso». El coloquio acerca de la idea de Meehl llevó a Fischhoff a pensar en el modo en que los israelíes aseguraban siempre que habían previsto acontecimientos políticos imprevisibles. Fischhoff pensó: «Si de verdad somos tan clarividentes, ¿por qué no estamos dominando el mundo?». Y se propuso determinar exactamente lo clarividentes que eran en realidad las personas que así se consideraban.

haber estado escritas en la pared todo el tiempo. La cuestión es: ¿era visible la tinta?

No solo los comentaristas deportivos y los politólogos revisaban la totalidad de sus argumentos o cambiaban de enfoque para que sus relatos se ajustaran a lo que había ocurrido en un partido o unas elecciones. También los historiadores imponían un falso orden en acontecimientos aleatorios, tal vez sin darse cuenta de lo que estaban haciendo. Amos tenía una expresión para esto: «determinismo sigiloso», lo llamaba. Y en sus notas indicó uno de sus muchos inconvenientes: «El que ve el pasado como algo sin sorpresas está condenado a tener un futuro lleno de sorpresas».

Una falsa visión de lo que sucedió en el pasado hace más difícil prever lo que podría ocurrir en el futuro. Por supuesto, los historiadores de su público estaban orgullosos de su «capacidad» para construir, a partir de fragmentos de alguna realidad pasada, relatos explicativos de acontecimientos que, en retrospectiva, hacían que parecieran casi predecibles. La única cuestión que quedaba en pie, después de que el historiador hubiera explicado cómo y por qué había ocurrido un suceso, era por qué los personajes de su relato no habían visto lo que el historiador podía ver ahora. «Todos los historiadores que asistieron a la conferencia de Amos salieron pálidos», recordaba Biederman.

Después de haber oído a Amos explicar cómo la mente reordenaba los datos históricos de maneras que hacían que los sucesos pasados parecieran mucho menos inciertos y mucho más previsibles, Biederman estaba seguro de que el trabajo de Amos y Danny podía aplicarse a cualquier disciplina en la que se necesitaran expertos para juzgar las probabilidades de una situación de final desconocido... Lo que equivale a decir una gran parte de las actividades humanas. Y sin embargo, las ideas que Amos y Danny estaban generando seguían confinadas en los círculos académicos. Algunos profesores, sobre todo profesores de psicología, habían oído hablar de ellas. Y nadie más. No estaba nada claro que dos tipos que trabajaban en la relativa oscuridad de la Universidad Hebrea fueran a poder difundir sus descubrimientos fuera de su campo.

En los primeros meses de 1973, después de regresar a Israel desde Eugene, Amos y Danny se pusieron a trabajar en un largo escrito que resumiera sus descubrimientos. Querían reunir en un solo trabajo las principales revelaciones de los cuatro artículos que ya habían publicado para que los lectores pudieran elegir qué hacer con ellas. «Decidimos presentar el trabajo como lo que era: una investigación psicológica —dijo Danny—. Las grandes implicaciones se las dejaríamos a otros.» Él y Amos estaban de acuerdo en que la revista *Science* les ofrecía las máximas posibilidades de llegar a gente fuera del campo de la psicología.

Más que escribirlo, estaban construyendo su artículo («En un día bueno escribíamos una frase», contaba Danny). Y mientras tanto, se toparon con lo que ellos veían como un claro camino para que sus ideas penetraran en la vida humana cotidiana. Les había fascinado «The Decision to Seed Hurricanes», un artículo coescrito por Ron Howard, profesor de Stanford. Howard era uno de los fundadores de un nuevo campo llamado análisis de decisiones. Su idea era obligar a los que toman decisiones a asignar probabilidades a los distintos resultados posibles: hacer explícito el proceso de pensamiento que llevaba a una decisión antes de ser tomada. Cómo tratar con los mortíferos huracanes era un ejemplo de problema para el que los políticos podían utilizar analistas de decisiones. El huracán Camille había arrasado una gran franja de la costa del golfo de México, y era evidente que habría podido causar muchos más daños si hubiera pasado, por ejemplo, por Nueva Orleans o Miami. Los meteorólogos creían disponer ya de una técnica —esparcir yoduro de plata en la tormenta— para reducir la fuerza de un huracán y tal vez incluso alterar su curso. Pero «sembrar» huracanes no era tarea sencilla. En cuanto el gobierno interviniera en la tormenta, se haría responsable de los daños que esta causara. Era muy poco probable que el público y los tribunales de justicia reconocieran un mérito al gobierno por lo que no había ocurrido, y ¿quién puede decir con certeza lo que habría ocurrido si el gobierno no hubiera intervenido? En cambio, la sociedad sí que iba a responsabilizar a sus gobernantes de los daños causados por la tormenta allá donde llegara. El artículo de Howard estudiaba cómo el gobierno podría decidir qué hacer, y eso implicaba calcular las probabilidades de los distintos resultados.

Pero en opinión de Amos y Danny, la manera en que los analistas de decisiones calculaban probabilidades a partir de las opiniones de los expertos era muy extraña. Los analistas presentaban a los especialistas en «siembra» de huracanes una especie de rueda de la fortuna en la que, por ejemplo, un tercio de las casillas estaban pintadas de rojo. Y les preguntaban: «¿Apostaría usted al sector rojo de esta rueda, o apostaría a que el huracán sembrado causará daños por más de treinta mil millones de dólares?». Si el experto apostaba al rojo, estaba infiriendo que pensaba que la probabilidad de que el huracán causara daños por más de treinta mil millones de dólares era inferior al 33 por ciento. Entonces, los analistas de decisiones le enseñaban otra rueda con, digamos, un 20 por ciento de las casillas pintadas de rojo. Y seguían haciendo esto hasta que el porcentaje de casillas rojas coincidía con lo que las autoridades consideraban la probabilidad de que el huracán causara daños por más de treinta mil millones de dólares. Estaban presuponiendo que los expertos en siembra de huracanes eran capaces de evaluar correctamente las probabilidades de acontecimientos muy inciertos.

Danny y Amos ya habían demostrado que la capacidad humana de juzgar probabilidades estaba muy enrarecida por varios mecanismos que la mente utiliza cuando se enfrenta a la incertidumbre. Creían que podían utilizar su nuevo conocimiento acerca de los errores sistemáticos en los juicios humanos para mejorarlos, y así mejorar la toma de decisiones de las personas. Por ejemplo, toda evaluación personal de las probabilidades de que una tormenta mortífera tocara tierra en 1973 iba a estar sesgada por la facilidad con que se recordaba la reciente experiencia del huracán Camille. Pero ¿cómo se distorsionaba exactamente este juicio? «Pensábamos que los análisis de decisiones iban a conquistar el mundo, y queríamos ayudar», dijo Danny.

Los principales analistas de decisiones estaban congregados en torno a Ron Howard en Menlo Park, (California), en un lugar llamado Stanford Research Institute. En el otoño de 1973, Danny y Amos volaron para entrevistarse con ellos. Pero antes de que pudieran resolver exactamente cómo iban a aplicar al mundo real sus ideas sobre la incertidumbre, la incertidumbre intervino. El 6 de octubre, los ejércitos de Egipto y Siria —con tropas, aviones y dinero de otros nueve países árabes— lanzaron un ataque contra Israel. Los analistas de información israelíes habían calculado aparatosamente mal las probabilidades de un ataque de cualquier tipo, y peor aún las de un ataque coordinado. El ejército estaba desprevenido. En los altos del Golán, unos cien tanques israelíes se enfrentaron a mil cuatrocientos tanques sirios. En el canal de Suez, una guarnición de quinientos soldados israelíes y tres tanques fue rápidamente aplastada por dos mil tanques y cien mil soldados egipcios. En una fresca y despejada mañana de Menlo Park, Amos y Danny oyeron las noticias de las terribles pérdidas israelíes. Corrieron al aeropuerto para tomar el primer avión a casa y poder combatir en una nueva guerra.

8

Un fenómeno viral

La joven que tenía que examinar aquel día de verano se encontraba todavía en estado de shock. Según le habían dicho a Don Redelmeier, su coche se había estrellado de frente contra otro automóvil pocas horas antes, y la ambulancia la había llevado a toda prisa al hospital de Sunnybrook. Tenía huesos rotos por todas partes, algunos ya los habían identificado y otros no, como se comprobó más adelante. Habían visto las múltiples fracturas en los tobillos, pies, caderas y rostro, pero no habían advertido aún las de las costillas. Pero hasta que llegó al quirófano de Sunnybrook no se dieron cuenta de que algo iba mal en el corazón.

Sunnybrook era el primer y mayor centro regional de traumatología de Canadá, una erupción de ladrillos pardo-rojizos en una tranquila urbanización de Toronto. Originariamente, había sido un hospital para soldados que volvían de la Segunda Guerra Mundial, pero a medida que los veteranos iban falleciendo, su función fue cambiando. En los años sesenta, el gobierno terminó de construir a través de Ontario una autopista que tenía veinticuatro carriles en su parte más ancha. Se iba a convertir también en la carretera con más tráfico de Norteamérica, y uno de sus tramos más transitados pasaba cerca del hospital. El accidente múltiple de la autopista 401 lo resucitó. Sunnybrook adquirió con rapidez fama de atender a las víctimas de accidentes de automóvil. Su capacidad para hacer frente a un tipo de trauma médico atrajo inevitablemente a víctimas de otros tipos de traumas. «El negocio genera negocio», explicaba uno de los administradores de Sunnybrook. A principios del siglo XXI, Sunnybrook era el destino típico no solo de víctimas de accidentes de tráfico, sino de suicidas fallidos, policías heridos, ancianos que se habían caído, mujeres embarazadas con complicaciones graves, obreros de la construcción que habían sufrido un contratiempo de trabajo y supervivientes de horribles accidentes de vehículos de nieve, trasladados con sorprendente frecuencia desde remotos parajes del norte canadiense. Junto con los traumas llegaron las complicaciones. Muchos de los pacientes que iban a parar a Sunnybrook tenían más de un problema.

Aquí era donde entraba en juego Redelmeier. Generalista de vocación e internista de oficio, su trabajo en el centro de traumatología consistía, en parte, en cerciorarse de que los especialistas comprendían los errores mentales. «No es algo explícito, pero se sobreentiende que está aquí para supervisar el pensamiento de otros —decía Rob Fowler, un epidemiólogo de Sunnybrook—. O sea, la manera de pensar de los demás. Hace que sigan siendo sinceros. La primera vez que la gente trata con él, se desconcierta. ¿Quién demonios es este tío y por qué me cuenta estas cosas? Pero es simpático, al menos la segunda vez que hablas con él.» Redelmeier opinaba que el hecho de que aquellos médicos de Sunnybrook hubieran llegado a apreciar la necesidad de una persona que sirviera de supervisor de su pensamiento demostraba lo mucho que había cambiado la profesión desde que él empezó a ejercer a mediados de los años ochenta. En ese momento, los médicos se portaban como expertos infalibles; ahora, en el principal centro de traumatología de Canadá había sitio para un entendido en errores médicos. Ahora se consideraba que un hospital no era solo un sitio para tratar a los enfermos, sino también una máquina para afrontar la incertidumbre. «Siempre que hay incertidumbre, se tienen que hacer juicios —decía Redelmeier—. Y siempre que se hacen juicios hay posibilidad de fallo humano.»

En toda Norteamérica moría más gente cada año a consecuencia de accidentes evitables en los hospitales que en accidentes de automóvil... lo cual era mucho. Redelmeier hacía notar con frecuencia que a los pacientes les ocurren cosas malas cuando se los traslada sin extremo cuidado de una parte del hospital a otra. Les ocurren cosas malas cuando son tratados por médicos y enfermeras que han olvidado lavarse las manos. Les ocurren cosas malas incluso cuando aprietan los botones de los ascensores del hospital. Redelmeier había coescrito un artículo sobre este tema: «Elevator Buttons as Unrecognized Sources of Bacterial Colonization in Hospitals». Para uno de sus estudios, había tomado muestras de 120 botones de ascensor y 96 asientos de váter en tres grandes hospitales de Toronto, y encontrado pruebas de que los primeros tenían muchas más probabilidades de infectarte con alguna enfermedad.

Pero de todas las cosas malas que les ocurrían a las personas en los hospitales, la que más preocupaba a Redelmeier eran los errores clínicos. Los médicos y las enfermeras también eran humanos. A veces eran incapaces de percatarse de que la información que los pacientes les daban no era de fiar: por ejemplo, muchos pacientes decían que se sentían mejor, y es posible que de verdad creyeran que estaban mejorando, cuando lo cierto es que su condición no había experimentado ningún cambio. Los médicos tendían a prestar atención sobre todo a lo que se les había dicho que prestaran atención, y podían perderse una imagen más general. A veces no se fijaban en cosas en las que no se les había encargado expresamente que lo hicieran. «Una de las cosas que Don me enseñó fue la importancia de examinar la habitación cuando el paciente no está en ella», contaba Jon Zipursky, jefe de residentes en Sunnybrook. «Fíjate en la bandeja de la comida. ¿Han comido? ¿Han traído equipaje para una estancia larga o para una corta? ¿Está la habitación ordenada o desordenada? Una vez, entramos en una habitación y el paciente estaba dormido. Yo iba a despertarlo cuando Don me detuvo y dijo: "Se pueden aprender muchas cosas de la gente con solo mirar".»

Los médicos tienden a ver solo lo que se les ha enseñado a ver. Esta era otra importante razón de que les ocurrieran cosas malas a los pacientes de los hospitales. Uno recibía tratamiento para un problema obvio por parte de un especialista que no había prestado atención a la posibilidad de que sufriera también otro menos obvio. En ocasiones, las cosas menos obvias pueden matar a una persona.

Las condiciones de las personas accidentadas en la 401 eran con frecuencia tan terribles que sus problemas más obvios exigían toda la atención del personal médico y tratamiento inmediato. Pero la aturdida joven que llegó directamente a la sala de urgencias de Sunnybrook después de su choque frontal, con muchos de sus huesos rotos, planteó un inquietante problema a los médicos que la atendieron. El ritmo de su latido cardíaco se había vuelto muy irregular. Lo mismo dejaba de latir que añadía latidos de más; en cualquier caso, había más de una cosa que estaba espantosamente mal con ella.

Inmediatamente después de que el personal de traumatología llamara a Redelmeier al quirófano, los médicos diagnosticaron por sí solos el problema... o eso creyeron. La joven seguía estando lo bastante consciente para decirles que tenía un historial de hiperactividad de la tiroides. Una tiroides hiperactiva puede ocasionar un ritmo cardíaco irregular. Y así, cuando Redelmeier llegó, los médicos ya no necesitaban que investigara el origen del latido irregular, sino que lo tratara. Nadie en el quirófano habría parpadeado siquiera si Redelmeier se hubiera limitado a administrar un medicamento para el hipertiroidismo. Pero, en lugar de eso, pidió a todos que se detuvieran. Que esperaran. Solo un momento. Solo para comprobar qué pensaban... y asegurarse de que no estaban intentando encajar a la fuerza los datos en una historia fácil, coherente, pero en definitiva falsa.

Algo le sonaba mal. Como dijo más tarde: «El hipertiroidismo es una causa clásica de ritmo cardíaco irregular, pero es una causa infrecuente de ritmo cardíaco irregular». Al oír que la joven tenía un historial de producción excesiva de hormona tiroidea, el personal médico de la sala de urgencias había saltado, en apariencia con razón, a la suposición de que su tiroides hiperactiva había causado el peligroso latido irregular de su corazón. Según la experiencia de Redelmeier, los médicos no piensan de forma estadística. «El 80 por ciento de los médicos no piensa que las probabilidades se apliquen a sus pacientes —dijo—. Igual que el 95 por ciento de las parejas casadas no piensa que la tasa del 50 por ciento de divorcios se aplique a ellas, y el 95 por ciento de los conductores borrachos no piensa que se apliquen a ellos las estadísticas que demuestran que tienes más probabilidades de morir si conduces ebrio que si conduces sobrio.»

Redelmeier pidió al personal médico de urgencias que buscara otra causa, más estadísticamente probable, del ritmo cardíaco irregular de la mujer. Y entonces fue cuando repararon en su pulmón aplastado. Igual que sus costillas rotas, el pulmón aplastado no había aparecido en las radiografías. Pero a diferencia de las costillas rotas, esto podía matarla. Redelmeier hizo caso omiso de la tiroides y trató el pulmón aplastado. El ritmo cardíaco de la joven volvió a la normalidad. Al día siguiente, llegaron las pruebas de tiroides que se le habían practicado: su producción de hormona tiroidea era del todo normal. La tiroides nunca había sido el problema. «Era un caso típico de la heurística de representatividad —dijo Redelmeier—. Hay que tener mucho cuidado cuando existe un diagnóstico simple que salta a la mente al instante y explica todo a la vez. Entonces es cuando tienes que detenerte y revisar tu manera de pensar.»

Esto no significa que lo primero que te viene a la mente esté siempre equivocado; significa que el hecho de que ya esté en tu mente te induce a sentirte más seguro de lo debido de que eso es lo correcto. «Cuidado con el tipo que delira en la unidad de urgencias y tiene una larga historia de alcoholismo —decía Redelmeier—, porque vas a decir "es que está borracho" y no te vas a fijar en su hematoma subdural.» Los médicos que atendían a la mujer habían saltado de su historial clínico a un diagnóstico, sin considerar las estadísticas básicas. Como habían señalado Kahneman y Tversky tiempo atrás, una persona que hace una predicción —o un diagnóstico— solo puede prescindir de las estadísticas básicas si está del todo seguro de que tiene razón. En un hospital —y en realidad, en cualquier otro sitio— Redelmeier nunca estaba del todo seguro de nada, y no veía por qué alguien debería estarlo.

Redelmeier había crecido en Toronto, en la misma casa en la que se había criado su padre, un corredor de bolsa. Era el menor de tres hermanos, y muchas veces se había sentido tonto: sus hermanos mayores siempre parecían saber más que él y les encantaba hacérselo notar. Además, Redelmeier tenía un impedimento en el habla: un molesto tartamudeo contra el que nunca dejó de luchar y que siempre se esforzó por compensar. (Cuando llamaba para reservar mesa en un restaurante, decía que su nombre era «Don Red».) Su tartamudeo le hacía hablar más despacio; sus problemas de ortografía le hacían escribir más despacio. Su cuerpo no estaba demasiado bien coordinado, y desde los diez años había necesitado gafas para corregir la vista. Sus dos puntos fuertes eran su mente y su temperamento. Siempre se le dieron bien las matemáticas; le encantaban las matemáticas. Y además sabía explicarlas, y los otros chicos acudían a él cuando no entendían lo que el profesor había impartido. Aquí entra en juego su temperamento. Siempre fue muy amable con los demás. Desde que era pequeño, los adultos se habían fijado en ello: su primer impulso al conocer a otra persona era cuidar de ella.

Aun así, incluso en clase de matemáticas, donde solía acabar ayudando a todos los demás estudiantes, lo que él sacó en claro fue una sensación de su propia falibilidad. En matemáticas hay una respuesta correcta y una respuesta equivocada, sin confusiones. «Y los errores a veces son predecibles —decía—. Los ves venir de lejos y aun así los cometes.» Más adelante llegó a pensar que su experiencia de la vida como una serie de acontecimientos plagada de errores fue lo que le hizo tan receptivo para con un oscuro artículo publicado en la revista *Science*, que su profesor favorito del instituto, el señor Fleming, le hizo leer a finales de 1977. Se llevó el artículo a casa y lo leyó aquella noche.

El artículo se titulaba «El juicio bajo incertidumbre. Heurísticas y sesgos». Le resultó familiar y extraño a partes iguales. ¿Qué demonios era una heurística? Redelmeier tenía diecisiete años, y parte de la jerga se le escapaba. Pero el artículo describía tres maneras en que la gente juzga cuando no sabe con seguridad la respuesta. Los nombres que les daban los autores —representatividad, disponibilidad, anclaje— eran a la vez extraños y seductores. Hacían que el fenómeno que describían sonara a conocimiento secreto. Y sin embargo, lo que decían le pareció a Redelmeier la pura verdad, sobre todo porque se había dejado engañar por las preguntas que se planteaban al lector. También él había supuesto que el tipo al que llamaban «Dick» y que se describía de manera tan insulsa tenía las mismas probabilidades de ser abogado o ingeniero, aunque hubiera salido de un conjunto donde predominaban los abogados. También él hacía predicciones diferentes cuando se le daba información irrelevante y cuando no se le daba ninguna información. También él creía que en un párrafo de prosa inglesa habría más palabras que empezaran por «k» que palabras con la «k» en tercera posición, porque las palabras que empiezan por «k» son más fáciles de recordar. También él hacía predicciones acerca de los demás a partir de descripciones sencillas, con un grado de confianza totalmente injustificado. ¡Hasta el inseguro Don Redelmeier caía en la trampa de la confianza excesiva! Y cuando se le pidió que adivinara en pocos segundos el producto de $1 \times 2 \times 3 \times 4 \times 5 \times 6 \times 7 \times 8$, también él pensó que era inferior al producto de $8 \times 7 \times 6 \times 5 \times 4 \times 3 \times 2 \times 1$.

Lo que llamó la atención a Redelmeier no fue la idea de que cometamos errores. ¡Pues claro que los cometemos! Lo interesante era que los errores fueran predecibles y sistemáticos. Parecían arraigados en la naturaleza humana. Al leer el artículo de *Science*, Redelmeier se acordó de todas las veces en que había incurrido lo que en retrospectiva parecía un error obvio en un problema matemático, porque se parecía mucho a los otros errores que él y otras personas habían cometido. Un párrafo en particular se le quedó grabado. Estaba en el apartado de lo que los autores llamaban «disponibilidad». Hablaba sobre el papel de la imaginación en el error humano. «El riesgo que implica una expedición aventurera, por ejemplo, se evalúa imaginando contingencias que la expedición no está preparada para hacer frente —decían los autores—. Si se imaginan con viveza muchas de estas dificultades, la expedición puede llegar a parecer sumamente peligrosa, aunque la facilidad con que se figuran los desastres no tiene por qué reflejar su probabilidad real. Y a la inversa, el riesgo de una empresa se puede subestimar en gran medida si algunos posibles peligros son difíciles de concebir o, simplemente, no vienen a la mente.»

Esto no era como lo de las palabras inglesas que empiezan por «k». Eran cuestiones de vida o muerte. «Para mí, aquel artículo era más emocionante que una película. Y me encantan las películas», dijo Redelmeier.

Él nunca había oído hablar de los autores —Daniel Kahneman y Amos Tversky—, aunque a pie de página se decía que eran miembros del departamento de psicología de la Universidad Hebrea en Jerusalén. Para él era más importante que sus hermanos mayores tampoco hubieran oído hablar de ellos. «¡Ajá, por fin sé algo que mis hermanos no saben!», pensó. Kahneman y Tversky le ofrecían lo que parecía una visión privada del acto de pensar. Leer su artículo fue como echar un vistazo detrás de la cortina del mago.

A Redelmeier no le costó mucho decidir qué quería hacer con su vida. De niño le habían fascinado los médicos de la televisión: Leonard McCoy en *Star Trek* y, sobre todo, Ojo de Halcón Pierce en *M*A*S*H*. «Yo quería ser heroico —contaba—. Nunca triunfaría en los deportes. Nunca triunfaría en política. Nunca triunfaría en el cine. La medicina era un camino. Una manera de tener una vida verdaderamente heroica.» Sintió el tirón con tanta fuerza que se matriculó en la facultad de Medicina a los diecinueve años, durante su segundo curso en la universidad. Recién cumplidos los veinte, estaba estudiando para médico en la Universidad de Toronto.

Y ahí fue donde empezaron los problemas: los profesores no tenían mucho en común con Leonard McCoy y Ojo de Halcón Pierce. Muchos de ellos eran engreídos e incluso un poco pomposos. Había algo en ellos y en lo que decían que generaba pensamientos sediciosos en Redelmeier. «En los primeros cursos de Medicina hay un montón de profesores que dicen cosas equivocadas —recordaba—. Yo no me atrevía a decir nada.» Repetían supersticiones comunes como si fueran verdades eternas («Las desgracias vienen de tres en tres»). Especialistas de diferentes ramas de la medicina enfrentados con la misma enfermedad ofrecían diagnósticos contradictorios. El profesor de urología dijo a los estudiantes que la presencia de sangre en la orina sugería una alta probabilidad de cáncer de riñón, mientras que el profesor de nefrología decía que la sangre en la orina indicaba una alta probabilidad de glomerulonefritis (inflamación del riñón). «Los dos tenían una confianza exagerada basada en su experiencia», contaba Redelmeier, y los dos veían solo lo que se les había enseñado a ver.

El problema no era lo que sabían o dejaban de saber. Era su necesidad de certeza o, al menos, de apariencia de certeza. Muchos de ellos, de pie tras el proyector de diapositivas, más que dar clase predicaban. «Había una actitud generalizada de arrogancia», decía Redelmeier. «¿Cómo que no le diste esteroides?» Para Redelmeier, la idea misma de que en la medicina existiera un gran nivel de incertidumbre no era aceptada por sus autoridades.

Existía una razón para esto. Reconocer la incertidumbre era admitir la posibilidad de error. Toda la profesión estaba organizada para confirmar la sabiduría de sus decisiones. Cuando un paciente se recuperaba, por ejemplo, lo normal era que el doctor atribuyera la mejora al tratamiento que él había prescrito, sin ninguna evidencia sólida de que el tratamiento fuera el responsable. «El simple hecho de que el paciente esté mejor después de que yo lo tratara no significa que haya mejorado porque yo lo traté», pensaba Redelmeier. «Muchas enfermedades son autolimitantes —decía—. Se curan solas. La gente que está mal busca ayuda. Cuando buscan ayuda, los médicos sienten la necesidad de hacer algo. Pones sanguijuelas y la condición mejora. Eso puede conducir a toda una vida de sanguijuelas. Toda una vida de recetar antibióticos en exceso. Toda una vida de hacer tonsilectomías a personas con infecciones en el oído. Pruebas una cosa, el paciente se recobra al día siguiente, y eso es irresistible. Vas a ver a un psiquiatra y tu depresión mejora: quedas convencido de la eficacia de la psiquiatría.»

Redelmeier observó también otros problemas. Por ejemplo, sus profesores de la facultad de Medicina daban por buenos algunos datos que deberían haberse examinado con más atención. Un anciano llegaba al hospital aquejado de neumonía. Se comprobaba su ritmo cardíaco y se observaba un ritmo tranquilizadoramente normal, de 75 latidos por minuto... y se pasaba a otra cosa. Pero la razón de que la neumonía mate a tantos ancianos es su capacidad de propagar la infección. Un sistema inmunitario que responda como es debido genera fiebre, tos, escalofríos, esputos... y un ritmo cardíaco más rápido de lo normal. Un cuerpo que lucha contra una infección necesita que la sangre se bombee por el organismo a un ritmo más rápido que el habitual. «¡El ritmo cardíaco de un anciano con neumonía no tendría que ser normal! —decía Redelmeier—. ¡Tendría que ir a toda máquina!» El corazón de un anciano que presente estas características puede tener un grave problema. Pero la lectura «normal» en el monitor creaba en las mentes de los médicos una falsa sensación de que todo iba bien. Y cuando todo parecía ir bien era, precisamente, cuando los expertos «no se examinaban a sí mismos».

El caso era que justo entonces estaba cobrando forma un movimiento en Toronto que se acabó llamando «medicina basada en la evidencia». La idea central de esta corriente era poner a prueba la intuición de los expertos médicos, comparar el pensamiento de los doctores con los datos puros. Cuando se sometió a una investigación científica, parte de lo que se consideraba sabiduría médica resultó estar escandalosamente equivocada. Cuando Redelmeier ingresó en la facultad de Medicina en 1980, por ejemplo, la sabiduría convencional sostenía que si una víctima de un ataque cardíaco sufría después alguna arritmia, se le suministraban medicamentos para contrarrestarla. Cuando Redelmeier estaba terminando la carrera, siete años después, los investigadores habían demostrado que los pacientes de ataques cardíacos a los que se había suprimido la arritmia tenían más probabilidades de morir que los pacientes cuya arritmia no se había tratado. Nadie pudo explicar por qué, durante años, los médicos habían optado por un tratamiento que mataba sistemáticamente a los pacientes, aunque los partidarios de la medicina basada en la evidencia estaban empezando a buscar posibles explicaciones en la obra de Kahneman y Tversky. Estaba claro que los juicios intuitivos de los médicos podían estar gravemente equivocados. No se podía pasar por alto la evidencia de los análisis médicos. Y Redelmeier empezó a tomar en cuenta esas evidencias. «Tomé mucha conciencia de los análisis que habían quedado ignorados, de que muchas probabilidades se estaban calculando mediante la opinión de los expertos. Veía errores en la manera de pensar de muchos doctores que se estaban transmitiendo a los pacientes. Y aquellos no reconocían los errores que estaban cometiendo. Yo sentía una cierta tristeza, una cierta insatisfacción, una sensación de que algo olía a podrido en Dinamarca.»

Hacia el final de su artículo en *Science*, Daniel Kahneman y Amos Tversky habían señalado que, aunque las personas con conocimientos estadísticos pueden evitar los errores simples que comete la gente menos instruida, hasta las mentes más sofisticadas eran propensas al error. Según sus propias palabras, «sus juicios intuitivos son propensos a falacias similares en problemas más intrincados y menos transparentes». El joven Redelmeier se dio cuenta de que aquello era «una fantástica explicación de por qué unos médicos muy competentes no eran inmunes a aquellos fallos». Volvió a pensar en los errores que él había cometido al tratar de resolver problemas matemáticos. «En medicina existe el mismo tipo de resolución de problemas —dijo—. Pero en matemáticas repasas tu trabajo; en medicina, no. Y si somos falibles en álgebra, donde las respuestas son claras, ¿cuánto más falibles seremos en un mundo donde las respuestas son mucho menos claras?» El error no era necesariamente vergonzoso; era solo humano. «Ellos aportaron un lenguaje y una lógica para articular algunas de las trampas en las que la gente cae cuando piensa. Ahora, esos errores se podían comunicar. Era reconocer el error humano. Ni negarlo ni demonizarlo. Era solo entender que forma parte de la naturaleza humana.»

Pero Redelmeier se guardó para sí mismo los pensamientos

heréticos que pudiera albergar mientras fue un joven estudiante de medicina. Nunca había sentido el impulso de desafiar a la autoridad o burlarse de las convenciones, y no tenía talento para ninguna de las dos cosas. «Nunca en mi vida me había sentido escandalizado o decepcionado —decía—. Siempre fui muy obediente. Cumplidor de la ley. He votado en todas las elecciones. He asistido a todas las reuniones del profesorado de la universidad. Nunca he tenido un altercado con la policía.»

En 1985, fue aceptado como médico residente en el hospital de la Universidad de Stanford. Allí empezó, con vacilaciones, a manifestar su escepticismo profesional. Una noche, durante su segundo año, estaba a cargo de la unidad de cuidados intensivos y se le había encomendado mantener vivo a un joven el tiempo suficiente para cosechar sus órganos. (El eufemismo estadounidense, «cosechar», le sonaba raro. En Canadá lo llamaban «recuperación de órganos».) Su paciente, con muerte cerebral, era un chico de veintiún años que había estrellado su motocicleta contra un árbol.

Era la primera vez que Redelmeier se enfrentaba al cuerpo moribundo de una persona más joven que él, y aquello le afectaba de una manera en que no le habían afectado las muertes de personas mayores que había presenciado. «Era perder tantísimos años de vida —decía—. Y había sido un caso tan evitable... El chico no llevaba casco.» A Redelmeier le sorprendió por primera vez la incapacidad de los seres humanos para juzgar los riesgos, más aún cuando un juicio erróneo podía matarlos. En efecto, nos iría bien disponer de ayuda a la hora de hacer juicios. Por ejemplo, la recomendación de que todos los motoristas lleven casco. Más adelante, Redelmeier le preguntó algo parecido a un estudiante suyo, estadounidense: «¿Qué pasa con vosotros, los estadounidenses amantes de la libertad? O vivir libre o morir. No lo entiendo. Yo digo: "Regúlame con suavidad, prefiero vivir".» El chico replicó: «No solo hay un montón de estadounidenses que no comparten tu opinión.

Otros médicos tampoco la comparten». El estudiante de Redelmeier le habló de Norm Shumway, el famoso director de cirugía cardíaca de Stanford, que había hecho campaña contra la promulgación de una ley que exigiera a los motoristas llevar casco. «Me quedé estupefacto —contaba Redelmeier—. ¿Cómo podía un tipo tan inteligente ser tan estúpido en una cosa así? Está claro que podemos cometer errores. Se debería prestar atención a la falibilidad humana.»

A los veintisiete años, cuando terminó su residencia en Stanford, Redelmeier estaba creando los fundamentos de una visión del mundo que había interiorizado el artículo de los dos psicólogos israelíes que había leído de adolescente. No sabía adónde le llevaría esta visión. Todavía consideraba posible que, al regresar a Canadá, tuviera que instalarse en el norte de Labrador, donde había pasado un verano cuando era estudiante, prestando asistencia sanitaria a una aldea de quinientos habitantes. «No tenía mucha memoria ni muchas habilidades —decía—. Tenía miedo de no ser un excelente médico. Y si no iba a ser excelente, más me valía ir a algún sitio poco importante, donde se me necesitara y se me quisiera.» En realidad, Redelmeier todavía creía que podía acabar ejerciendo la medicina de manera convencional. Pero entonces conoció a Amos Tversky.

Redelmeier había adquirido la costumbre de anticipar sus propios errores mentales y corregirlos. Consciente de sus fallos de memoria, llevaba a todas partes un cuaderno de notas y apuntaba las ideas y los problemas que se le ocurrían. Cuando una llamada telefónica del hospital lo despertaba en mitad de la noche, siempre mentía y le decía al acelerado residente del otro extremo del cable que la conexión era mala y tenía que repetirle todo lo que le acababa de decir. «No le puedes decir a un residente que está hablando demasiado deprisa. Si te echas la culpa, eso facilita no solo su manera de pensar sino la tuya.» Cuando aparecía un visitante en el despacho de Redelmeier cuando este estaba entre rondas de visitas, ponía en marcha un temporizador de cocina para asegurarse de que no se perdía en la conversación y llegaba tarde a ver a sus pacientes. «Cuando se lo está pasando bien, Redelmeier pierde la noción del tiempo», decía de sí mismo el propio Redelmeier. Antes de cualquier situación social, llegaba a extremos increíbles en su imaginación para corregir todo lo que figuraba que podía salir mal. Cuando tenía que dar una conferencia —que seguía siendo un tremendo desafío para él, a causa de su tartamudeo—, cerraba la sala de conferencias y ensayaba toda su actuación.

Y así, en el verano de 1988, dos días antes de su primera comida con Amos Tversky, a Redelmeier le pareció del todo normal inspeccionar el comedor del Club de Profesores de Stanford, donde habían quedado en encontrarse. El día de la comida, cambió su ronda de pacientes en el hospital de las 6.30 de la mañana a las 4.30, para reducir el riesgo de que algún problema médico interfiriera con la cita. Normalmente no desayunaba, pero aquel día sí lo hizo, para que el hambre no lo distrajera durante la comida. Como tenía por costumbre, escribió algunas notas por adelantado —posibles temas de conversación— «por miedo a quedarse en blanco». No es que pretendiera decir mucho. Hal Sox, el superior de Redelmeier en Stanford, que iba a comer con ellos, le había dicho: «No hables. No digas nada. No interrumpas. Tú quédate sentado y escucha». Según Hal Sox, reunirse con Amos Tversky era «como tener una reunión creativa con Albert Einstein. Es un personaje histórico. No volverá a haber otro como él».

Resultaba que Hal Sox había sido coautor del primer artículo que había escrito Amos sobre medicina. El artículo había surgido de una pregunta que Amos le había planteado a Sox: ¿cómo funcionaba en las mentes de médicos y pacientes cierta tendencia que la gente presentaba cuando se enfrentaba a apuestas económicas? Más en concreto: dada una elección entre una ganancia segura y una apuesta por el mismo valor (digamos que entre cien dólares seguros y un 50 por ciento de ganar doscientos), Amos le había dicho a Sox que la gente tendía a elegir la ganancia segura. Más vale pájaro en mano... Pero dada una elección entre una pérdida segura de cien dólares y un 50 por ciento de probabilidades de perder doscientos, la gente prefería correr el riesgo. Con ayuda de Amos, Sox y otros dos investigadores médicos diseñaron experimentos para demostrar lo diferentes que eran las decisiones que tomaban médicos y pacientes cuando estas se expresaban en términos de pérdidas, en lugar de ganancias.

El cáncer de pulmón resultó ser un buen ejemplo. A principios de los años ochenta, los médicos y los pacientes de esta enfermedad se enfrentaban a dos opciones diferentes y desagradables: cirugía o radiación. La cirugía tenía más probabilidades de prolongarte la vida pero, a diferencia de la radiación, se corría un pequeño riesgo de muerte instantánea. Cuando le decías a los pacientes que tenían un 90 por ciento de probabilidades de sobrevivir a la cirugía, un 82 por ciento de ellos optaba por la cirugía. Pero cuando les decías que tenían un 10 por ciento de probabilidades de morir en la operación —que por supuesto era una manera diferente de expresar las mismas probabilidades—, solo el 54 por ciento elegía la cirugía. Las personas que se enfrentan a una decisión de vida o muerte no responden a las probabilidades, sino a la manera en que se les describen las probabilidades. Y no solo los pacientes; también lo hacían los médicos. Sox afirmaba que trabajar con Amos había alterado la visión de su propia profesión. «Los aspectos cognitivos no son nada comprendidos en la medicina», dijo. Entre otras cosas, no podía evitar preguntarse cuántos cirujanos, de forma consciente o no, le habían comunicado a algún paciente que tenía un 90 por ciento de probabilidades de sobrevivir a la cirugía, en lugar de un 10 por ciento de probabilidades de morir en ella, solo porque les interesaba realizar la operación.

En aquella primera comida, Redelmeier prácticamente se limitó a mirar mientras Amos y Sox hablaban. Pero se fijó en algunas cosas. Los ojos azul claro de Amos saltaban de un sitio a otro, y tenía un ligero impedimento en el habla. Su inglés era fluido, pero hablaba con un fuerte acento israelí. «Estaba un poco hipervigilante —contó Redelmeier—. Lleno de vitalidad. Energético. No tenía nada del aire fatigado típico de algunos profesores titulares. Dijo el 90 por ciento de lo que se habló. Valía la pena escuchar cada palabra. Yo estaba sorprendido de lo poco que sabía de medicina, porque ya estaba ejerciendo un gran efecto en la toma de decisiones médicas.» Amos tenía toda clase de preguntas para los dos médicos: casi todas tenían que ver con la búsqueda de fallos de lógica en la práctica médica. Después de ver cómo Hal Sox respondía o intentaba responder a las preguntas de Amos, Redelmeier se dio cuenta de que estaba aprendiendo más sobre su superior en una sola comida que en los tres años anteriores. «Amos sabía exactamente qué preguntas hacer —contaba Redelmeier—. No había silencios incómodos.»

Al final de la comida, Amos invitó a Redelmeier a visitarlo en su despacho. Al poco tiempo, Amos estaba bombardeando a Redelmeier con ideas sobre la mente humana, como había bombardeado a Hal Sox, intentando encontrar un eco en la medicina. Por ejemplo, con la apuesta Samuelson. La apuesta Samuelson se llama así en honor de Paul Samuelson, el economista que la había ideado. Tal y como explicó Amos, cuando a la gente se le ofrece una sola apuesta en la que tiene un 50 por ciento de probabilidades de ganar ciento cincuenta dólares o perder cien, por lo general no la acepta. Pero si ofreces a esas mismas personas la posibilidad de hacer cien veces la misma apuesta, la mayoría acepta el juego. ¿Por qué hacían el requerido cálculo —y respondían, viendo que las probabilidades estaban a su favor— cuando se les permitía apostar cien veces, pero no cuando se les ofrecía una sola apuesta? La respuesta no era del todo obvia. Sí, cuantas más veces juegues a un juego con las probabilidades a tu favor, menos probable es que pierdas. Pero cuantas más veces juegues, mayor será la suma total de dinero que te arriesgas a perder. En cualquier caso, cuando terminó de exponer la paradoja, Amos dijo: «Muy bien, Redelmeier, encuéntreme una analogía médica de eso».

A Redelmeier se le ocurrían analogías médicas con rapidez. «Cualquiera que fuera el ejemplo general, yo conocía al instante un montón de ejemplos médicos. Era asombroso que él se quedara callado y me escuchara.» Redelmeier decidió que se podía encontrar una analogía médica de la apuesta Samuelson en la dualidad de la función del médico: «El médico tiene que ser el representante perfecto del paciente, y al mismo tiempo el protector de la sociedad —dijo—. Los médicos tratan con los pacientes de uno en uno, mientras que los que elaboran la política sanitaria se ocupan de colectivos».

Pero había un conflicto entre estas dos funciones. Por ejemplo, el tratamiento más seguro para un paciente podía ser un montón de dosis de antibióticos; pero a la sociedad en general la perjudica el uso excesivo de antibióticos, porque las bacterias que se pretenden combatir evolucionan, y aparecen nuevas versiones más peligrosas y difíciles de tratar. En realidad, un médico que hiciera bien su trabajo no podría limitarse a considerar el interés del paciente individual; tendría que pensar en el colectivo de pacientes con esa enfermedad. Aquello era algo más que un problema de política de salud pública. Los médicos veían las mismas enfermedades una y otra vez. Al tratar a los pacientes, no estaban haciendo una sola apuesta: se les pedía que hicieran la misma apuesta una y otra y otra vez. ¿Se comportaban de manera diferente los médicos cuando se les ofrecía una sola apuesta y cuando podían repetir la misma apuesta muchas veces?

El artículo escrito más adelante por Amos y Redelmeier* demostraba que, al tratar a los pacientes de forma individual, los médicos se comportaban de manera diferente de como lo hacían cuando diseñaban tratamientos ideales para grupos de pacientes con los mismos síntomas. Era probable que pidieran pruebas y análisis adicionales para evitar problemas mayores, y menos probable que preguntaran a los pacientes si deseaban donar sus órganos en caso de morir. Al tratar a los pacientes uno por uno, los médicos realizaban con frecuencia algunas cosas que habrían desaprobado si estuvieran diseñando una política sanitaria pública para tratar a un colectivo con la misma enfermedad. Todos los médicos estaban de acuerdo en que, si la ley se lo exigía, darían los nombres de pacientes diagnosticados con propensión a ataques, diabetes o cualquier otra condición que pudiera provocar la pérdida de conciencia mientras se conduce un coche. Pero en la práctica no lo hacían... lo cual difícilmente podría beneficiar siquiera al paciente en cuestión. «Este resultado no es solo otra manifestación del conflicto entre los intereses del paciente y el interés general de la sociedad —escribieron Tversky y Redelmeier en una carta al director de *The New England Journal of Medicine*—. La discrepancia entre los puntos de vista del colectivo y del individuo se da también en la mente del médico. La discrepancia parece exigir una resolución. Es incongruente recomendar un tratamiento en cada caso particular y rechazarlo en general, o viceversa.»

La cuestión no era que el médico estuviera tratando de forma incorrecta o inadecuada a los pacientes. El problema era que no podía tratar a su paciente de una manera, y a grupos de pacientes con el mismo problema de otra, y estar haciendo lo más apropiado en ambos casos. Las dos cosas no podían ser correctas. Y desde lue-

* «Discrepancy between Medical Decisions for Individual Patients and for Groups» apareció en *The New England Journal of Medicine* en abril de 1990.

go, el problema era preocupante, al menos para los médicos que inundaron *The New England Journal of Medicine* con cartas en respuesta al artículo. «La mayoría de los médicos procura mantener esa fachada de que son racionales, científicos y lógicos, y esa es una gran mentira —dijo Redelmeier—. Una mentira partidista. Lo que nos guía son las esperanzas, los sueños y las emociones.»

El primer artículo de Redelmeier con Amos generó otras ideas. Al poco tiempo se estaban reuniendo, no por las tardes en el despacho, sino hasta altas horas de la noche en casa de Amos. Hablar con Amos no era un trabajo, decía Redelmeier: «Era puro disfrute, pura diversión». En lo más profundo, Redelmeier sabía que estaba en presencia de una persona que iba a cambiar su vida. De la boca de Amos salían muchas frases que Redelmeier sabía que recordaría siempre:

«Parte de la buena ciencia consiste en ver lo que cualquiera puede ver, pero pensar lo que nadie más ha dicho.»

«Con frecuencia, la diferencia entre ser muy inteligente y ser muy tonto es muy pequeña.»

«Muchos problemas surgen cuando la gente no es obediente cuando tendría que ser obediente, y no es creativa cuando tendría que ser creativa.»

«El secreto para llevar a cabo una buena investigación es siempre no tener mucho trabajo. Se pierden años por no ser capaz de perder unas horas.»

«A veces es más fácil mejorar el mundo que demostrar que has hecho una mejora en el mundo.»

Redelmeier sospechaba que la razón de que Amos tuviera tanto tiempo para él era que Redelmeier no estaba casado y estaba dispuesto a considerar las horas entre la medianoche y las cuatro de la madrugada como parte de la jornada laboral. Amos tenía unos horarios extraños, pero la disciplina que imponía acabó haciéndose familiar. «Necesitaba los ejemplos concretos para poner a prueba sus teorías generales —dijo Redelmeier—. Algunos de los principios eran sumamente sólidos, y se suponía que yo tenía que encontrar ejemplos y darles voz en un terreno particular, el de la medicina.» Amos tenía, entre otras, una idea clara de cómo percibimos mal el azar. No entendemos que las series aleatorias contengan pautas aparentes: hemos desarrollado una capacidad increíble para encontrarles significado a estas pautas, cuando no lo tienen. «Mira cualquier partido de la NBA —le explicó Amos a Redelmeier—, y verás que los comentaristas, los aficionados y puede que hasta los entrenadores parecen creer que tal o cual jugador "está en racha".» Solo porque un jugador ha encestado sus últimos lanzamientos, creen que tiene más probabilidades de encestar el siguiente. Amos había recopilado datos sobre las rachas de lanzamientos en la NBA para ver si aquello era estadísticamente significativo... y ya podía convencer a cualquiera de que no. Por supuesto, un gran lanzador tenía más probabilidades de encestar su siguiente tiro que un lanzador menos hábil, pero las rachas observadas por los aficionados, los comentaristas y los jugadores mismos eran ilusiones. Le pidió a Redelmeier que buscara el mismo tipo de falsas pautas en el campo de la medicina, el mismo tipo de comportamiento exhibido por los comentaristas de baloncesto.

Redelmeier no tardó en regresar con la muy extendida creencia de que el dolor artrítico está relacionado con el tiempo atmosférico. Durante miles de años, la gente ha imaginado esta conexión: se puede remontar a Hipócrates, que en el 400 a.C. había escrito sobre el efecto del viento y la lluvia en las enfermedades. A finales de los años ochenta, los médicos todavía sugerían a los pacientes de artritis que se mudaran a climas más cálidos. Trabajando con Amos, Redelmeier localizó a un buen número de pacientes de artritis y les pidió que le comunicaran sus niveles de dolor. Después cotejó estos datos con los partes meteorológicos. En poco tiempo, él y Amos demostraron que, a pesar de que los pacientes aseguraban que su dolor variaba según el tiempo, no existía una correlación significativa entre las dos cosas. Pero no se detuvieron ahí. Amos quería explicar por qué la gente veía esta conexión entre su dolor y el tiempo. Redelmeier entrevistó a los pacientes cuyo dolor él había demostrado que no guardaba relación con el tiempo. Todos menos uno seguían insistiendo en que la relación existía, y citaban como prueba las pocas ocasiones casuales que la justificaban. Los expertos en baloncesto se apoyaban en rachas casuales para encontrar pautas —que no existían— en los lanzamientos de los jugadores. Los pacientes de artritis encontraban pautas que no existían en su dolor. «Atribuimos este fenómeno a la comparación selectiva —escribieron Tversky y Redelmeier—. En el caso de la artritis, la comparación selectiva induce a la gente a buscar cambios meteorológicos cuando experimentan un mayor dolor, y a prestar poca atención al tiempo cuando su dolor es estable. [...] Un solo día de dolor intenso y condiciones meteorológicas extremas puede sostener toda una vida de creer en una relación entre las dos cosas.»*

Puede que no existieran pautas en el dolor artrítico, pero, en opinión de Redelmeier, parecía existir una pauta muy clara en su colaboración con Amos. Este tenía todas aquellas ideas generales acerca de las trampas en que caía la mente humana cuando se le pedía que hiciera juicios en condiciones de incertidumbre. Sus implicaciones para la medicina habían quedado casi del todo desatendidas. «A veces me daba la sensación de que Amos estaba probando ideas piloto delante de mí, para comprobar si eran relevantes en el mundo real», contaba Redelmeier. No podía evitar la sensación de que, para Amos, la medicina era «la brizna más dimi-

---

* «On the Belief That Arthritis Pain Is Related to the Weather» apareció en *Proceedings of the National Academy of Sciences* en abril de 1996.

nuta de sus intereses», otra actividad humana en la que explorar las consecuencias concretas de las ideas generales que había concebido con Danny Kahneman.

Y entonces apareció el mismísimo Danny. A finales de 1988 o principios de 1989, Amos los presentó en su despacho. Después, Danny llamó por teléfono a Redelmeier y le comunicó que a él también le gustaría investigar cómo toman decisiones los médicos y los pacientes. Resultó que Danny tenía sus propias ideas, con sus propias implicaciones. «Cuando me llamó, Danny estaba trabajando solo —contó Redelmeier—. Quería introducir otra heurística. Una que era suya propia, sin intervención de Amos. La introducción de una cuarta heurística. Porque no podía haber solo tres.»

Un día de verano de 1982, Danny, en su tercer año de profesor en la Universidad de Columbia Británica, había entrado en su laboratorio y sorprendido a sus estudiantes posgraduados con un anuncio. A partir de ahora, estudiarían la felicidad. Danny siempre había sentido curiosidad por la capacidad o incapacidad de la gente para predecir sus sentimientos acerca de sus propias experiencias. Ahora quería estudiar eso. En concreto, quería estudiar la diferencia —que había sentido en sí mismo— entre las intuiciones que uno tiene sobre lo que le hace feliz y lo que de veras le hace feliz. Pensaba que podía empezar con ellos imaginando lo feliz que les haría llegar al laboratorio todos los días de la semana y realizar algo que decían que les gustaba: comer un plato de helado o escuchar su canción favorita, por ejemplo. Entonces podría comparar el placer anticipado con el placer experimentado, y después el placer experimentado con el placer recordado. Estaba claro, argumentaba, que había una diferencia que estudiar. En el momento en que tu equipo de futbol favorito gana el Mundial, estás más que exultante. Seis meses después, casi no significa nada para ti. «Durante mucho tiempo no participó ningún sujeto —recordaba Dale Miller, estudiante posgraduado de Danny—. Estaba solo diseñando los experimentos.» Lo que Danny anticipaba era que a la gente no se le daría muy bien imaginar su propia felicidad, y sus primeros experimentos a un grupo pequeño parecían indicar que había dado con algo. Un hombre al que nadie habría descrito como feliz se había propuesto, para sorpresa de los que le conocían, descubrir las reglas de la felicidad.

O puede que solo estuviera sembrando dudas en las mentes de las personas que creían saber lo que significaba ser feliz. En cualquier caso, cuando Amos le presentó a Redelmeier, Danny había pasado de la Universidad de Columbia Británica a la de California en Berkeley, y de la felicidad a la infelicidad. Ahora estaba investigando no solo la diferencia entre la anticipación del placer y su experiencia, sino también la diferencia entre la anticipación y el recuerdo del dolor. ¿Qué significaba que la predicción del sufrimiento que podría causar un acontecimiento fuera diferente del sufrimiento experimentado cuando el acontecimiento ocurría de verdad, o que el recuerdo de una experiencia fuera muy diferente de lo que se había sentido durante la experiencia real? Danny pensaba que mucho. La gente lo pasaba muy mal durante sus vacaciones, y después volvía a casa y las recordaba con agrado; la gente disfrutaba de un idilio maravilloso, pero como había terminado mal, lo recordaba con amargura. Simplemente, no experimentaba niveles fijos de felicidad o infelicidad. Experimentaba una cosa y recordaba otra distinta.

Cuando conoció a Redelmeier, Danny estaba ya haciendo experimentos sobre la infelicidad en su laboratorio de Berkeley. Metía los brazos desnudos de sus sujetos en cubos de agua con hielo. A cada sujeto se le hacían pasar por dos experiencias desagradables. Después se les preguntaba cuál de las dos experiencias preferirían repetir. Como respuesta, se obtenían cosas curiosas. La memoria del dolor era diferente de la verdadera experiencia. Los sujetos recordaban momentos de máximo dolor, pero sobre todo cómo se habían sentido en el momento en que el dolor había cesado. No recordaban bien, no obstante la duración de la experiencia dolorosa. Si les metías los brazos en agua helada durante tres minutos, pero después calentabas un poco el agua durante otro minuto antes de dejarles salir del laboratorio, guardaban un recuerdo más agradable que si les metías los brazos en el cubo durante tres minutos y los sacabas en el momento de máximo sufrimiento. Si les preguntabas qué experimento preferirían repetir, elegían la primera sesión. Es decir, la gente prefería soportar más dolor total, con tal de que la experiencia terminara de manera un poco más agradable.

Danny quería que Redelmeier le encontrara un ejemplo médico en la vida real de lo que él llamaba «regla del pico final». Redelmeier no tardó en presentarle unos cuantos, y eligieron las colonoscopias. A finales de los años ochenta, las colonoscopias eran dolorosas y daban miedo. Lo molesto del procedimiento disuadía a la gente de volver a repetirlo. En 1990, el cáncer de colon mataba a sesenta mil personas al año solo en Estados Unidos. Muchas de sus víctimas habrían sobrevivido si se les hubiera detectado el cáncer en una fase temprana. Una de las principales razones de que el cáncer de colon no se detectara era que a la gente le resultaba tan desagradable su primera colonoscopia que decidía no volver a hacerse otra. ¿Era posible alterar su recuerdo de la experiencia de modo que olvidara lo desagradable que había sido?

Para responder a esta pregunta, Redelmeier realizó un experimento con unas setecientas personas durante un año. A un grupo de pacientes se les extrajo el colonoscopio del ano sin contemplaciones al terminar la colonoscopia; al otro grupo se le dejó la punta del colonoscopio en el recto durante tres minutos más. Estos tres minutos extra no eran agradables; eran, no obstante, menos desagradables que el resto del procedimiento. Los pacientes del primer grupo fueron víctimas de una colonoscopia a la vieja usanza: aquí te pillo, aquí te mato. Los del segundo grupo experimentaron un

249

final más suave, o menos doloroso. Sin embargo, la suma total de sufrimiento experimentada por el segundo grupo era mayor. Los pacientes del segundo grupo experimentaban el mismo dolor que los del primer grupo, más los tres minutos adicionales.

Una hora después del procedimiento, los investigadores entraban en la sala de recuperación y pedían a los pacientes que evaluaran su experiencia. Los que habían sufrido el final menos doloroso recordaban menos dolor que los sometidos al final brusco. Lo más interesante fue que estaban más dispuestos a volver para otra colonoscopia cuando llegara el momento. Unos seres humanos que nunca habían imaginado que preferirían más dolor que menos se dejaban engañar —casi todos— para volver a hacerlo. Como dijo Redelmeier, «las últimas impresiones pueden ser las más duraderas».

Trabajar con Danny era diferente a trabajar con Amos. La imagen mental que tenía Redelmeier de este fue siempre cristalina. Danny le dejó una impresión más complicada y más turbia. Danny no era alegre; puede que incluso fuera depresivo. Sufría por su trabajo, y era inevitable que los que trabajaban con él sufrieran también un poco. «Le resultaba más fácil ver lo que iba mal en el trabajo que lo que iba bien», contaba Redelmeier. Y sin embargo, lo que salía de su mente era también, por supuesto, espectacular.

Cuando se paraba a pensar en ello, a Redelmeier le parecía raro lo poco que sabía de las vidas de Amos y Danny. «Amos me contó muy, muy poco de su vida —decía—. Nunca hablaba de Israel. Nunca hablaba de las guerras. Nunca hablaba del pasado. No es que fuera deliberadamente evasivo. Era solo que se centraba en el trabajo por hacer.» Ese trabajo, cuando estaban juntos, consistía en analizar el comportamiento humano en la asistencia sanitaria. Redelmeier no se atrevió a preguntar a Danny o a Amos por su pasado ni por su relación mutua, de modo que nunca llegó a saber cómo y por qué habían dejado la Universidad Hebrea de Israel por Estados Unidos, ni por qué Amos había pasado los años ochenta como ilustre profesor titular de ciencia del comportamiento en Stanford, mientras Danny pasaba la mayor parte de ese tiempo en relativa oscuridad en la Universidad de Columbia Británica. Los dos parecían ser bastante amigos, pero era evidente que no estaban trabajando juntos. ¿Por qué? Redelmeier no lo sabía. «Y no hablaban el uno del otro», contaba.

Más bien parecía que habían decidido que cobrarían más piezas si cazaban por separado, y no juntos. Los dos estaban empeñados, de diferentes maneras, en aplicar al mundo real las ideas que habían concebido juntos. «Llegué a pensar que ellos eran simplemente amigos y que yo era su perrito», dijo Redelmeier.

Redelmeier volvió a Toronto en 1992. La experiencia de trabajar con Amos había alterado su vida. Aquel hombre era tan vital que no se podía afrontar ninguna cuestión sin preguntarse cómo la habría abordado él. Y sin embargo, como parecía que las grandes ideas las tenía siempre Amos, y que solo necesitaba ejemplos médicos para ilustrarlas, a Redelmeier le había quedado la sensación de que él tal vez no hubiera hecho demasiado. «En muchos aspectos, yo era un secretario, y aquello me estuvo incomodando durante muchos años —contaba—. En el fondo, pensaba que yo era perfectamente sustituible. Cuando volví a Toronto, me preguntaba: ¿ha sido solo Amos? ¿O ha habido algo de Redelmeier?»

Aun así, pocos años atrás, había imaginado que acabaría siendo un simple médico generalista en algún pueblecito del norte de Labrador. Ahora tenía una ambición concreta: estudiar, como investigador y como médico, los errores mentales que cometen los médicos y sus pacientes. Quería combinar la psicología cognitiva, tal y como la practicaban Danny y Amos, con la toma de decisiones médicas. No sabía decir cómo lo iba a hacer exactamente. Todavía

251

estaba muy inseguro de sí mismo. Lo único que sí sabía era que trabajando con Amos Tversky había descubierto este otro aspecto de él mismo: un buscador de la verdad. Quería utilizar datos para encontrar auténticas pautas en la conducta humana, que sustituyeran a las pautas falsas que gobernaban las vidas de la gente y, muchas veces, sus muertes. «La verdad es que no sabía que existía —decía Redelmeier sobre esta faceta de sí mismo—. Amos no la descubrió: la implantó. Me envió como mensajero a una tierra del futuro que él no llegaría a ver.»

9

El nacimiento del psicólogo guerrero

En el otoño de 1973, Danny ya tenía muy claro que algunas personas nunca entenderían bien su relación con Amos. El anterior año académico habían impartido juntos un seminario en la Universidad Hebrea. Desde el punto de vista de Danny, había sido un desastre. El calor que había sentido cuando estaba a solas con Amos se desvanecía cuando este se encontraba en presencia de público. «Cuando estábamos con otra gente, ocurría una de estas dos cosas —contaba—. O bien terminábamos las frases del otro y nos hacíamos bromas, o estábamos compitiendo. Nadie nos vio nunca trabajar juntos. Nadie sabe cómo éramos.» En todos los aspectos, menos en el sexual, sí eran amantes. Conectaban el uno con el otro con mucha mayor intensidad que con ninguna otra persona. Sus esposas lo notaron. «Su relación era más intensa que un matrimonio —decía Barbara—. Creo que los dos se excitaban intelectualmente como ninguno de los dos se había excitado jamás. Era como si los dos se hubieran estado esperando.» Danny percibía que su mujer estaba algo celosa. Y lo cierto era que Amos elogiaba a Barbara, a sus espaldas, por la elegancia con que había encajado su intrusión en el matrimonio. «Solo quería estar con él —contaba Danny—. Nunca había sentido eso con nadie más, de verdad. Te enamoras y todo eso. Pero yo estaba arrebatado. Y así es como era. Era verdaderamente extraordinario.»

Y sin embargo fue Amos el que más se esforzó por encontrar maneras de mantenerse juntos. «Yo era el que se refrenaba —contó Danny—. Mantenía la distancia porque tenía miedo de lo que sería de mí sin él.»

Eran las cuatro de la madrugada en California cuando los ejércitos de Egipto y Siria lanzaron su ataque contra Israel. Habían pillado por sorpresa a los israelíes en Yom Kippur. En el canal de Suez, la guarnición israelí de 500 hombres había sido aplastada por 100.000 soldados egipcios. Desde los altos del Golán, 177 tanques israelíes se encontraban frente a una fuerza atacante de 2.000 tanques sirios. Amos y Danny, que aún estaban en Estados Unidos intentando convertirse en analistas de decisiones, corrieron al aeropuerto y tomaron el primer avión a París, donde la hermana de Danny trabajaba en la embajada israelí. Entrar en Israel durante una guerra no era fácil. Todos los aviones de El Al estaban abarrotados de pilotos de combate y oficiales de unidades de combate que acudían a sustituir a los muertos en los primeros días de la invasión. Eso es lo que uno hacía en 1973 si era un israelí capaz de combatir. Acudías corriendo a la guerra. Sabiendo esto, el presidente egipcio Anwar el-Sadat había prometido derribar todos los aviones comerciales que intentaran aterrizar en Israel. Mientras esperaban en París a que la hermana de Danny hablara con alguien que les permitiera entrar en batalla, Danny y Amos compraron botas de combate. Eran de lona, más ligeras que las de cuero que proporcionaba el ejército israelí.

Cuando estalló la guerra, Barbara Tversky iba camino de una sala de urgencias de Jerusalén con su hijo mayor, que había ganado una competición con su hermano para ver quién podía meterse un pepinillo más adentro de la nariz. Cuando volvieron a casa, la gente rodeó su coche e increpó a Barbara por estar circulando. El país estaba en estado de pánico. Los aviones de combate volaban rasando sobre Jerusalén para indicar a todos los reservistas que acudieran a sus unidades. La Universidad Hebrea cerró. Los camiones del ejército retumbaron toda la noche por el siempre tranquilo barrio de los Tversky. La ciudad se encontraba a oscuras. Las farolas de las calles estaban apagadas. Todos lo que tenían coche taparon las luces de freno. Las estrellas no podían ser más espectaculares, ni las noticias más preocupantes. Porque, por primera vez, Barbara tenía la sensación de que el gobierno israelí estaba ocultando la verdad: esta guerra era diferente de las otras; Israel estaba perdiendo. Tampoco ayudaba no saber dónde estaba Amos y qué pensaba hacer. Las llamadas telefónicas eran tan caras que cuando Amos residía en Estados Unidos se comunicaban solo por carta. La situación de Barbara no era insólita: hubo israelíes que solo se enteraron de que sus seres queridos que vivían en el extranjero habían regresado a Israel para combatir cuando se les informó de que habían muerto en combate.

Para ser útil, Barbara se dirigió a la biblioteca y encontró material para escribir un artículo de periódico sobre la tensión y cómo hacerle frente. A los pocos días de conflicto, hacia las diez de la noche, oyó pasos. Estaba trabajando sola en su despacho, con las persianas bajadas, para evitar que la luz se viera desde fuera. Los niños estaban dormidos. Alguien subía las escaleras corriendo. De pronto, Amos surgió de la oscuridad. El vuelo de El Al que habían tomado él y Danny solo llevaba como pasajeros hombres israelíes que volvían para luchar. Había aterrizado en Tel Aviv en completa oscuridad. Ni siquiera se había encendido la luz piloto del ala. Una vez más, Amos se dirigió al armario y sacó su uniforme del ejército, ahora con insignias de capitán, y una vez más le sentaba bien. A las cinco de la mañana siguiente, se marchó.

Lo habían destinado, junto con Danny, a la unidad de psicología de campo. La unidad había crecido desde mediados de los años cincuenta, cuando Danny había rediseñado el sistema de selección. A principios de 1973, un psicólogo estadounidense llamado James

Lester, enviado por la Oficina de Investigación Naval para estudiar la psicología militar israelí, escribió un informe en el que describía la unidad a la que Amos y Danny se iban a incorporar. A Lester le maravillaba toda aquella sociedad —un país que tenía a la vez las pruebas más estrictas del mundo para el carnet de conducir y la tasa más alta del mundo de accidentes de automóvil—, pero parece que lo que más le llamaba la atención era la fe que el ejército israelí tenía en sus psicólogos. «La tasa de fracaso en los cursos para oficiales es del 15 al 20 por ciento —escribió—. El ejército tiene tanta confianza en los misterios de la investigación psicológica que está pidiendo al departamento de selección que intente identificar a ese 15 por ciento en la primera semana de formación.»

El jefe de la psicología militar israelí, informaba Lester, era un personaje extrañamente poderoso llamado Benny Shalit. Shalit había solicitado, y obtenido, una nueva y más alta posición para la psicología militar. Su unidad tenía un aire extraoficial: Shalit había llegado al extremo de coserse en el uniforme una insignia de diseño propio. Según explicaba Lester, consistía en la rama de olivo y la espada israelíes «coronadas por un ojo que simboliza la evaluación, la visión penetrante o algo parecido». En su empeño por convertir la unidad de psicología en una fuerza de combate, Shalit había concebido ideas que hasta a los psicólogos les parecían chifladuras. Por ejemplo, hipnotizar a árabes y enviarlos a asesinar a los líderes árabes. «Llegó a hipnotizar a un árabe —recordaba Daniela Gordon, que sirvió con Shalit en la unidad psicológica—. Lo llevaron a la frontera con Jordania y el tipo salió corriendo.»

Entre los subordinados de Shalit corría el rumor —que se negaba a extinguirse— de que este guardaba las evaluaciones de personalidad que se les había practicado a todas las autoridades militares israelíes cuando eran jóvenes e ingresaron en el ejército, y que les había hecho saber que no vacilaría en publicarlas. Por la razón que fuera, Shalit tenía una habilidad extraordinaria para salirse con la suya en el ejército israelí. Y una de las cosas insólitas que había pedido, y obtenido, era el derecho a incorporar psicólogos en las unidades militares para que pudieran asesorar directamente a los oficiales. «Los psicólogos de campo están en posición de hacer recomendaciones sobre una gran variedad de asuntos poco convencionales —informó Lester a sus superiores de la Marina estadounidense—. Por ejemplo, uno de ellos observó que cuando hacía mucho calor, los soldados de infantería se paraban a abrir botellines de refrescos con sus cargadores de munición, estropeando muchas veces el cargador. Consiguieron rediseñar el cargador para que incluyera un abridor para los botellines.» Los psicólogos de Shalit habían eliminado los inútiles puntos de mira de los subfusiles ametralladores, y cambiado la manera en que las unidades de ametralladoras trabajaban en equipo para aumentar el ritmo de disparo. En pocas palabras, los psicólogos del ejército israelí estaban desatados. «La psicología militar está viva y con buena salud en Israel —concluía el informador de la Marina estadounidense sobre el terreno—. Una pregunta interesante es si la psicología de los israelíes se está convirtiendo o no en una psicología militar.»

Sin embargo, no estaba muy claro lo que podrían hacer los psicólogos de Benny Shalit durante una auténtica batalla. «La unidad de psicología no tenía ni la menor idea de qué hacer —dijo Eli Fishoff, que ejercía como lugarteniente de Benny Shalit—. La guerra había sido totalmente inesperada. Pensábamos que tal vez fuera nuestro final.» En cuestión de días, el ejército israelí había perdido más hombres, en porcentaje de la población, que el ejército de Estados Unidos en toda la guerra de Vietnam. Más adelante, el gobierno israelí describiría esta guerra como «un desastre demográfico», a causa de la importancia y el talento de los israelíes que murieron. En la unidad psicológica, a alguien se le ocurrió la idea de crear un cuestionario para determinar qué se podía hacer, si es que se podía hacer algo, para subir la moral de las tropas. Amos se apuntó a la idea, ayudó a diseñar las preguntas y después utilizó toda la operación más o menos como excusa para acercarse más al frente. «Subimos en un todoterreno y fuimos dando saltos por el Sinaí buscando algo útil que hacer», contó Danny.

Los otros psicólogos que vieron a Amos y Danny lanzar unos subfusiles a la trasera de un todoterreno y partir hacia el campo de batalla pensaron que habían perdido la cabeza. «Amos estaba tan excitado... como un niño pequeño —recordaba Yaffa Singer—. Pero era una locura que fueran al Sinaí. Era peligrosísimo. Era una absoluta locura enviarlos allí con aquellos cuestionarios.» El riesgo de toparse directamente con los tanques y aviones enemigos era el menor de los peligros. Había minas por todas partes, y era fácil perderse. «No llevaban guardias —contaba Daniela Gordon, su oficial al mando—. Se protegían ellos mismos.» Todo el mundo estaba más preocupado por Danny que por Amos. «Nos preocupaba mucho enviar a Danny solo —contaba Eli Fishoff, jefe de los psicólogos de campo—. Amos no me preocupaba tanto... porque Amos era un combatiente.»

Pero en cuanto Danny y Amos estuvieron en el todoterreno rugiendo a través del Sinaí, fue Danny el que resultó más útil. «Iba saltando del coche y haciendo preguntas a los soldados», recordaba Fishoff. Amos parecía el más práctico, pero Danny, más que Amos, tenía un don para encontrar soluciones a los problemas allí donde otros ni siquiera se daban cuenta de que había un problema que resolver. Mientras rodaban a toda velocidad hacia la línea del frente, Danny se fijó en los enormes montones de basura que había a los lados de la carretera: las sobras de las comidas enlatadas proporcionadas por el ejército de Estados Unidos. Examinó lo que habían comido los soldados y lo que habían tirado. (Les gustaba la piña tropical en almíbar.) Su posterior recomendación de que el ejército israelí analizara la basura y proporcionara a sus soldados lo que de verdad les gustaba logró titulares en los periódicos.

Mientras tanto, los conductores de los tanques israelíes estaban muriendo en combate en cantidades sin precedentes. Danny visitó el lugar donde se estaba instruyendo lo más deprisa posible a los nuevos conductores para sustituir a los caídos. Grupos de cuatro hombres hacían turnos de dos horas en un tanque. Danny advirtió que la gente aprende con más eficiencia en sesiones cortas, y que se podía instruir más deprisa a los nuevos conductores de tanques si estos se turnaban al volante cada treinta minutos. También encontró la manera de influir en la fuerza aérea israelí. Los pilotos de combate estaban cayendo en números sin precedentes, debido a los nuevos y mejores misiles tierra-aire que poseían los egipcios gracias a la Unión Soviética. Un escuadrón había sufrido pérdidas particularmente terribles. El general al mando quería investigar, y puede que castigar, a la unidad. «Le recuerdo diciendo en tono acusador que uno de los pilotos había sido alcanzado "no por un solo misil, sino por cuatro". Como si eso fuera evidencia concluyente de su ineptitud», rememoraba Danny.

Danny le explicó al general que tenía un problema de tamaño de la muestra. Las pérdidas experimentadas por el supuestamente inepto escuadrón podían deberse solo al azar. Si investigaba la unidad, seguro que encontraría pautas de conducta que pudieran servir de explicación. Tal vez los pilotos del escuadrón hubieran visitado más a sus familiares; o puede que llevaran ropa interior de colorines. Pero, encontrara lo que encontrara, sería una ilusión sin significado. No había suficientes pilotos en el escuadrón para alcanzar validez estadística. Pero además, una investigación con implicaciones de culpa sería terrible para la moral. El único sentido de tal labor debería ser preservar la sensación general de omnipotencia. El general hizo caso a Danny y suspendió la investigación. «Considero esto mi única contribución al esfuerzo de guerra», dijo Danny.

Él no le veía sentido a la rutina habitual de hacer preguntas a los soldados que venían de combatir. Muchos de ellos estaban traumatizados. «Nos preguntábamos qué hacer con personas que se encontraban en estado de shock, cómo evaluarlas siquiera —dijo Danny—. Todos los soldados estaban asustados, pero había algunos que no podían funcionar.» Los soldados israelíes con neurosis de guerra parecían personas con depresión. Había algunos problemas que Danny no se sentía preparado para afrontar, y este era uno de ellos.

En realidad, no quería estar en el Sinaí, al menos no de la manera en que Amos parecía querer estar. «Recuerdo una sensación de inutilidad... de que allí estábamos perdiendo el tiempo», dijo. Cuando su todoterreno dio un salto inesperado y le dislocó la espalda, Danny abandonó el viaje y dejó a Amos solo para administrar los cuestionarios. «Nos echamos a dormir al lado de un tanque —recordaba—, y a Amos no le gustaba el sitio donde yo estaba durmiendo, porque pensaba que el tanque podía moverse y aplastarme. Recuerdo que aquello me irritó muchísimo. No era un consejo razonable. Un tanque hace muchísimo ruido. Pero él estaba preocupado por mí.»

Más adelante, el Instituto Militar de Investigación Walter Reed realizó un estudio de la guerra. Se tituló «Battle Shock Casualties During the 1973 Arab-Israeli War». Los psiquiatras que prepararon el informe comentaban que la guerra había sido insólita en su intensidad —se combatía veinticuatro horas al día, al menos al principio— y en las pérdidas sufridas. El informe también hacía notar que por primera vez se habían diagnosticado traumas psicológicos a los soldados israelíes. Los cuestionarios que Amos había ayudado a diseñar hacían muchas preguntas sencillas a los soldados: ¿dónde estabas? ¿Qué hiciste? ¿Qué viste? ¿Se ganó la batalla? Y si no, ¿por qué? «La gente empezaba a hablar del miedo —recuerda Yaffa Singer—, de sus emociones. Desde la guerra de Independencia hasta 1973, esto no se había permitido. Éramos superhombres. Nadie había tenido valor para hablar de miedo. Si hablábamos de eso, podíamos no sobrevivir.»

Después de la guerra, Amos estuvo varios días reuniéndose con Singer y otros dos compañeros de la unidad de psicología de campo, leyendo las respuestas de los soldados a su cuestionario. Hablaban de sus motivos para luchar. «Es una información tan horrible que se tiende a ocultar», decía Singer. Pero agarrados en el momento, los soldados revelaban a los psicólogos sentimientos que, en retrospectiva, parecían deslumbrantemente obvios. «Preguntábamos por qué alguien lucha por Israel —contaba Singer—. Hasta aquel momento éramos solo patriotas. Cuando empezamos a leer los cuestionarios, todo era tan obvio... Estaban luchando por sus amigos. O por sus familias. No por la nación. No por el sionismo. En aquel momento fue una tremenda revelación.» Puede que, por primera vez, los soldados israelíes estuvieran hablando abiertamente de sus sentimientos, de cómo habían visto volar en pedazos a cinco de sus queridos compañeros de pelotón, o cómo habían presenciado morir a su mejor amigo porque había torcido a la izquierda en lugar de a la derecha. «Te rompía el corazón leerlo», cuenta Singer.

Hasta que terminaron los combates, Amos buscó nuevos riesgos, riesgos que otros pensaban que era de tontos correr. «Decidió presenciar el final de la jornada de guerra a lo largo del canal de Suez —recordaba Barbara—, aunque sabía a la perfección que los bombardeos continuaban después de la hora del alto el fuego.» La actitud de Amos ante el peligro físico asustaba a veces hasta a su mujer. Una vez anunció que quería volver a empezar a saltar de los aviones, solo por diversión. «Le dije que era el padre de unos hijos, y se acabó la discusión», contó Barbara. Amos no era exactamente un buscador de emociones, pero tenía fuertes pasiones, casi infantiles, que de vez en cuando dejaba que se apoderaran de él y lo llevaran a sitios donde la mayoría de la gente no quiere ir jamás.

Al final, cruzó el Sinaí hasta el canal de Suez. Corrían rumores de que el ejército israelí podía marchar hasta El Cairo, y de que los soviéticos estaban enviando armas nucleares a Egipto para impedir que lo hiciera. Al llegar a Suez, Amos descubrió que el fuego de artillería no solo había continuado, sino que se había intensificado. Ya existía una larga tradición, en ambos bandos, de aprovechar el momento inmediatamente anterior a un alto el fuego oficial para disparar contra el enemigo toda la munición que quedara. El espíritu era: mata a todos los que puedas, mientras puedas. Vagando por las proximidades del canal de Suez, Amos sintió que se acercaba un proyectil, saltó a una trinchera y cayó encima de un soldado israelí.

—¿Eres una bomba? —preguntó el aterrado soldado.

—No, soy Amos —dijo Amos.

—Entonces, ¿no estoy muerto? —preguntó el soldado.

—No estás muerto —dijo Amos.

Esta era la única anécdota que Amos contaba. Aparte de eso, casi nunca volvió a mencionar la guerra.

A finales de 1973 o principios de 1974, Danny dio una conferencia, que repetiría más de una vez, y que titulaba «Cognitive Limitations and Public Decision Making». Empezaba diciendo que era preocupante considerar «un organismo equipado con un sistema afectivo y hormonal no muy diferente del de una rata selvática, al que se le da la capacidad de destruir a todo ser viviente solo con apretar unos pocos botones». Teniendo en cuenta el trabajo sobre los juicios humanos que él y Amos habían terminado poco antes, le resultaba aún más perturbador pensar que «ahora, igual que hace miles de años, se toman decisiones cruciales basándose en las intuiciones y preferencias de unos pocos hombres en posiciones de autoridad». La incapacidad de los que toman decisiones para entender el funcionamiento interno de sus propias mentes, y su deseo de hacer caso a sus sentimientos viscerales, hacían «muy probable que el destino de sociedades enteras pudiera quedar decidido por una serie de errores evitables cometidos por sus dirigentes».

Antes de la guerra, Amos y Danny habían compartido la esperanza de que su trabajo sobre los juicios humanos se abriera camino hasta la toma de decisiones de alto riesgo en el mundo real. En este nuevo campo, llamado análisis de decisiones, podían transformar la toma de decisiones de alto riesgo en una especie de problema de ingeniería. Diseñarían sistemas para tomar decisiones. Los expertos de esa nueva disciplina se reunirían con los líderes de la industria, los militares y los gobiernos, y les ayudarían a considerar explícitamente cada decisión como una apuesta; a calcular las probabilidades de que ocurriera esto o aquello; y a asignar valores a todos los resultados posibles. «Si sembramos el huracán, hay un 50 por ciento de probabilidades de reducir la velocidad de su viento, pero también un 5 por ciento de probabilidades de darle una falsa sensación de seguridad a la gente que en realidad deberíamos evacuar. ¿Qué hacemos?» Por añadidura, los analistas les recordarían a los que toman las decisiones importantes que sus sentimientos viscerales tenían poderes misteriosos capaces de llevarlos por mal camino. «El cambio general en nuestra cultura hacia las formulaciones numéricas incluirá una referencia explícita a la incertidumbre», escribió Amos en las notas para una conferencia. Tanto Amos como Danny pensaban que los votantes, los accionistas y toda la demás gente que tiene que asumir las consecuencias de la toma de decisiones a alto nivel, podían desarrollar una mejor comprensión del proceso. Aprenderían a evaluar una decisión no por sus resultados —si salía bien o mal—, sino por el proceso que llevaba a ella. La tarea del que toma decisiones no es tener razón, sino calcular las probabilidades y jugar bien las bazas. Como le dijo Danny al público de Israel, lo que se necesitaba era «una transformación de las actitudes culturales hacia la incertidumbre y el riesgo».

Lo que no estaba claro era cómo iba un analista de decisiones a persuadir a un líder empresarial, militar o político de que le permitiera modificar su manera de pensar. ¿Cómo puedes siquiera intentar que alguien que toma decisiones importantes asigne números a sus «utilidades»? A las personas importantes no les gusta que se escudriñen sus sentimientos viscerales, ni siquiera cuando lo hacen ellos mismos. Y ese era el problema.

Más adelante, Danny recordaría el momento en que él y Amos perdieron la fe en el análisis de decisiones. El fallo del servicio de inteligencia israelí para anticipar el ataque de Yom Kippur provocó una crisis en el gobierno israelí y un breve período posterior de reflexión. Habían ganado la guerra, pero el resultado parecía una derrota. Los egipcios, que habían sufrido pérdidas aún mayores, estaban celebrando en las calles como si hubieran vencido, mientras en Israel todos intentaban averiguar qué había funcionado mal. Antes de la guerra, el servicio de inteligencia israelí había insistido, a pesar de las muchas evidencias en contra, en que Egipto nunca atacaría a Israel mientras este mantuviera su superioridad aérea. Israel había mantenido su superioridad aérea, y sin embargo Egipto había atacado. Después de la guerra, pensando que tal vez pudiera desempeñarse mejor, el Ministerio de Asuntos Exteriores israelí creó su propio servicio de inteligencia. Su director, Zvi Lanir, solicitó ayuda a Danny. Al final, Danny y Lanir realizaron un complicado ejercicio de análisis de decisiones. Su idea básica era introducir un nuevo rigor al tratar cuestiones de seguridad nacional. «Empezamos por la idea de que deberíamos prescindir de los informes de inteligencia convencionales —contó Danny—. Los informes de inteligencia tienen forma de ensayos. Y una característica de los ensayos es que se pueden interpretar como a uno le venga en gana.» En lugar de un ensayo, Danny quería facilitar a los dirigentes israelíes probabilidades en forma numérica.

En 1974, el secretario de Estado estadounidense, Henry Kissinger, había ejercido de intermediario en las negociaciones de paz entre Israel y Egipto y entre Israel y Siria. Como acicate, Kissinger había enviado al gobierno israelí un informe de la CIA que afirmaba que, si el intento de paz fracasaba, ocurrirían cosas muy graves. Danny y Lanir se propusieron ofrecer al ministro israelí de Asuntos Exteriores, Yigal Allon, estimaciones numéricas precisas de la probabilidad de que ocurrieran algunas cosas graves muy concretas. Elaboraron una lista de posibles «situaciones o acontecimientos críticos»: cambio de régimen en Jordania, reconocimiento de la Organización para la Liberación de Palestina por Estados Unidos, otra guerra a gran escala con Siria, etcétera. Después consultaron a expertos y observadores bien informados para determinar la probabilidad de cada situación. Encontraron un notable consenso entre aquellas personas. No había mucho desacuerdo acerca de las probabilidades. Cuando Danny preguntó a los expertos qué efecto podría tener un fracaso de las negociaciones de Kissinger en la probabilidad de guerra con Siria, por ejemplo, sus respuestas giraban en torno a «la probabilidad de guerra aumentará un 10 por ciento».

Danny y Lanir presentaron sus probabilidades al Ministerio de Asuntos Exteriores («The National Gamble», se titulaba su informe). El ministro Allon miró los números y preguntó: «¿Un 10 por ciento más? Es una diferencia pequeña».

Danny se quedó pasmado. Si un aumento del 10 por ciento en la probabilidad de una guerra a gran escala con Siria no bastaba para interesar a Allon en el proceso de paz de Kissinger, ¿cuánto hacía falta? Aquel número representaba el mejor cálculo de las probabilidades. Al parecer, el ministro de Asuntos Exteriores no quería fiarse de los cálculos. Prefería su propia calculadora interna:

sus vísceras. «En aquel momento, renuncié al análisis de decisiones —contaba Danny—. Nadie ha tomado nunca una decisión basándose en un número. Todos necesitan una historia.» Tal y como escribieron Danny y Lanir décadas después, cuando la CIA les pidió que describieran su experiencia con respecto al análisis de decisiones, el ministro israelí de Asuntos Exteriores era «indiferente a las probabilidades concretas». ¿Qué sentido tenía explicar las probabilidades de una apuesta, si la persona que iba a apostar no creía en los números o no quería conocerlos? El problema, sospechaba Danny, era que «los números se comprenden tan mal que no comunican nada. Todo el mundo tiene la sensación de que esas probabilidades no son reales, de que son solo algo en la mente de alguien».

En la historia de Danny y Amos, hay períodos en los que es difícil desenredar el entusiasmo que sentían por sus ideas del entusiasmo que sentían el uno por el otro. Vistos en retrospectiva, los tiempos anteriores y posteriores a la guerra de Yom Kippur no parecen una progresión natural de una idea a la siguiente, sino más bien el espacio de dos enamorados buscando donde sea una excusa para seguir juntos. Sentían que habían terminado de explorar los errores generados por las reglas rudimentarias que utilizamos para evaluar a ojo de buen cubero las probabilidades en cualquier situación incierta. Habían descubierto que el análisis de decisiones era prometedor, pero al final no servía. Hicieron varios intentos de escribir un libro de interés general acerca de las diversas maneras en que la mente humana hace frente a la incertidumbre; por alguna razón, nunca pasaron de un esbozo general y comienzos fallidos de unos pocos capítulos. Después de la guerra de Yom Kippur —y el consiguiente hundimiento de la fe popular en la capacidad de juicio de los miembros del gobierno israelí—, pensaron que lo que deberían hacer era reformar el sistema educativo para enseñar a pensar a los futuros líderes. «Hemos intentado enseñar a la gente a ser consciente de las trampas y falacias de su propio razonamiento —escribieron en un párrafo del libro de divulgación que nunca llegó a existir—. Hemos intentado enseñar a la gente de los diversos niveles del gobierno, el ejército, etcétera, pero solo hemos obtenido un éxito limitado.»

Las mentes adultas tendían demasiado al autoengaño. Las de los niños, no obstante, eran otra cosa. Danny creó un curso sobre juzgar para niños de la escuela elemental. Amos dio durante un breve tiempo unas clases similares para estudiantes de instituto, y elaboraron juntos un proyecto de libro. «Estas experiencias nos resultaron sumamente estimulantes», escribieron. Si podían enseñar a pensar a los niños israelíes —cómo detectar a su seductora pero engañosa intuición y hacer correcciones—, ¿quién sabe adónde podrían llegar? Puede que algún día aquellos niños, ya crecidos, entendieran la conveniencia de apoyar los siguientes esfuerzos de Henry Kissinger por firmar la paz entre Israel y Siria. Pero tampoco insistieron mucho en ello. Nunca llegaron a profundizar. Era como si la tentación de dirigirse al público interfiriera con su interés mutuo por la mente del otro.

En cambio, Amos invitó a Danny a estudiar la cuestión que había hecho que el primero se interesara por la psicología: ¿cómo toma decisiones la gente? «Un día, Amos dijo: "Ya hemos terminado con la manera de juzgar. Vamos a dedicarnos a la toma de decisiones"», recordaba Danny.

La distinción entre la formación de juicios y la toma de decisiones parecía tan borrosa como la distinción entre juicios y predicciones. Pero para Amos, y para otros psicólogos matemáticos, eran campos de investigación distintos. Una persona que hace un juicio está asignando probabilidades. ¿Qué probabilidades hay de que este tipo llegue a ser un buen jugador de la NBA? ¿Qué riesgo tienen estas obligaciones respaldadas por hipotecas basura? ¿Es un cáncer esa sombra en la radiografía? No todo juicio va seguido por una decisión, pero toda decisión implica un juicio previo. El campo de la toma de decisiones estudiaba lo que hace la gente después de formarse algún tipo de juicio: después de conocer las probabilidades, o de pensar que uno conoce las probabilidades, o de considerar que es imposible conocer las probabilidades. ¿Elijo a ese jugador? ¿Compro esas obligaciones? ¿Cirugía o quimioterapia? Se pretende conocer cómo actúa la gente cuando se enfrenta a opciones de riesgo.

Los estudiosos de la toma de decisiones habían renunciado en general a las investigaciones en el mundo real, reduciendo el campo al estudio de apuestas hipotéticas, realizado con sujetos en un laboratorio, donde se indicaban explícitamente las probabilidades. En el estudio de la toma de decisiones, las apuestas hipotéticas desempeñaban el mismo papel que la mosca de la fruta en el estudio de la genética. Servían como representaciones de fenómenos imposibles de aislar en el mundo real. Para introducir a Danny en su campo —Danny no sabía nada de esto—, Amos le pasó un libro de texto sobre psicología matemática que él había escrito junto con su profesor Clyde Coombs y otro alumno de Coombs, Robyn Dawes, el investigador que con tanta confianza había adivinado (incorrectamente) «¡Informático!» cuando Danny le mostró el perfil personal de Tom W. en Oregón. Y le indicó a Danny un largo capítulo titulado «Individual Decision Making».

La historia de la teoría de decisiones —explicaba el libro de texto— comenzó a principios del siglo XVIII, cuando los nobles aficionados al juego de dados pidieron a los matemáticos de la corte que les ayudaran a jugar mejor. El valor esperado de una apuesta era la suma de sus resultados, cada uno medido por la probabilidad de que ocurriera. Si alguien te ofrece jugar a cara o cruz, y ganas cien dólares si la moneda cae en cara pero pierdes cincuenta si cae en cruz, el valor esperado es $(100 \times 0{,}5) + (-50 \times 0{,}5) = 25$ dólares. Si sigues la regla de aceptar toda apuesta con un valor esperado positivo, aceptarás esa apuesta. Pero cualquiera que tenga ojos puede ver que la gente, cuando apuesta, no siempre actúa como si estuviera buscando maximizar el valor esperado. Los jugadores aceptaban apuestas con valores esperados negativos. Si no lo hicieran, no existirían los casinos. Y la gente contrataba seguros, pagando pólizas que superaban las pérdidas esperadas; si no lo hicieran, las compañías de seguros no tendrían un negocio viable. Toda teoría que pretenda explicar cómo debería aceptar riesgos una persona racional tiene que tener en cuenta por lo menos el deseo humano común de comprar seguridad, y otros casos en los que la gente deja sistemáticamente de maximizar el valor esperado.

La principal teoría de la toma de decisiones, explicaba el libro de Amos, la había publicado hacia 1730 un matemático suizo llamado Daniel Bernoulli. Bernoulli quería explicar la conducta de la gente un poco mejor que los simples cálculos del valor esperado. «Supongamos que un pobre compra un billete de lotería con el que tiene las mismas probabilidades de no ganar nada o ganar veinte mil ducados —escribía, cuando un ducado era un ducado—. ¿Valorará el billete en diez mil ducados, o hará el tonto si lo vende por nueve mil ducados?» Para explicar por qué el pobre preferiría los nueve mil ducados a una probabilidad del 50 por ciento de ganar veinte mil, Bernoulli recurrió a la prestidigitación. La gente, dijo, no maximiza el valor; maximiza la «utilidad».

¿Cuál era la «utilidad» para una persona? (Aquí, esa extraña y poco atractiva palabra viene a significar «el valor que una persona atribuye al dinero».) Pues bien, eso depende de cuánto dinero tenga la persona para empezar. Pero un pobre con un billete de lotería con un valor esperado de diez mil ducados le asignará sin duda más utilidad a nueve mil ducados en efectivo.

«La gente elige lo que más quiere» no resulta muy útil como

teoría para predecir el comportamiento humano. Lo que salvaba a la «teoría de la utilidad esperada» (que era como se llamaba) de ser tan general que no sirviera de nada eran sus suposiciones sobre la naturaleza humana. Además del planteamiento de que las personas que toman decisiones pretenden maximizar la utilidad, Bernoulli añadió que tienen «aversión al riesgo». El libro de Amos definía la aversión al riesgo de esta manera: «Cuanto más dinero tiene uno, menos valora cada incremento adicional; o dicho de otra manera, la utilidad de cada dólar adicional disminuye cuando aumenta el capital». Los segundos mil dólares que uno consigue se valoran un poco menos que los primeros, y los terceros se valoran menos que los segundos. El valor marginal de los dólares que uno paga para contratar un seguro contra incendios en su casa es inferior al valor marginal de los dólares que perdería si la casa se incendiara... y por eso se contrata un seguro, aunque estrictamente hablando es una apuesta estúpida. Uno concede menos valor a los mil dólares que puede ganar tirando una moneda al aire que a los mil dólares que ya tiene en su cuenta bancaria y que podría perder... y por eso rechaza la apuesta. Un pobre concede tanto valor a los nueve mil ducados que tiene en mano, que el riesgo de no tenerlos supera a la tentación de apostar por más con probabilidades favorables.

Esto no quiere decir que la gente real en el mundo real se comporte como lo hace porque tiene las características que Bernoulli le atribuía. Solo significa que la teoría parecía describir parte de lo que la gente hace en el mundo real, con dinero real. Explicaba el deseo de contratar seguros; pero desde luego no explicaba el deseo humano de comprar un billete de lotería. Hacía caso omiso de las apuestas; y esto era raro, ya que la búsqueda de una teoría sobre el modo en que la gente toma decisiones de riesgo había comenzado como un intento de convertir a los nobles franceses en mejores apostadores.

El texto de Amos pasaba por encima de la larga y tortuosa historia de la teoría de la utilidad desde Bernoulli hasta 1944. Aquel año, un judío húngaro llamado John von Neumann y un antisemita austríaco llamado Oskar Morgenstern, ambos huidos de Europa e instalados en América, se habían reunido para publicar las que se iban a llamar reglas de la racionalidad. Una persona racional que tenga que decidir entre varias posibilidades de riesgo, por ejemplo, no debería violar el axioma de transitividad de Von Neumann y Morgenstern: Si prefiere *A* a *B*, y *B* a *C*, debe preferir *A* a *C*. Si uno prefiere *A* a *B* y *B* a *C*, pero después prefiere *C* a *A*, está violando la teoría de la utilidad esperada. Entre las restantes reglas, puede que la más importante —dado lo que vendría después— fuera la que Von Neumann y Morgenstern llamaban «axioma de independencia». Esta regla decía que una elección entre dos apuestas no se debería cambiar cuando se introduce una alternativa irrelevante. Por ejemplo: entras en una tienda a comprar un sándwich y el dependiente te dice que solo tiene de rosbif y de pavo. Eliges el de pavo. Y mientras te prepara el sándwich, levanta la mirada y dice: «Ah, sí, se me olvidó que también tengo de jamón». Y tú dices: «Ah, entonces me llevo el de rosbif». El axioma de Von Neumann y Morgenstern venía a decir que no se te puede considerar racional si cambias del pavo al rosbif solo porque han descubierto que quedaba jamón.

Y la verdad: ¿quién cambiaría? Como las otras reglas de la racionalidad, el axioma de independencia parecía razonable, y el comportamiento general de los seres humanos no lo contradecía.

La teoría de la utilidad esperada era solo una teoría. No pretendía ser capaz de explicar o predecir todo lo que hace la gente cuando se enfrenta a una decisión de riesgo. Danny captó su importancia no al leer la descripción que hacía Amos en su libro de texto para estudiantes de licenciatura, sino por la manera en que Amos hablaba de ella. «Era algo sagrado para Amos», contaba Danny. Aunque la teoría no pretendía ser una verdad psicológica, el libro de texto que Amos había coescrito dejaba claro que había sido aceptada como psicológicamente cierta. Casi todos los interesados en estas cuestiones, un grupo que incluía la profesión entera de los economistas, parecía tomarla como una buena descripción del modo en que la gente normal toma decisiones cuando se enfrenta a alternativas de riesgo. Aquel salto de fe tenía por lo menos una implicación obvia en el tipo de consejos que los economistas daban a los dirigentes políticos: lo inclinaba todo en la dirección de dar a la gente libertad para elegir, y dejar a los mercados en paz. Al fin y al cabo, si se podía contar con que la gente sería básicamente racional, también los mercados podían serlo.

Estaba claro que Amos había pensado mucho en esto, desde cuando era estudiante posgraduado en Michigan. Amos siempre había tenido un instinto casi selvático para la vulnerabilidad de las ideas de otros. Por supuesto, sabía que la gente toma decisiones que la teoría no podía predecir. El propio Amos había estudiado el hecho de que la gente podía ser —en contra de lo que suponía la teoría— consistentemente «intransitiva». Siendo posgraduado en Michigan, había inducido a estudiantes de licenciatura de Harvard y a asesinos convictos en las cárceles de Michigan, una y otra vez, a elegir la apuesta *A* sobre la apuesta *B*, después a elegir la apuesta *B* sobre la *C*... y después cambiar de opinión y preferir *C* a *A*. Aquello violaba una regla de la teoría de la utilidad esperada. Y sin embargo, Amos nunca había ido muy lejos con sus dudas. Veía que a veces la gente comete errores; pero no veía nada irracional de forma sistemática en su manera de tomar decisiones. No había encontrado el modo de penetrar en la naturaleza humana con el estudio matemático de la toma de decisiones humana.

En el verano de 1973, Amos estaba buscando maneras de desmontar la teoría dominante sobre la toma de decisiones, tal y como él y Danny habían desmontado la idea de que los juicios humanos seguían los preceptos de la teoría estadística. Durante un viaje a Europa con su amigo Paul Slovic, le comunicó sus últimas ideas acerca de hacer un hueco en la teoría de decisiones para una visión más turbia de la naturaleza humana. «Amos no es partidario de enfrentar la teoría de la utilidad con un modelo alternativo, en una prueba directa, empírica, de choque frontal», transmitió Slovic en una carta a un colega en septiembre de 1973. «El problema es que la teoría de la utilidad es tan general que es difícil refutarla. Nuestra estrategia debería consistir en tomar la ofensiva y construir un argumento, no contra la teoría de la utilidad, sino a favor de una explicación alternativa que tenga en cuenta las limitaciones humanas.»

Amos tenía a su disposición un verdadero entendido en limitaciones humanas. Ahora describía a Danny como «el mejor psicólogo vivo del mundo». No es que le llegara a decir directamente a Danny algo tan halagador («La contención varonil era la norma», decía Danny). Nunca le explicó del todo a Danny por qué se le había ocurrido invitarle a la teoría de decisiones, un campo técnico y antiséptico que a Danny le interesaba poco y del que sabía aún menos. Pero es difícil de creer que Amos estuviera solo buscando alguna otra cosa que pudieran hacer juntos. Es más creíble que Amos sospechara lo que podía ocurrir cuando le dio a Danny su libro de texto sobre el tema. Aquel momento era semejante a un viejo episodio de *Los tres chiflados* en el que Larry toca *Pop Goes the Weasel* y desencadena un frenesí de destrucción por parte de Curly.

Danny leyó el libro de Amos como habría leído una receta escrita en marciano: descifrándolo. Hacía mucho tiempo que se había dado cuenta de que no era un matemático aplicado nato, pero podía seguir la lógica de las ecuaciones. Sabía que tenía que respetarlas, incluso venerarlas. Amos era un miembro destacado de la comunidad de psicólogos matemáticos. Y esta era una comunidad que miraba con desdén a la mayor parte del resto de la psicología. «Es un hecho comprobado que la gente que usa matemáticas tiene cierto glamour —decía Danny—. Era prestigioso porque se apropiaba del aura de las matemáticas y porque nadie más podía entender qué pasaba allí». Danny no podía eludir el creciente prestigio de las matemáticas en las ciencias sociales. Su distanciamiento le quitaba puntos. Pero la verdad era que no admiraba ni le interesaba la teoría de decisiones. Lo que le interesaba era por qué la gente se porta como se porta. Y según la manera de pensar de Danny, la principal teoría sobre toma de decisiones ni siquiera empezaba a describir cómo se toman decisiones.

Debió de sentir algo parecido al alivio cuando se acercó al final del capítulo de Amos sobre la teoría de la utilidad esperada, y llegó a la siguiente frase: «Sin embargo, los axiomas seguían sin convencer a algunas personas».

Una de estas personas, decía a continuación el texto, era Maurice Allais. Allais era un economista francés al que disgustaba la seguridad de los economistas estadounidenses. Desaprobaba en especial la creciente tendencia en la economía —desde que Von Neumann y Morgenstern elaboraron su teoría— a tratar un modelo matemático de la conducta humana como si fuera una descripción precisa de la manera en que la gente toma decisiones. En 1953, en un congreso de economistas, Allais presentó lo que él suponía que iba a ser un argumento mortal contra la teoría de la utilidad esperada. Pidió al público que imaginara sus decisiones en las dos situaciones siguientes (hemos multiplicado por diez las cifras en dólares para tener en cuenta la inflación y captar la sensación del problema original):

Situación 1: Debe usted elegir entre recibir:
1. 5 millones de dólares garantizados,
O esta apuesta:
2. Una probabilidad del 89 por ciento de ganar 5 millones.

Una probabilidad del 10 por ciento de ganar 25 millones.

Una probabilidad del 1 por ciento de no ganar nada.

La mayoría de las personas a las que se planteaba esto, incluyendo al parecer muchos de los economistas que formaban el público de Allais, decía: «Evidentemente, elijo la opción número 1, los cinco millones seguros». Preferían la certidumbre de ser ricos a la escasa posibilidad de ser aún más ricos. A lo que Allais replicó: «Muy bien, ahora consideren esta segunda situación»:

Situación 2: Debe usted elegir entre:

3. Una probabilidad del 11 por ciento de ganar 5 millones, con un 89 por ciento de probabilidad de no ganar nada,

O:

4. Una probabilidad del 10 por ciento de ganar 25 millones, con un 90 por ciento de probabilidad de no ganar nada.

Casi todo el mundo, incluyendo los economistas estadounidenses, contemplaba estas opciones y decía: «Elijo la número 4». Preferían la probabilidad un poco menor de ganar mucho más dinero. Esto no tenía nada de raro. A primera vista, las dos decisiones parecen perfectamente sensatas. El problema, como explicaba el libro de Amos, era que «este en apariencia inocente par de preferencias es incompatible con la teoría de la utilidad». Lo que ahora se llamaba la paradoja de Allais se había convertido en la contradicción más famosa de la teoría de la utilidad esperada. Este problema hizo que hasta los economistas estadounidenses con más sangre fría violaran las reglas de la racionalidad.*

---

* Pido disculpas por esto, pero hay que hacerlo. Aquellos cuyas mentes se congelan al enfrentarse con el álgebra pueden saltarse lo que sigue. Más adelante ofreceremos una prueba más simple de la paradoja, ideada por Danny y Amos. Pero aquí está la prueba del argumento de Allais que Amos pidió a Danny que

La introducción de Amos a la psicología matemática esbozaba la controversia y el debate que se habían producido cuando Allais planteó su paradoja. Por el lado estadounidense, el principal ponente era un brillante estadístico y matemático estadounidense llamado L. J. (Jimmie) Savage, que había hecho importantes contribuciones a la teoría de la utilidad y que reconocía que también él se había dejado embaucar por Allais para contradecirse. Savage encontró una manera aún más complicada de replantear las apuestas de Allais, de modo que al menos unos cuantos devotos de la teoría de la utilidad esperada, incluido él, contemplaran la segunda situación y eligieran la opción número 3 en lugar de la número 4. Es decir, demostró —o pensaba que había demostrado— que la «paradoja» de Allais no era una paradoja, y que la gente se comportaba exactamente como la teoría de la utilidad esperada predecía que se

---

considerara (reproducido más o menos de *Mathematical Psychology. An Elementary Introduction*).

Suponiendo que u sea la utilidad.

En la situación 1,
u (apuesta 1) > u (apuesta 2)

Y por lo tanto,
$1u$ (5) > 0,10 u (25) + 0,89 u (5) + 0,01 u (0)

Luego,
0,11 u (5) > 0,10 u (25) + 0,01 u (0)

Consideremos ahora la situación 2, donde la mayoría de la gente elige la opción 4 sobre la 3. Esto implica que,
u (apuesta 4) > u (apuesta 3)

Y por lo tanto,
0,10 u (25) + 0,90 u (0) > 0,11 u (5) + 0,89 u (0)

Luego,
0,10 u (25) + 0,01 u (0) > 0,11 u (5)

Que es exactamente lo contrario de la elección hecha en la primera apuesta.

comportaría. Amos, junto con la inmensa mayoría de las personas que se interesaban por estas cuestiones, seguía dudando.

Mientras Danny leía acerca de la teoría de decisiones, Amos le ayudaba a entender lo que era importante y lo que no. «Tenía un gusto impecable —decía Danny—. Sabía cuáles eran los problemas. Sabía cómo situarse en el campo general. Yo no tenía eso.» Lo importante, decía Amos, eran los problemas sin resolver. «Amos decía: "Esta es la historia, este es el juego. El juego es resolver la paradoja de Allais".»

Danny no acababa de ver la paradoja como un problema de lógica. A él le parecía más bien una peculiaridad de la conducta humana. «Yo quería entender la psicología de lo que estaba pasando», decía. Tenía la sensación de que el propio Allais no había pensado mucho en por qué la gente puede decidir de una manera que violaba la principal teoría sobre la toma de decisiones. Pero a Danny la razón le parecía obvia: el arrepentimiento. En la primera situación, las personas sentían que si su decisión salía mal, lo lamentarían al recordarlo y sentirían que la habían fastidiado; en la segunda situación, no tanto. Cualquiera que rechazara un regalo seguro de cinco millones lo lamentaría mucho más, si acababa sin nada, que una persona que rechazara una apuesta en la que tenía pocas probabilidades de ganar cinco millones de dólares. Si la mayoría de la gente elegía la opción 1, era porque sentía el dolor especial que experimentaría si elegía la opción 2 y no ganaba nada. Evitar el dolor se convertía en un elemento decisivo en el cálculo interior de su utilidad esperada. El arrepentimiento era el jamón que quedaba en la tienda y que hacía que la gente cambiara el pavo por el rosbif.

La teoría de decisiones había abordado la aparente contradicción básica de la paradoja de Allais como si fuera un problema técnico. A Danny aquello le pareció una tontería. No había contradicción; solo había psicología. Para comprender cualquier decisión había que tener en cuenta no solo las consecuencias económicas sino también las emocionales. «En efecto, no es el arrepentimiento mismo lo que determina las decisiones, como tampoco la respuesta emocional a las consecuencias determina la elección previa de una línea de actuación —le escribió Danny a Amos en una serie de comentarios sobre el tema—. Es la anticipación del arrepentimiento lo que influye en las decisiones, junto con la anticipación de otras consecuencias.» Danny pensaba que la gente anticipaba el arrepentimiento y se adaptaba a él de una manera distinta a como anticipaba y se adaptaba a otras emociones. «Lo que podría haber sido es un componente fundamental del sufrimiento —le escribió a Amos—. Aquí existe una asimetría, porque la consideración de cuánto peor habrían podido ser las cosas no es un factor importante en la alegría y la felicidad humanas.»

La gente feliz no se para a pensar en una infelicidad imaginaria de la misma manera que la gente infeliz imagina lo que podría haber hecho de otro modo para ser feliz. La gente no intentaba evitar otras emociones con la misma energía con que intentaba evitar el arrepentimiento.

Al tomar decisiones, no se intenta maximizar la utilidad: se intenta minimizar el arrepentimiento. Como punto de partida para una nueva teoría, parecía prometedor. Cuando la gente le preguntaba a Amos cómo tomaba él las grandes decisiones de su vida, él solía decir que su estrategia consistía en imaginar lo que podría lamentar después de haber elegido una opción, y elegir la opción que le hiciera sentirse menos arrepentido. Danny, por su parte, era la personificación del arrepentimiento. Danny se resistía a cambiar sus reservas para un vuelo, aun cuando el cambio hiciera mucho más fácil su vida, porque imaginaba lo mucho que lamentaría el cambio si este conducía a algún desastre. Era perfectamente capaz de anticipar el arrepentimiento causado por cosas que podían no ocurrir nunca y por decisiones que podía no tener que tomar nunca. Una vez, durante una cena con Amos y las esposas de ambos, Danny se extendió explicando con toda certeza su premonición de que su hijo, que todavía era un niño, ingresaría algún día en el ejército israelí, estallaría la guerra y su hijo moriría. «¿Qué probabilidades había de que ocurriera todo aquello? —decía Barbara Tversky—. Minúsculas. Pero no pude quitárselo de la cabeza. Era tan desagradable hablar con él de aquellas pequeñas probabilidades que tuve que dejarlo.» Era como si Danny pensara que anticipando sus sentimientos podía mitigar el dolor que le causarían de manera inevitable.

A finales de 1973, Amos y Danny estaban pasando seis horas al día juntos, metidos en una sala de conferencias o dando largos paseos por Jerusalén. Amos odiaba el humo; odiaba estar con gente que fumara. Danny todavía fumaba dos paquetes de cigarrillos al día, y sin embargo Amos no decía ni una palabra. Lo único que importaba era la conversación. Cuando no estaban juntos, se estaban escribiendo informes el uno al otro para aclarar y ampliar lo que se habían dicho. Si se encontraban en el mismo acto social, acababan inevitablemente en un rincón, hablando el uno con el otro. «Cada uno encontraba al otro más interesante que a cualquier otra persona —decía Danny—. Aunque hubiéramos pasado el día entero trabajando juntos.» Se convertían en una sola mente, que generaba ideas sobre por qué hacemos lo que hacemos, e ideaba extraños experimentos para ponerlas a prueba. Por ejemplo, planteaban a los sujetos esta situación:

Has participado en una rifa de feria y has comprado un solo boleto muy caro, con la esperanza de ganar el único gran premio que se sortea. El boleto se sacó a ciegas de una urna grande, y tu número es el 107358. Se anuncia el resultado de la rifa, y resulta que el número premiado es el 107359.

Pedían a los sujetos que valoraran su disgusto en un escala del 1 al 20. Después planteaban la misma situación a otros dos grupos de sujetos, pero con un solo cambio: el número ganador. A un grupo le dijeron que el número premiado era el 207358; al segundo grupo le dijeron que el 618379. El primer grupo manifestó más disgusto que el segundo. Curiosamente —pero como Amos y Danny habían sospechado—, cuanto más diferente fuera el número ganador del que tenía el sujeto en la rifa, menos disgusto sentían. «En contra de la lógica, hay una clara sensación de que cuando el número que uno tiene es parecido al número premiado, se ha estado más cerca de ganar la rifa», escribió Danny en un informe a Amos, resumiendo sus datos. En otro informe, añadió que «el argumento general es que el mismo estado de cosas (objetivamente) se puede experimentar con grados de sufrimiento muy diferentes», dependiendo de lo fácil que sea imaginar que las cosas habrían podido salir de otra manera.

El arrepentimiento era tan imaginable que la gente lo conjuraba incluso en situaciones sobre las que no tenía ningún control. Pero por supuesto, era mucho más intenso cuando uno hubiera podido hacer algo por evitarlo. Lo que la gente lamentaba, y la intensidad con que lo lamentaba, no era tan obvio.

La guerra y la política nunca estaban lejos de las mentes de Amos y Danny durante sus conversaciones. Después de la guerra de Yom Kippur observaron detenidamente a sus compatriotas israelíes. La mayoría lamentaba que hubieran pillado por sorpresa a Israel. Algunos lamentaban que Israel no hubiera atacado primero. Pocos lamentaban lo que Danny y Amos pensaban que deberían lamentar más: la negativa del gobierno israelí a devolver los territorios conquistados en la guerra de 1967. Si Israel hubiera devuelto el Sinaí a Egipto, seguramente Sadat no habría sentido la necesidad de atacar. ¿Por qué la gente no lamentaba la omisión de Israel? Amos y Danny tenían una idea: la gente lamentaba lo que había hecho, y lo que deseaba no haber hecho, mucho más que lo que no había hecho y tal vez debería haber hecho. «El dolor que se experimenta cuando la pérdida está causada por un acto que modificó el *statu quo* es significativamente mayor que el dolor que se experimenta cuando la decisión condujo al mantenimiento del *statu quo* —escribió Danny en un informe a Amos—. Cuando uno no toma medidas que podrían haber evitado un desastre, no acepta responsabilidad por el desastre ocurrido.»

Se propusieron elaborar una teoría del arrepentimiento. Estaban descubriendo, o creían estar descubriendo, las que venían a ser las reglas del arrepentimiento. Una de estas reglas era que la emoción estaba estrechamente relacionada con la sensación de «haber estado cerca» y haber fallado. Cuanto más cerca estés de conseguir una cosa, más lo lamentas si no la consigues.* Una segunda regla: el arrepentimiento estaba muy relacionado con los sentimientos de responsabilidad. Cuanto más control sientes que tienes sobre el resultado de una apuesta, más arrepentimiento experimentas si la apuesta sale mal. En el problema de Allais, la gente anticipaba el arrepentimiento, no por el fracaso en ganar una apuesta, sino por la decisión de renunciar a un montón de dinero seguro.

Esta era otra regla del arrepentimiento. Desvirtuaba cualquier decisión en la que una persona tenía que elegir entre una

---

* Dos décadas después, en 1995, el psicólogo estadounidense Thomas Gilovich, que había colaborado en distintas ocasiones con Danny y Amos, coescribió un trabajo que examinaba la satisfacción relativa de los ganadores de medallas de plata y de bronce en los Juegos Olímpicos de 1992. Por las imágenes grabadas en vídeo, los sujetos juzgaron que los ganadores del bronce estaban más contentos que los medallistas de plata. Los autores sugerían que los ganadores de medallas de plata sufrían la frustración de no haber ganado el oro, mientras que los de bronce se conformaban con estar en el podio.

cosa segura y una apuesta. Esta tendencia no solo tenía interés académico. Danny y Amos estaban de acuerdo en que en el mundo real existía un equivalente de «una cosa segura»: el *statu quo*. El *statu quo* era lo que la gente daba por seguro que obtendría si se abstenía de actuar. «Tal vez, esto podría explicar muchos casos de duda prolongada, y de resistencia continua a actuar», le escribió Danny a Amos. Jugaron con la idea de que la anticipación del arrepentimiento influye en los asuntos humanos mucho más de lo que influiría si la gente pudiera de algún modo saber qué habría ocurrido si hubiera decidido otra cosa. «La ausencia de información precisa acerca de los resultados de lo que uno no ha hecho es, tal vez, el factor más importante que mantiene el arrepentimiento en la vida dentro de unos límites tolerables —escribió Danny—. Nunca podremos estar del todo seguros de que habríamos sido más felices si hubiéramos elegido otra profesión o nos hubiéramos casado con otra persona... De esta manera, en muchas ocasiones estamos protegidos contra un conocimiento doloroso acerca de la calidad de nuestras decisiones.»

Pasaron más de un año dándole vueltas y forma a la misma idea básica: para explicar las paradojas que la teoría de la utilidad esperada no podía explicar, y crear una teoría mejor para explicar la conducta, había que inyectar psicología en la teoría. Poniendo a prueba cómo la gente elige entre varias ganancias seguras y otras ganancias que solo eran probables, trazaron los contornos del arrepentimiento.

¿Cuál de los siguientes regalos prefieres?

Regalo A. Un billete de lotería que ofrezca un 50 por ciento de probabilidades de ganar un millón.

Regalo B. 400 dólares seguros.

O:

¿Cuál de los siguientes regalos prefieres?

Regalo A. Un billete de lotería que ofrezca un 50 por ciento de probabilidades de ganar un millón.

Regalo B. 400.000 dólares seguros.

Reunieron montones de datos: elecciones que la gente había hecho en la vida real. «Mantén siempre una mano firme sobre los datos», le gustaba decir a Amos. Los datos eran lo que diferenciaba la psicología de la filosofía, y la física de la metafísica. En ellos, Amos y Danny veían que los sentimientos subjetivos de la gente acerca del dinero tenían mucho en común con sus experiencias perceptivas. Una persona en completa oscuridad es sumamente sensible al primer centelleo de luz, lo mismo que la gente en completo silencio reacciona al ruido más ligero, y la gente en un edificio muy alto detecta al instante el menor balanceo. Cuanto más intensas sean las luces, el sonido o el movimiento, menos sensible se vuelve la gente a los cambios progresivos. Lo mismo ocurre con el dinero. La gente sentía más placer pasando de cero a un millón de dólares que pasando de un millón a dos. Por supuesto, la teoría de la utilidad esperada también predecía que la gente preferiría una ganancia segura a una apuesta que ofreciera un valor esperado aún mayor. Tenían «aversión al riesgo». Pero ¿qué era lo que todo el mundo llamaba «aversión al riesgo»? Venía a ser un precio que la gente pagaba de forma voluntaria para evitarse el arrepentimiento: una prima de arrepentimiento.

La teoría de la utilidad esperada no era exactamente errónea. Solo que no se entendía a sí misma, hasta el punto de que era incapaz de defenderse contra las aparentes contradicciones. Según escribieron Danny y Amos, la incapacidad de la teoría para explicar las decisiones de la gente «demuestra solo lo que tal vez debería ser obvio: que al aplicar la teoría de la utilidad no se pueden desestimar las consecuencias no monetarias de las decisiones, como tantas veces se hace». Aun así, no estaba claro cómo se podía integrar lo que venía a ser un conjunto de percepciones sobre una emoción en una teoría sobre cómo se toman decisiones de riesgo. Estaban tanteando a ciegas. A Amos le gustaba utilizar una expresión que había leído en alguna parte: «cortar la naturaleza por las articulaciones». Estaban intentando cortar la naturaleza humana por las articulaciones, pero las articulaciones de una emoción eran evasivas. Esta era una de las razones por las que a Amos no le gustaba demasiado pensar o hablar acerca de las emociones: no le gustaban las cosas difíciles de medir. «Esta es una teoría verdaderamente compleja —confesó un día Danny en un informe—. De hecho, está formada por varias miniteorías, que están conectadas de manera muy floja.»

Al leer acerca de la teoría de la utilidad esperada, a Danny no le había parecido tan desconcertante la paradoja que en principio la contradecía. Lo que desconcertaba a Danny era todo lo que la teoría no tenía en cuenta. «La gente más inteligente del mundo está midiendo la utilidad —dijo—, y cuando yo leo sobre ello, me llama la atención algo muy, muy peculiar.» Los teóricos parecían pensar que significaba «la utilidad de tener dinero». En sus mentes, aquello estaba relacionado con distintos niveles de riqueza. Más era siempre mejor, solo por ser más. Menos era siempre peor, solo por ser menos. A Danny esto le pareció falso. Ideó muchas situaciones para demostrarlo:

> Hoy, Jack y Jill tienen cada uno una fortuna de 5 millones.
> Ayer, Jack tenía 1 millón y Jill tenía 9 millones.
> ¿Están igual de contentos? (¿Tienen la misma utilidad?)

Por supuesto, no estaban igual de contentos. Jill estaba muy disgustada y Jack estaba entusiasmado. Aunque le quitaras un millón a Jack y lo dejaras con menos dinero que Jill, él seguiría estando más contento que ella. En la percepción que tiene la gente del dinero —como en su percepción de la luz, el sonido, el tiempo atmosférico y todo lo que hay bajo el sol—, lo que importa no son los niveles absolutos, sino los cambios. La gente que toma decisiones —en especial, decisiones entre apuestas por pequeñas sumas de dinero— las toma en términos de ganancias y pérdidas. No piensa en niveles absolutos. «Volví a Amos con aquella pregunta, esperando que él me la explicara —recordaba Danny—. Pero Amos me dijo: "Tienes razón".»

10

El efecto aislamiento

Por lo general a Amos y Danny les costaba recordar cómo se les había ocurrido cierta idea. Ambos creían que no tenía sentido acreditar la paternidad de esa idea, ya que consideraban que sus pensamientos eran el resultado alquímico de la interacción entre ellos. Sin embargo, de vez en cuando sí que se conservaba el origen de algunos conceptos. La idea de que la gente que tomaba decisiones arriesgadas era especialmente sensible a los cambios puede atribuirse, sin temor a equivocarse, a Danny. Con todo, alcanzó todo su potencial gracias a lo que añadió Amos. Un día, hacia finales de 1974, mientras repasaban las apuestas que habían dado a sus sujetos, Amos preguntó: «¿Y si cambiáramos los signos?». Hasta ese momento, las apuestas siempre habían ofrecido opciones con diversos beneficios. «¿Preferiría ganar seguro 500 dólares o un 50 por ciento de probabilidades de ganar 1.000?» Por contra, Amos preguntó: «¿Y qué pasa con las pérdidas?». Por ejemplo:

> ¿Cuál de las siguientes opciones prefiere?
> Regalo A. Un billete de lotería que ofrece un 50 por ciento de probabilidades de perder 1.000 dólares.
> Regalo B. Una pérdida segura de 500 dólares.

Se dieron cuenta de inmediato de que si anteponían un signo menos a todas las apuestas y pedían a la gente que eligiera de nuevo una opción, se comportaban de un modo muy distinto que cuando solo tenían que escoger entre un posible beneficio y nada. «Fue un momento de eureka —decía Danny—. Nos sentimos como unos estúpidos por que no se nos hubiera ocurrido antes.» Cuando daban a elegir a alguien entre un regalo de 500 dólares y una probabilidad del 50 por ciento de conseguir 1.000, la gente iba a lo seguro. Si a esa misma persona le daban a elegir entre perder 500 dólares y una probabilidad del 50 por ciento de perder 1.000, el sujeto elegía la apuesta. Se convertía en alguien que buscaba el riesgo. Las probabilidades que exigía la gente para aceptar una pérdida segura antes que la probabilidad de una pérdida superior eran iguales a las probabilidades que exigía para renunciar a cierto beneficio a cambio de unas probabilidades de conseguir un premio mayor. Por ejemplo, para que la gente prefiriera la probabilidad del 50 por ciento de ganar 1.000 dólares antes que una cifra segura, pero menor, había que rebajar la cantidad a unos 370 dólares. Y para que prefiriera una pérdida segura, antes que un 50 por ciento de probabilidades de perder 1.000 dólares, había que rebajar la cifra a unos 370 dólares.

De hecho, enseguida descubrieron que había que reducir la cantidad de la pérdida segura aún más si querían que la gente la aceptara. Cuando había que elegir entre algo seguro y un riesgo, el deseo de la gente de evitar una pérdida sobrepasaba al deseo de un beneficio seguro.

El deseo de evitar una pérdida estaba muy arraigado y se expresaba de forma muy clara cuando el riesgo venía asociado con la posibilidad de perder y ganar. Es decir, cuando se parecía a la mayoría de apuestas de la vida. Para conseguir que la gente lanzara al aire una moneda, había que ofrecerle unas probabilidades muy superiores al 50 por ciento. Si iba a perder 100 dólares si la moneda salía cara, tenía que ganar 200 dólares si salía cruz. Para que lanzara una moneda por 10.000 dólares, había que ofrecerle unas probabilidades aún mayores que en el caso de la apuesta de cien. «La mayor sensibilidad a los cambios negativos en comparación con los positivos no es algo restringido a situaciones relacionadas con el dinero —escribieron Amos y Danny—. Es el reflejo de una característica general del organismo humano como máquina de placer. Para la mayoría de la gente, la felicidad que supone recibir un objeto deseable es menor que la infelicidad que implica perder ese mismo objeto.»

No era muy difícil entender a qué podía deberse: una mayor sensibilidad al dolor era una característica útil para la supervivencia. «Tal vez las especies felices dotadas de una apreciación infinita de los placeres y una menor sensibilidad al dolor no sobrevivirían en la batalla de la evolución», escribieron.

Mientras repasaban las implicaciones de su nuevo descubrimiento, hubo una cosa que les quedó muy clara de inmediato: el arrepentimiento debía desaparecer, al menos como teoría. Podía explicar por qué la gente tomaba decisiones en apariencia irracionales para aceptar algo seguro en lugar de un riesgo con un posible beneficio mucho más elevado. No podía explicar por qué la gente que se enfrentaba a pérdidas buscaba el riesgo. Todo aquel que argumentaba que el arrepentimiento explica por qué la gente prefiere 500 dólares seguros que un 50 por ciento de probabilidades de conseguir 0 y 1.000 nunca podría explicar por qué, si eliminábamos los 1.000 dólares de las cifras y convertíamos el dinero seguro en una pérdida de 500 dólares, la gente prefería el riesgo. Por increíble que parezca, Danny y Amos no se detuvieron a llorar la muerte de una teoría a la que habían dedicado más de un año de trabajo. La rapidez con la que dejaron atrás sus ideas sobre el arrepentimiento, muchas de ellas correctas y valiosas, fue increíble. Un día creaban las reglas del arrepentimiento como si ellas pudieran explicar cómo tomaba decisiones la gente; al otro, habían pasado a explorar una teoría más prometedora y dejaban de lado el arrepentimiento.

De modo que decidieron determinar con precisión dónde y cómo reaccionaba la gente a las probabilidades de varias apuestas que ofrecían pérdidas y ganancias. Amos llamaba a las buenas ideas «uvas pasas». Y la nueva teoría tenía tres pasas. La primera era la comprensión de que la gente reaccionaba a los cambios más que a niveles absolutos. La segunda era el descubrimiento de que la gente abordaba el riesgo de forma muy distinta cuando implicaba pérdidas que cuando ofrecía ganancias. Al explorar las reacciones de la gente a apuestas concretas encontraron una tercera pasa: la gente no reaccionaba a la probabilidad de forma sencilla. Amos y Danny sabían, tras sus reflexiones sobre el arrepentimiento, que en las apuestas que ofrecían cierto resultado, la gente estaba dispuesta a pagar por esa certeza. Sin embargo, vieron que las personas reaccionaban de forma distinta a diversos grados de incertidumbre. Cuando les ofrecían una apuesta con un 90 por ciento de probabilidades de salir bien y otra con solo un 10 por ciento, no se comportaban como si la primera tuviera nueve veces más probabilidades de salir bien que la segunda. Realizaban un ajuste interno y se comportaban como si la opción del 90 por ciento fuera, en realidad, inferior, y como si una probabilidad del 10 por ciento fuera, en realidad, superior. En resumen, la gente no reaccionaba a las probabilidades de forma racional, sino emotiva.

Fuera cual fuera esa emoción, se intensificaba a medida que las probabilidades eran más remotas. Si decían a la gente que había una posibilidad entre mil millones de ganar o perder cierta cantidad de dinero, se comportaba como si esas probabilidades no fueran de una entre mil millones, sino como de una entre diez mil. Su miedo a perder en el caso de una posibilidad entre mil millones era superior a lo que debería ser, y sus esperanzas de ganar dadas las mismas condiciones también eran superiores a lo que deberían. La reacción emotiva de las personas a probabilidades muy remotas las llevaba a invertir su gusto habitual por el riesgo, a buscar ese riesgo cuando aspiraban a una ganancia remota, y a evitar el riesgo cuando se enfrentaban a probabilidades muy remotas de perder (algo que explica por qué la gente compra billetes de lotería y, al mismo tiempo, contrata un seguro). «Si piensas en las posibilidades, acabas dándole demasiadas vueltas —decía Danny—. Cuando tu hija llega tarde y te preocupas, no puedes quitarte cierto pensamiento de la cabeza a pesar de que sabes que tienes muy poco que temer.» Pagarías más de lo que deberías por librarte de esa preocupación.

La gente trataba las probabilidades remotas como si fueran posibilidades. Para crear una teoría que pudiera predecir lo que hacía la gente cuando se enfrentaba a la incertidumbre, había que «sopesar» las probabilidades, tal y como hacía la gente con las emociones. Una vez hecho se podía explicar no solo por qué la gente contrataba pólizas de seguro y compraba boletos de lotería. Incluso se podía explicar la paradoja de Allais.*

* A continuación, ofrecemos una versión simplificada de la paradoja. Danny y Amos la crearon para demostrar que la contradicción aparente podía resolverse usando sus hallazgos sobre la actitud de la gente hacia ciertas probabilidades. Lo que, curiosamente, les permitió «resolver» la paradoja de Allais dos veces: primero la explicaron gracias al arrepentimiento y luego con su nueva teoría.

Le dan a elegir entre:
1. 30.000 dólares seguros.
2. Una apuesta que le da un 50 por ciento de probabilidades de ganar 70.000 dólares y un 50 por ciento de probabilidades de no ganar nada.

La mayoría de gente eligió los 30.000 dólares. Dato interesante de por sí, ya que demostraba lo que significaba «aversión al riesgo». La gente que elegía entre una apuesta y una cantidad segura aceptaba una cantidad segura que era inferior al valor esperado de la apuesta (que en este caso es de 35.000 dólares). Eso no infringía la teoría de la utilidad. Solo significaba que la utilidad de una probabilidad de

Llegados a cierto punto, Danny y Amos pasaron a ser conscientes de que tenían un problema entre manos. Su teoría explicaba todo tipo de cosas que la utilidad esperada no podía explicar. Pero implicaba, algo que la teoría de la utilidad no había hecho, que era tan fácil conseguir que la gente asumiera riesgos como que los evitaran. Lo único que había que hacer era ofrecerles una elección que implicara una pérdida. En los más de doscientos años que habían transcurrido desde que Bernoulli había iniciado el debate, los intelectuales habían considerado el comportamiento que buscaba el riesgo como una curiosidad. Si la búsqueda del riesgo era un elemento inherente de la naturaleza humana, como insinuaba la teoría de Danny y Amos, ¿por qué no había caído en ello nadie hasta entonces?

La respuesta, creían, era que los intelectuales que estudiaban la toma de decisiones humana habían buscado en los lugares equi-

---

ganar 70.000 es menor que la utilidad de una probabilidad el doble de grande de ganar 30.000, lo que en este caso convierte tal cantidad en una certeza. Pero consideremos una segunda elección entre apuestas:

1. Una apuesta que le ofrece un 4 por ciento de probabilidades de ganar 30.000 dólares y un 96 por ciento de probabilidades de no ganar nada.
2. Una apuesta que le ofrece un 2 por ciento de ganar 70.000 dólares y un 98 por ciento de no ganar nada.

La mayoría de gente prefería la segunda opción, que ofrecía menos probabilidades de ganar más. Pero ello implicaba que la «utilidad» de una probabilidad de ganar 70.000 dólares es mayor que la utilidad de una probabilidad el doble de grande de ganar 30.000, o lo opuesto de las preferencias de la primera elección. En la teoría de Danny y Amos, la paradoja se resolvía ahora de un modo distinto. No era, o no era solo, que la gente previera la sensación de arrepentimiento cuando tomaba una decisión en la primera situación que no previera al tomar la segunda. Era que consideraba el 50 por ciento como un porcentaje en realidad superior al 50 por ciento, y veía la diferencia entre el 4 y el 2 por ciento como inferior a la que era en realidad.

vocados. La mayoría habían sido economistas, que dirigían su atención al modo en que la gente decidía en lo relacionado con el dinero. «Es un hecho ecológico —escribieron Amos y Danny en un borrador— que la mayoría de decisiones tomadas en ese contexto (salvo los seguros) implican principalmente perspectivas favorables.» Las apuestas que estudiaban los economistas eran, al igual que la mayoría de decisiones de ahorro y de inversión, elecciones entre ganancias. En el campo de las ganancias, la gente mostraba, de hecho, aversión al riesgo. Anteponía lo seguro a la apuesta. Danny y Amos creían que, si los teóricos hubieran dedicado menos tiempo al dinero y más a la política y la guerra, o incluso al matrimonio, habrían alcanzado conclusiones distintas sobre la naturaleza humana. En la política y en la guerra, como en las relaciones humanas tensas, la elección a la que se enfrentaba el encargado de tomar las decisiones era a menudo entre dos opciones desagradables. «Podría haber surgido una visión muy distinta del hombre como responsable de la toma de decisiones si los resultados de esas decisiones en los ámbitos privado y personal, político o estratégico se hubieran podido medir con tanta facilidad como las ganancias y las pérdidas monetarias», escribieron.

Danny y Amos pasaron la primera mitad de 1975 dando forma a su teoría para poder mostrar un borrador a los demás colegas. Empezaron con el título de «Teoría del valor», pero luego lo cambiaron a «Teoría del valor-riesgo». Para tratarse de una pareja de psicólogos que atacaban una teoría erigida y defendida sobre todo por economistas, escribían con una agresividad y una confianza increíbles. La antigua teoría, escribieron, no tenía en cuenta cómo se enfrentaban los seres humanos a las decisiones de riesgo. Lo único que hacía era «explicar las decisiones arriesgadas en relación con el dinero o la riqueza». El lector podía detectar entre líneas su vértigo. «Amos y yo nos encontramos en el período más productivo de nuestras carreras —escribió Danny a Paul Slovic a principios de 1975—. Estamos desarrollando una teoría que nos parece muy completa y considerablemente novedosa sobre la toma de decisiones en condiciones de incertidumbre. Hemos dejado a un lado el tratamiento del arrepentimiento en beneficio de un tratamiento del nivel de referencia o nivel de adaptación.» Al cabo de seis meses, Danny escribió a Slovic que tenían un borrador de una nueva teoría sobre la toma de decisiones. «Amos y yo hemos logrado acabar un artículo sobre las decisiones arriesgadas a tiempo de presentarlo ante un grupo ilustre de economistas que se reúnen en Jerusalén esta semana. De momento no es más que una primera versión.»

El encuentro en cuestión, tildado de conferencia sobre economía pública, se celebró en junio de 1975, en un kibutz a las afueras de Jerusalén. De modo que una de las teorías que habría de ser una de las más influyentes de la historia de la economía se presentó en público en una granja. La teoría de la decisión era el campo de Amos, por lo que fue él quien se encargó de presentarla. Entre el público había tres premios Nobel de Economía (Peter Diamond, Daniel McFadden y Kenneth Arrow) y otro futuro. «Cuando escuchabas a Amos sabías que te encontrabas ante alguien con una inteligencia de primer nivel —decía Arrow—. Cuando le planteabas una pregunta, a él ya se le había ocurrido antes y tenía una respuesta.»

Después de escuchar la conferencia de Amos, Arrow le planteó una pregunta importante: ¿qué es la pérdida?

Era obvio que la teoría giraba en torno a la gran diferencia de los sentimientos de la gente cuando se enfrentaban a pérdidas potenciales en lugar de a ganancias potenciales. Una pérdida, según la teoría, se producía cuando alguien acaba peor que su «punto de referencia». Pero ¿cuál era ese punto de referencia? La respuesta más fácil era: aquel del que partía el sujeto. Su *statu quo*. Una pérdida se producía cuando el sujeto acababa peor que su *statu quo*. Pero ¿cómo se determinaba el *statu quo* de una persona? «En los experimentos está muy claro qué es una pérdida, pero en el mundo real no está tan claro», dijo Arrow.

A finales de año, las mesas de operaciones de Wall Street ofrecieron un ejemplo de esta cuestión. Si un agente de bolsa espera que le paguen una prima de un millón de dólares y solo le dan medio millón, se siente, y se comporta, como si hubiera sufrido pérdidas. Su punto de referencia es una expectativa de lo que iba a recibir. Esa expectativa no es un número estable, puede cambiarse de distintas formas. Un agente que espera recibir una prima de un millón de dólares, y que espera que los demás compañeros de trabajo también reciban una prima de un millón de dólares, no tendrá el mismo punto de referencia si descubre que sus colegas han recibido dos millones. De modo que, si le pagan un millón de dólares, vuelve a estar en el dominio de las pérdidas. Más adelante, Danny habría de usar el mismo argumento para explicar el comportamiento de los simios en los experimentos que los científicos habían realizado con bonobos. «Si mi vecino de la jaula de al lado y yo recibimos un pepino por hacer bien el trabajo, fantástico. Pero si a él le dan un plátano y a mí un pepino, tiraré el pepino a la cara del científico.» Desde el momento en que un simio recibía un plátano, este se convertía en el punto de referencia del vecino.

El punto de referencia es un estado mental. Incluso en apuestas sencillas se puede cambiar el punto de referencia de una persona y convertir una pérdida en ganancia, y viceversa. Al hacerlo, se pueden manipular las decisiones que toma la gente solo a partir del modo en que se describen. Y demostraron su argumento a los economistas de la siguiente manera:

Problema A. Además de sus posesiones, recibe 1.000 dólares. Ahora debe elegir entre las siguientes opciones:

1. Una probabilidad del 50 por ciento de ganar 1.000 dólares.
2. Un regalo de 500 dólares.

La mayoría de los sujetos elegía la opción 2, lo seguro.

Problema B. Además de sus posesiones, recibe 2.000 dólares. Ahora debe elegir una de las siguientes opciones:
3. Una probabilidad del 50 por ciento de perder 1.000 dólares.
4. Una pérdida segura de 500 dólares.

Ambas preguntas eran, en realidad, idénticas. En ambos casos, si elegías la apuesta tenías una probabilidad del 50 por ciento de ganar 2.000 dólares. En ambos casos, si el sujeto iba a lo seguro, ganaba 1.500 dólares. Pero cuando se ofrecía lo seguro como una pérdida, la gente elegía la apuesta. Cuando se ofrecía como ganancia, elegía lo seguro. El punto de referencia, el punto que te permitía distinguir entre una ganancia y una pérdida, no era un número fijo. Era un estado psicológico. «Lo que constituye una ganancia o una pérdida depende de la representación del problema y del contexto en el que surge», explicaba el primer borrador de la «Teoría del valor». «Proponemos que la presente teoría se aplique a las ganancias y las pérdidas tal y como son percibidas por el sujeto.»

Danny y Amos intentaban demostrar que las personas que se enfrentaban a una opción arriesgada no sabían contextualizarla. La evaluaban de forma aislada. Al explorar lo que ahora llamaban el efecto aislamiento, Amos y Danny habían dado con otra idea, cuyas implicaciones para el mundo real eran difíciles de pasar por alto. Y a esta idea la definieron como «marcos». Al cambiar la descripción de una situación y hacer que la ganancia pareciera una pérdida, se podía provocar que las personas cambiaran por completo su actitud hacia el riesgo, que dejaran de evitar el riesgo y pasaran a buscarlo. «Inventamos la teoría de los marcos sin darnos cuenta de ello —decía Danny—. Tomas dos cosas que deberían ser idénticas, el modo en que difieren debería ser irrelevante, y al demostrar que no es irrelevante, demuestras que la teoría de la utilidad es incorrecta.» Danny tenía la sensación de que los marcos ponían a prueba su obra. «Vaya, mira, otra broma extraña que se gasta la mente a sí misma.»

Los marcos no eran más que otro fenómeno: nunca habría una teoría de los marcos. Pero Amos y Danny acabarían dedicando muchas horas y energías a concebir ejemplos del fenómeno para ilustrar cómo podía distorsionar las decisiones del mundo real. El más famoso fue el problema de la enfermedad asiática.

Este problema estaba formado, en realidad, por dos, que dieron por separado a dos grupos distintos de sujetos que no conocían el poder de los marcos. El primer grupo recibió este problema:

> Imagine que Estados Unidos se está preparando para el brote de una rara enfermedad asiática que se espera acabe con la vida de 600 personas. Se han propuesto dos programas alternativos para combatir esa enfermedad. Suponga que las estimaciones científicas más exactas de las consecuencias de los programas son las siguientes.
>
> Si se adopta el programa A, se salvarán 200 personas.
>
> Si se adopta el programa B, hay una probabilidad de un tercio de que 600 personas se salven y una probabilidad de dos tercios de que ninguna de ellas se salve.
>
> ¿Cuál de los dos programas elegiría?

Una mayoría abrumadora eligió el programa A para salvar 200 vidas seguras.

El segundo grupo recibió el mismo problema, pero debía elegir entre dos programas:

Si se adopta el programa C, morirán 400 personas.

Si se adopta el programa D, hay una probabilidad de un tercio de que nadie muera y una probabilidad de dos tercios de que mueran 600 personas.

Al presentar las opciones en este marco, una mayoría abrumadora eligió el programa D. Ambos problemas eran idénticos, pero, en el primer caso, cuando la elección se enmarcaba en una ganancia, los sujetos elegían salvar a 200 personas (lo que significaba que 400 personas iban a morir seguro, aunque los sujetos no lo veían de ese modo). En el segundo caso, al enmarcar la elección como pérdida, hacían lo contrario y corrían el riesgo de matar a todo el mundo.

Los sujetos no elegían entre cosas. Elegían entre descripciones de cosas. Los economistas, y todos aquellos que querían creer que los seres humanos eran racionales, podían racionalizar, o intentar racionalizar, la aversión a la pérdida. Pero ¿cómo podía racionalizarse esto? Los economistas daban por sentado que se podía medir lo que quería la gente a partir de lo que elegía. Pero ¿y si lo que quiere uno cambia en función del contexto en el que se ofrecen las opciones? «Era una afirmación curiosa porque en psicología habría sido banal —dijo más adelante el psicólogo Richard Nisbett—. ¡Claro que nos vemos afectados por el modo en que se presenta la decisión!»

Tras el encuentro entre los economistas estadounidenses y los psicólogos israelíes en el kibutz de Jerusalén, los economistas regresaron a Estados Unidos y Amos envió una carta a Paul Slovic. «Visto lo visto, hemos recibido una respuesta muy favorable. En cierto modo, los economistas creían que tenemos razón y, al mismo tiempo, deseaban que no fuera así porque la sustitución de la teoría de la utilidad por el modelo que les hemos presentado les provocaría un sinfín de problemas.»

Había al menos un economista que no compartía esa opinión, pero nadie lo consideraba, al menos cuando conoció la teoría de Danny y Amos, un futuro ganador del Premio Nobel. Se llamaba Richard Thaler. En 1975, Thaler tenía treinta años, era profesor ayudante de la School of Management de la Universidad de Rochester y sus perspectivas de futuro no estaban muy claras. Pocos comprendían, de hecho, qué hacía allí. Tenía dos rasgos muy marcados que lo convertían en un personaje que no servía para la economía ni para la vida académica. El primero era que se aburría con gran facilidad y hacía gala de una imaginación desbordante en sus intentos por huir del aburrimiento. De niño le gustaba cambiar las reglas de los juegos. La primera hora y media de una partida de Monopoly, cuando los jugadores se dedican a dar vueltas por el tablero y caen al azar en diversas propiedades para comprarlas, le resultaba tediosa. Después de jugar unas cuantas veces, dijo: «Este juego es estúpido». Y afirmó que solo volvería a jugar si se repartían las propiedades al principio de la partida. Lo mismo dijo del Scrabble. Le resultaba aburrido cuando recibía cinco «E» y ninguna consonante de valor elevado, por lo que cambió las reglas para que las letras se organizaran en tres cubiletes: vocales, consonantes habituales y consonantes raras y de gran valor. Cada jugador recibía el mismo número de letras: después de siete rondas, todos recibían una consonante de gran valor. Todos los cambios que hizo Thaler a los juegos de niño reducían el tiempo de espera entre turnos, el papel del azar, aumentaban el desafío y, por lo general, la competitividad de los jugadores.

Esto no dejaba de ser extraño, ya que el otro rasgo característico de Thaler era cierto sentimiento de ineptitud. Cuando tenía diez u once años y era un estudiante notable, pero no brillante, su padre, ejecutivo de una empresa aseguradora obsesionado con los detalles, se hartó del poco esmero con el que hacía los deberes, por lo que le dio un ejemplar de *Las aventuras de Tom Sawyer* y le dijo que copiara unas cuantas páginas tal y como las había escrito Mark Twain. Thaler lo intentó, a conciencia. «Lo hice una y otra vez, muy a mi pesar.» Sin embargo, su padre siempre encontraba algún error, ya que faltaban palabras o comas. Las comillas de los diálogos entre Tom y la tía Polly lo confundían. Años después, Thaler llegó a la conclusión de que su problema no era consecuencia de su falta de esfuerzo, sino que debía de sufrir una leve dislexia. Sin embargo, la gente creía que era muy despreocupado, vago o una mezcla de ambas.

Así pues, esa concepción de sí mismo arraigó también en su interior. Quizá la economía no era el lugar para la gente que se aburría con facilidad y tenía problemas para captar los detalles. Thaler había pasado directamente de la facultad a la escuela de posgrado porque la vida que llevaba su padre lo había convencido de que el mundo de los negocios era insoportablemente aburrido, y de que no tenía ninguna habilidad para trabajar para otra persona. De modo que lo único que se le ocurrió fue matricularse en un curso de posgrado, y eligió economía porque le «pareció bastante práctico». Fue entonces cuando descubrió, aterrorizado, que ese campo de estudio exigía una gran precisión y habilidad matemática, hasta tal punto que parecía que los únicos que tenían permiso para incluir alguna broma en los artículos de las revistas especializadas eran los que tenían más dotes para las matemáticas. Cuando Thaler llegó a la escuela de posgrado de Administración de Empresas de la Universidad de Rochester se encontró fuera de lugar entre sus compañeros y con respecto a su campo de estudio. «Yo era más interesante que los demás y no se me daban muy bien las matemáticas —decía—. ¿Qué se me daba bien? Encontrar cosas que fueran interesantes.»

Escribió su tesis sobre los motivos por los que el índice de mortalidad infantil de Estados Unidos era el doble de alto en el caso de la población negra en comparación con la blanca. Tras analizar las variables más obvias (educación e ingresos de los padres, si el bebé había nacido en el hospital, etcétera) solo fue capaz de explicar la mitad de los motivos y le quedaba un rompecabezas en apariencia irresoluble. «Lo intenté, pero no fui capaz —dijo—. Podría haberlo hecho más interesante si hubiera tenido más confianza.» El mundo de la economía respondió rechazándolo para todos los puestos académicos universitarios a los que se presentó. Por lo que se conformó con un trabajo en una consultora.

Entonces, cuando había decidido emprender un nuevo camino en su vida, la empresa cerró una sede y lo despidió. Con veintisiete años, arruinado y sin trabajo, con mujer y dos hijos, Thaler le suplicó al decano de la School of Management de Rochester que le diera un trabajo, y le ofreció un contrato de un año para que enseñara análisis de coste-beneficio a los alumnos de la escuela de negocios. Al regresar al mundo universitario, decidió escribir otra tesis, ya que había encontrado una pregunta interesante: ¿cuánto vale una vida humana? También había encontrado un modo ingenioso de abordar el problema. Comparó los sueldos de los trabajos de riesgo (minero, leñador, limpiador de ventanas de rascacielos) con la esperanza de vida de la gente que los desempeñaba. A partir de los datos, dedujo lo que había que pagar a un estadounidense para que aceptara una reducción de su esperanza de vida. Si se podía calcular lo que había que pagar a la gente para que aceptara una probabilidad del 1 por ciento de morir en el trabajo, se podía, en teoría, averiguar lo que había que pagarles para que aceptaran una probabilidad del cien por cien de morir en el trabajo (la cifra que calculó fue de 1,4 millones de dólares, con valor de 2016). Más adelante habría de describir sus métodos como un poco absurdos. («¿De verdad creemos que la gente toma esta decisión de forma racional?») Sin embargo, los economistas de mayor edad y prestigio no tuvieron reparos en asumir que los mineros del carbón estadounidenses hacían un cálculo interno del valor de su vida y exigían unos sueldos conforme a ello.

El estudio permitió a Thaler conseguir un trabajo a jornada completa, aunque sin llegar a conseguir el cargo de profesor titular, en la School of Management de Rochester. No obstante, cuando empezó a calcular el valor de la vida humana comenzó también a sentirse incómodo con las teorías económicas. Había entregado una serie de cuestionarios a varios sujetos en los que les planteaba una pregunta hipotética: si hubieran estado expuestos a un virus, y supieran que existe una probabilidad entre mil de contraer una enfermedad mortal, ¿cuánto estarían dispuestos a pagar por un medicamento para curarse? Como era economista, sabía que había más de una forma de plantear la pregunta, por lo que también preguntó a la gente: ¿cuánto habría que pagarle para que se expusiera a una probabilidad del 1 por mil de contraer esa misma enfermedad mortal? Según la teoría económica, ambas cifras debían ser iguales. Fuera cual fuera la cantidad de dinero que estuviera alguien dispuesto a pagar para librarse de una probabilidad del 1 por mil de morir debería ser la misma que la cifra total que pedía para exponerse a una probabilidad del 1 por mil de morir: esa cifra era el valor que se asignaba a una probabilidad del 1 por mil de perder la vida. La gente cuya vida corría peligro, aunque fuera desde un punto de vida hipotético, no compartía esa opinión. «Las respuestas que dio la gente fueron de lo más diversas —dijo Thaler—. Decían que estaban dispuestos a pagar diez mil dólares por el remedio, pero que tenían que pagarles un millón de dólares para exponerse a un virus.»

Thaler consideraba que era un dato muy interesante y le habló a su director de tesis de las conclusiones a las que había llegado. «Deja de perder el tiempo con cuestionarios y empieza a hacer economía de verdad», le dijo el director.

Sin embargo, Thaler empezó a llevar una lista en la que anotaba muchas cosas irracionales que hacen las personas y que los economistas afirman que no hacen, porque los economistas creen que la gente es racional. En el primer puesto de la lista aparecía la predisposición de la gente a pagar cien veces más para evitar una probabilidad de una entre mil de ser infectada con una enfermedad incurable que para recibir el tratamiento de esa misma enfermedad, cuando ya tenían una probabilidad de una entre mil de padecerla.

Quizá Thaler no tenía una gran seguridad, pero enseguida se dio cuenta de que los demás tampoco tenían motivos para sentirse tan seguros de sí mismos. Y observó que cuando invitaba a cenar a sus colegas economistas, se atiborraban de anacardos, lo que significaba que tenían menos hambre cuando llegaba el primer plato. De hecho, vio que acostumbraban a mostrarse aliviados cuando se llevaba los anacardos porque así no se echaba a perder la cena. «La idea de que era mejor reducir el número de opciones era un concepto ajeno en el mundo de la economía», dijo. En una ocasión, les dieron entradas para el baloncesto a un amigo y a él, pero como el partido se jugaba en Buffalo decidieron que no valía la pena conducir con la nieve que estaba cayendo, y su amigo dijo: «Pero si hubiéramos pagado las entradas, iríamos». Un economista vería las entradas como un «coste irrecuperable». Uno no va a un partido al que no quiere ir solo porque haya pagado las entradas. ¿Por qué añadir una vuelta de tuerca más a la situación? «Le dije: "Venga, ¿no sabes lo que es el coste irrecuperable?"», recordó Thaler. Su amigo era informático y no conocía el concepto. Cuando Thaler se lo explicó, su amigo lo miró y añadió: «Me parece una estupidez».

La lista de Thaler creció con velocidad. Muchas de las ideas que anotó formaban parte de la categoría que habría de llamar «el efecto dotación». Este era una idea psicológica con consecuencias económicas. La gente atribuía un extraño valor añadido a sus posesiones, o dotaciones, por el mero hecho de que eran de su propiedad, lo que provocaba que se mostrasen muy reacias a deshacerse de ellas incluso en situaciones en que su intercambio tenía sentido desde el punto de vista económico. Pero al principio, Thaler no pensaba en categorías. «Por entonces, solo me dedicaba a llevar una lista de las cosas estúpidas que hace la gente», decía. ¿Por qué tardaban tanto en vender una segunda residencia que nunca habrían comprado si se la ofrecieran ahora? ¿Por qué los equipos de la NFL se mostraban tan reacios a intercambiar los jugadores del *draft* cuando era obvio que, en la mayoría de los casos, podían salir ganando? ¿Por qué los inversores eran tan reacios a vender acciones que habían perdido valor, incluso cuando admitían que nunca comprarían esas mismas acciones al precio actual? Había un sinfín de cosas que la gente hacía para las que la teoría económica no hallaba una respuesta sencilla. «Cuando empiezas a buscar el efecto dotación, lo ves por todas partes», decía Thaler. Los sentimientos que albergaba hacia su propio campo de especialización no se diferenciaban mucho de los sentimientos que le inspiraba el Monopoly de pequeño: era aburrido, algo del todo innecesario. La economía debía ser el estudio de un aspecto de la naturaleza humana, pero le había dejado de prestar atención. «Pensar en esas cosas era mucho más interesante que hacer economía», decía.

Cuando presentaba esas observaciones a sus colegas economistas, estos no mostraban ningún interés. «Lo primero que decían era: "Claro que sabemos que la gente comete errores de vez en cuando, pero son errores aleatorios, compensados por el mercado"», recordaba Thaler, que ya no creía en esa justificación. Su lista, y el impulso de crearla, no le permitieron granjearse muchas amistades en el departamento de economía de la Universidad de Rochester, ni en la escuela de negocios. «Tenía enemigos, y nunca tuvo muy buena mano para ganarse sus simpatías —decía Tom Russell, profesor de economía de Rochester—. Si le dices a un académico a la cara: "Acabas de decir una soberana estupidez", el pez gordo te dirá: "¿Por qué es una estupidez?", pero el pez pequeño se lo apunta.»

La Universidad de Rochester no concedió una plaza fija de profesor a Thaler, por lo que su futuro era incierto cuando, en 1976, asistió a una conferencia sobre métodos para valorar una vida humana. Cuando otro de los asistentes conoció los curiosos intereses de Thaler, le sugirió que leyera el artículo de Kahneman y Tversky en *Science*, que intentaba explicar por qué la gente hacía cosas estúpidas. Thaler volvió a casa y encontró «El juicio bajo incertidumbre» en un antiguo ejemplar de *Science*. Apenas pudo contener la emoción mientras lo leía, y buscó todos los artículos que habían publicado Kahneman y Tversky. «Conservo un recuerdo muy claro de cómo pasaba de un artículo a otro —dice Thaler—. Fue como si hubiera descubierto el caldero de oro secreto. Durante un tiempo no supe a qué se debía tanta emoción. Entonces lo comprendí. Kahneman y Tversky tenían una idea. El sesgo sistemático.» Si la gente se equivocaba de forma sistemática, no se podían pasar por alto sus errores. El comportamiento irracional de unos pocos no se vería compensado por el comportamiento racional de los muchos. La gente podía equivocarse sistemáticamente, lo que significaba que los mercados también podían equivocarse sistemáticamente.

Thaler consiguió que alguien le enviara un borrador de «Teoría del valor». Enseguida entendió qué tenía ante sí: un camión cargado de psicología dispuesto para empotrarse contra el sancta-sanctórum de la economía para hacerlo volar por los aires. La lógica del artículo era increíble, sobrecogedora. Lo que habría de conocerse como teoría de las perspectivas explicaba la mayoría de elementos de la lista de Thaler, con un lenguaje que podían entender los economistas. Había elementos de la lista que la teoría de las perspectivas no abordaba, de los cuales el autocontrol era el más importante, pero tampoco importaba. El escrito abría un resquicio en la teoría económica que permitía la entrada de la psicología. «Esa fue la magia del artículo —decía Thaler—, nos mostró que era posible. Matemáticas y psicología. Era lo que un economista llamaría prueba de existencia. Capturaba una gran parte de la naturaleza humana.»

Hasta el momento, Thaler creía que su lugar en el mundo de la economía era tan incierto como su capacidad para copiar *Tom Sawyer*. «Si no hubieran existido, no sé si hubiera seguido en este campo», decía. Tras leer las obras completas de los psicólogos israelíes, cambió de opinión. «Tengo la sensación de que mi única razón de ser era que me dedicase a meditar acerca de ciertas ideas. Y ahora puedo hacerlo.» Decidió que empezaría convirtiendo su lista en un artículo. Pero incluso antes de hacerlo, encontró la dirección de correo del departamento de psicología de la Universidad Hebrea y escribió una carta a Amos Tversky.

Por norma general, los economistas escribían a Amos. Lo comprendían. La mente lógica de Amos se parecía mucho a la suya, pero, en cierto sentido, era mejor: podían ver su genio. Para la mayoría de economistas, la mente de Danny era un misterio. Richard Zeckhauser, un economista de Harvard que trabó amistad con Amos, habló en nombre de todo su gremio cuando dijo: «Tengo la impresión de que su método de trabajo para escribir un artículo consistía en salir a pasear y dejar que Danny hiciera varias cosas. "¿A que no sabes qué he hecho, Amos? He ido a comprar un coche, he ofrecido 38 de los grandes, el vendedor ha pedido 38,9 ¡y le he dicho que sí! ¿He hecho un buen negocio?". Y Amos respondía: "Pongámoslo por escrito"». Los economistas creían que la colaboración entre ambos se basaba en el hecho de que Amos había decidido, como habría hecho un antropólogo, estudiar una tribu de seres menos racionales que él, y que su tribu era Danny. «Comparto su opinión de que este comportamiento es, en cierto sentido, imprudente o erróneo, pero ello no significa que no ocurra», le escribió Amos a un economista estadounidense que se quejaba de la descripción de la naturaleza humana que se infería en «Teoría del valor». «No se puede criticar una teoría de la visión por predecir las ilusiones ópticas. Del mismo modo, una teoría descriptiva de la elección no puede rechazarse aduciendo que predice el "comportamiento irracional" si se tienen pruebas de tal comportamiento.»

Danny, por su parte, afirmó que no fue hasta 1976 cuando fue consciente de los efectos que su teoría podía tener en un campo del que no sabía nada. La toma de conciencia se produjo cuando Amos le facilitó un artículo escrito por un economista que empezaba con la siguiente frase: «El agente de la teoría económica es racional, egoísta y sus gustos no cambian». Los economistas de la Universidad Hebrea tenían sus despachos en el edificio contiguo, pero Danny nunca había prestado atención a sus ideas preconcebidas sobre la naturaleza humana. «Para mí, la idea de que creyeran de verdad en ello, de que esa fuera su visión del mundo, era increíble. Es una visión en la que el hecho de que alguien deje propina en un restaurante al que no piensa volver constituye un misterio.» Era una visión del mundo que daba por sentado que la única forma de cambiar el comportamiento de las personas consistía en cambiar sus incentivos económicos. Se trataba de una idea que le resultaba tan extraña que no sabía cómo abordarla. Para Danny, argumentar que la gente no era racional era un poco como demostrar que el cuerpo humano no estaba cubierto por un grueso pelaje. Era obvio que la gente no era racional, en ninguna de las acepciones del término.

Amos y él querían evitar un enfrentamiento sobre la racionalidad del ser humano, ya que consideraban que esa discusión solo serviría para distraer a la gente del fenómeno que estaban a punto de desvelar. Preferían mostrar la auténtica naturaleza de las personas y dejar que ellas mismas decidiesen cuál era. Asimismo, consideraban que el siguiente paso debía ser pulir la «Teoría del valor» para publicarla. A ambos les preocupaba que alguien pudiera encontrar una contradicción obvia, una observación al estilo de la paradoja de Allais que enterrara a su teoría cuando apenas había visto la luz. Dedicaron tres años a buscar, de forma casi exclusiva, contradicciones internas. «En esos tres años no debatimos acerca de ningún tema de auténtico interés», dijo Danny, cuyo acercamiento acababa con la visión psicológica; Amos estaba obsesionado con la idea de usar esa visión para crear una estructura. Lo que Amos veía, acaso de forma más clara que Danny, era que la única forma de lograr que el mundo se enfrentara a su visión de la naturaleza humana era envolverlo todo en una teoría. La teoría debía explicar y predecir el comportamiento mejor que una teoría existente, pero también debía estar expresada con una lógica simbólica. «Lo que convertía la teoría en algo importante y lo que la hacía viable eran dos cosas del todo distintas —dijo Danny, años más tarde—. La ciencia es una conversación y debes luchar por el derecho a que te escuchen. Y esa lucha tiene sus reglas. Y las reglas, por extraño que parezca, dicen que debes someterte a una teoría formal.» Cuando por fin enviaron un borrador de su artículo a la revista de economía *Econometrica*, Danny quedó perplejo por la respuesta del director. «Tenía la esperanza de que dijera: "La aversión a la pérdida es una idea muy interesante". Pero dijo: "No, pero me gustan los cálculos". Me quedé destrozado.»

En 1976, con fines puramente comerciales, cambiaron el título a «Teoría de las perspectivas». «El objetivo era que la teoría tuviera un nombre muy característico que no guardara ninguna asociación con nada. Cuando dices "Teoría de las perspectivas" nadie sabe a qué te refieres. Pensamos: ¿quién sabe? A lo mejor acaba teniendo un papel influyente. Y si es así, no queremos que la confundan con otra.»

Su trabajo sufrió un gran retraso debido a la agitada vida personal de Danny. En 1974 se había marchado de casa y vivía separado de su mujer y sus hijos. Al cabo de un año se separó y se fue a Londres a ver a la psicóloga Anne Treisman para «declararle formalmente mi amor». Gesto al que ella correspondió. En el otoño de 1975, Amos estaba cansado de las consecuencias inevitables. «Es difícil sobrestimar la cantidad de tiempo y de energía mental y emocional que consumen hechos de este tipo», le escribió a su amigo Paul Slovic.

En octubre de 1975, Danny viajó de nuevo a Inglaterra, esta vez para ver a Anne en Cambridge y viajar con ella hasta París. Vivía sumido en un estado de euforia, algo muy poco típico en él y, al mismo tiempo, lo embargaba una gran preocupación por el efecto que su nueva relación con Anne podía tener en su antigua amistad con Amos. En París lo esperaba lo que parecía una carta de él. Sin embargo, cuando la abrió, vio que no era más que un borrador de lo que habría de convertirse en la «Teoría de las perspectivas». Danny se tomó la ausencia de toda referencia personal como un mensaje sutil de Amos. Acompañado de su nueva amada en la ciudad más romántica del mundo, Danny se sentó y escribió lo que podría considerarse una carta de amor a Amos. «Querido Amos: Cuando llegué a París, encontré un sobre de tu parte. Saqué tu manuscrito, pero no encontré ninguna carta que lo acompañara. Y me dije a mí mismo que debías de estar muy enfadado conmigo, y no sin razón. Después de cenar, me puse a buscar el sobre usado para devolverte el manuscrito, y entonces encontré tu carta. Llegábamos tarde a una cena y solo pude leer tu despedida. Vi las palabras "Tu amigo, como siempre" y se me puso la piel de gallina de la emoción.» A continuación, le contaba que le había dicho a Anne que solo nunca habría conseguido lo que había logrado con él, y que el nuevo artículo en el que estaban trabajando era un paso más en la misma dirección. «Para mí es el momento más grande de una relación que considero uno de los puntos culminantes de mi vida», escribió. Y añadió: «Ayer fui a Cambridge. Y hablé con ellos sobre nuestra teoría del valor. El entusiasmo que mostraron resulta casi incómodo. Acabé la charla con un análisis de las primeras fases del efecto del aislamiento. El público mostró un gran interés. En general, me transmitieron la sensación de que soy uno de los mayores genios del mundo. Intentaron impresionarme con tal afán que llegué a la conclusión de que quizá ha llegado el momento de dejar a un lado la necesidad de impresionar a los demás».

Por extraño que parezca, a pesar de que se aproximaban al momento de su mayor triunfo público, su colaboración no abandonó el reino de lo privado. Era una apuesta sin contexto. «Al estar en Israel, no teníamos en cuenta lo que pudiera pensar el mundo de nosotros —dijo Danny—. Nos beneficiamos de nuestro aislamiento.» Ese aislamiento dependía de que se mantuvieran unidos, en la misma habitación, al otro lado de una puerta cerrada.

Sin embargo, la puerta empezaba a entreabrirse. Anne era británica. También era una gentil y madre de cuatro niños, uno de los cuales tenía síndrome de Down. Había un sinfín de motivos por los que no quería, o podía, trasladarse a Israel. Y si Anne no iba a trasladarse, cabía deducir que sería Danny quien tendría que dar el paso. Al final, después de un tira y afloja, Danny y Amos encontraron una solución temporal: en 1977 decidieron tomarse un año sabático en la Universidad de Stanford, donde podría acompañarlos Anne. Sin embargo, al cabo de unos meses de su llegada a Estados Unidos, Danny comunicó sus intenciones de casarse con Anne y quedarse en ese país. Obligó a Amos a tomar una decisión con respecto a su relación.

Ahora era el turno de Amos de sentarse y escribir una emotiva carta. Danny era tan desordenado que Amos no habría podido igualarlo ni aunque lo hubiera intentado. De niño, Amos quería ser poeta. Y había acabado siendo científico. Danny «era» un poeta que había acabado siendo científico. Sentía el deseo obvio de parecerse más a Amos; Amos, por su parte, también albergaba el deseo, quizá no tan obvio, de parecerse más a Danny. Era un genio, pero necesitaba a Danny, y lo sabía. La carta que Amos escribió iba dirigida a su gran amigo Gidon Czapski, rector de la Universidad Hebrea. «Estimado Gidi: La decisión de quedarme en Estados Unidos es la más difícil que he tomado. No puedo pasar por alto mi deseo de completar, al menos en parte, la obra conjunta con Danny. No puedo aceptar la idea de que este trabajo en el que hemos invertido tantos años quede en nada y no podamos llevar a buen puerto las ideas que tenemos en mente.» A continuación, Amos le contaba que iba a aceptar la cátedra que le había ofrecido la Universidad de Stanford. Sabía de sobra que en Israel cundirían la sorpresa y el enfado entre sus colegas. «Si Danny se va de Israel será una tragedia personal —le dijo un funcionario de la Universidad Hebrea poco antes de que tomara la decisión—. Si se va usted, será una tragedia nacional.»

Antes de que Amos tomara la decisión de irse, a sus amigos les parecía inconcebible que pudiera vivir en otro país que no fuera Israel. Amos era Israel, e Israel era Amos. Incluso su mujer estadounidense estaba disgustada. Barbara se había enamorado de Israel, de su intensidad, de su sentimiento de comunidad, de su desprecio por los temas triviales. Se consideraba más israelí que estadounidense. «Me había esforzado mucho para llegar a ser israelí. No quería quedarme en Estados Unidos. Le dije a Amos: "¿Cómo voy a empezar de nuevo?". Y me respondió: "Lo conseguirás".»

11

Las reglas del proceso de deshacer

A finales de los años setenta, poco después de lograr el puesto de director del Centro de Salud Mental de Massachusetts, Miles Shore cayó en la cuenta de que se enfrentaba a un problema. El hospital era un centro de prácticas de la facultad de Medicina de Harvard, donde Shore ostentaba la cátedra Bullard de psiquiatría. En cuanto aceptó su cargo administrativo, se enfrentó a la siguiente decisión: el posible ascenso de un investigador llamado J. Allan Hobson. En teoría, no debería haber sido una decisión difícil. En una serie de famosos artículos, Hobson había lanzado una retahíla de ataques contra la idea freudiana de que los sueños nacen de los deseos inconscientes, demostrando que surgían de una parte del cerebro que nada tenía que ver con el deseo. Había probado que el momento en que se producían y la duración de los sueños eran regulares y predecibles, lo que permitía entrever que no aportaban gran información sobre el estado psicológico de una persona, sino sobre su sistema nervioso. Entre otras cosas, la investigación de Hobson apuntaba que la gente que pagaba los honorarios de los psicoanalistas para que encontraran un significado a su estado inconsciente estaba malgastando el dinero.

Hobson estaba cambiando la concepción de la gente de lo que le sucedía al cerebro humano durante el sueño, pero no lo estaba logrando solo. Ese era el problema de Miles Shore: Hobson no había escrito sus famosos artículos sobre los sueños por su cuenta, sino con un compañero llamado Robert McCarley. «Era muy difícil defender la candidatura de la gente que había realizado su obra de forma colaborativa —decía Shore—. Porque el sistema se basa en el individuo. Siempre se formulaba la pregunta: ¿qué ha hecho esta persona para cambiar su campo de estudio?» Shore quería ascender a Hobson, pero tenía que defenderlo ante un comité escéptico. «Lo que sucedía era que no querían ascender a nadie», decía Shore. Los miembros del comité, que se mostraban reacios a aceptar a Hobson, preguntaron a Shore si podía demostrar cuál había sido la contribución exacta de Hobson en su colaboración con McCarley. «Me preguntaron quién había hecho qué —recordaba Shore—. Por lo que hablé con ellos [Hobson y McCarley] y les pregunté: "¿Quién es el autor de cada punto?". Y me respondieron: "¿Que quién es el responsable de cada punto? No tenemos ni idea. Es una obra conjunta".» Shore los presionó un poco más hasta que se dio cuenta de que no bromeaban: no sabían quién era el autor de cada idea. «Fue muy interesante», declaró Shore.

Tan interesante que decidió que podía ser el tema para un libro. Empezó a buscar parejas fértiles, gente que había trabajado de forma conjunta durante al menos cinco años y había producido una obra interesante. Cuando acabó, había entrevistado a una pareja de humoristas; a dos pianistas de concierto que habían empezado a actuar juntos porque uno de ellos tenía pánico escénico; a dos mujeres que escribían novelas de misterio con el seudónimo de Emma Lathen; y a una pareja famosa de nutricionistas británicos, McCance y Widdowson, que mantenían un vínculo tan estrecho que habían eliminado los nombres de pila de las cubiertas de sus libros. «Se enfadaban cuando alguien decía que el pan de centeno era más nutritivo que el pan blanco —recordaba Shore—. En 1934 se había demostrado que no era cierto, así pues ¿por qué no dejaba la gente de perder el tiempo con la idea?» Todas las parejas con las que Shore se puso en contacto mostraron una curiosidad tan grande por su propia relación que no dudaron en prestarse a hablar de ella. Las únicas excepciones fueron «dos físicos mezquinos» y, después de coquetear con la idea de participar en el proyecto, los patinadores británicos Torvill y Dean. Entre los que aceptaron hablar con Miles Shore se encontraban Amos Tversky y Daniel Kahneman.

Shore se reunió con Danny y Amos en agosto de 1983, en Anaheim (California), donde asistían a una reunión de la American Psychological Association. Danny tenía cuarenta y nueve años y Amos cuarenta y seis. Hablaron con Shore durante varias horas y luego lo hicieron también por separado. Repasaron la historia de su colaboración, empezando por la emoción de la primera época. «Al principio fuimos capaces de responder a una pregunta que no se había planteado —le dijo Amos—. Sacamos la psicología del laboratorio y abordamos el tema de las experiencias que veíamos a nuestro alrededor.» Shore intentó que profundizaran más en el tema que creían que estaban tratando y les preguntó si su trabajo pertenecía al campo de la inteligencia artificial. «Creo que no —dijo Amos—. Nosotros estudiamos la estupidez natural, no la inteligencia artificial.»

El psiquiatra de Harvard creía que Danny y Amos tenían mucho en común con otras parejas de éxito. El modo en que habían creado lo que parecía ser un club privado y exclusivo para dos, por ejemplo. «La admiración que sentían el uno por el otro era mutua, pero no era un sentimiento que repartieran de forma indiscriminada. Por lo general no admiraban a los directores de las revistas, sino que los odiaban», decía Shore. Al igual que sucedía con otras parejas muy fértiles, la sociedad había creado ciertas tensiones con otras de sus relaciones estrechas. «La colaboración ha añadido mucha presión a mi matrimonio», confesó Danny. Al igual que otras parejas, los límites de las contribuciones de cada uno se habían difuminado. «¿Quiere saber quién hizo qué? No lo sabíamos ni entonces. No teníamos una idea clara de las contribuciones de cada uno. Y era bonito no saberlo», decía Danny. Shore creía que tanto Amos como Danny sabían, o parecían saber, lo mucho que se necesitaban el uno al otro. «Hay genios que trabajan a solas —decía Danny—. Yo no soy un genio. Y Tversky tampoco. Pero juntos somos excepcionales.»

Lo que distinguía a Amos y Danny de las otras diecinueve parejas a las que había entrevistado Shore era su predisposición para hablar de los problemas que había atravesado su relación. «Cuando preguntaba por los conflictos, la mayoría de entrevistados pasaban de puntillas por el tema —decía Shore—. Varios no quisieron admitir que existieran conflictos.» Pero no fue el caso de Amos y Danny. O, al menos, de Danny. «Ha sido difícil desde que me casé y desde que vinimos a vivir a este continente», confesó. Amos se mostraba más evasivo, pero, aun así, una gran parte de la conversación que mantuvo con ambos giró en torno a los numerosos problemas a los que se habían enfrentado desde que se habían marchado de Israel seis años antes. Con Amos presente, Danny se lamentó en varias ocasiones de lo distinta que era la percepción pública de la colaboración con la realidad. «La gente cree que mi papel consiste en atenderlo, y no es así —una declaración que iba más dirigida a Amos que a Shore—. Es obvio que en esta colaboración salgo perdiendo. Hay una cualidad que se beneficia en especial de tu contribución. El análisis formal no es uno de mis puntos fuertes, y es algo que se puede apreciar con claridad en nuestra obra. Mis contribuciones son menos destacadas.» Amos también afirmó, aunque sin entrar en tantos detalles, que la culpa de las diferencias de posición entre ambos se debía solo a los demás. «La cuestión de reconocer el mérito no es un asunto nada sencillo —dijo Amos—. Hay un tira y afloja constante, y el mundo exterior no es de gran ayuda para este tipo de colaboraciones. Existe el deseo constante de incordiar y a la gente le gusta que uno de los dos salga siempre mal parado. Es una de las reglas del equilibrio, y la colaboración entre dos personas siempre es una estructura desequilibrada. No es estable. A la gente no le gusta que sea así.»

Cuando se quedó a solas con el psiquiatra de Harvard, Danny entró en más detalles. Insinuó que no creía que el mundo exterior fuera el único responsable de los problemas de su relación. «El botín del éxito académico, tal y como funciona en la actualidad... Al final siempre hay una persona que se queda con todo, o con gran parte —dijo—. Es una de las crueldades del sistema. No es algo que Tversky pueda controlar, aunque me pregunto si su esfuerzo está a la altura de las circunstancias.» Luego pasó a hablar abiertamente de sus sentimientos en relación al hecho de que Amos se hubiera quedado con gran parte de la gloria por el trabajo que habían hecho juntos. «Vivo casi a su sombra, pero no me parece que sea un elemento representativo de nuestra interacción. Es algo que crea cierta tensión. ¡Hay envidia! Es algo inquietante. Odio el sentimiento de envidia... Quizá no debería hablar tanto.»

Shore salió de la entrevista con la sensación de que Amos y Danny acababan de pasar por una mala racha, pero que lo peor ya era cosa del pasado. Consideraba que la franqueza con la que habían hablado de sus problemas era una buena señal. No era que hubiesen discutido exactamente durante la entrevista; su actitud hacia el conflicto era distinta a la de otras parejas con las que había tratado. «Jugaron la carta israelí —dijo Shore—. Somos israelíes, de modo que lo que hacemos es gritarnos.» Amos, en concreto, parecía optimista ante la posibilidad de que Danny y él fueran a seguir trabajando juntos como hasta entonces. A ello también contribuía, coincidían ambos, el hecho de que la American Psychological Association les hubiera concedido el Premio a la Contribución Científica Distinguida. «Tenía miedo de que se lo concedieran solo a él —le confesó Danny a Shore—. Eso habría sido un desastre, y no me habría resultado nada fácil sobrellevarlo con elegancia.» El premio había aliviado una parte del dolor, o eso creía Miles Shore.

Al final, Shore no llegó a escribir el libro sobre las parejas fértiles. Pero al cabo de unos años, envió a Danny una cinta con la grabación de su conversación. «La he escuchado —dijo Danny—, y está clarísimo que estamos acabados.»

A finales de 1977, después de que Danny le comunicara que no iba a volver a Israel, empezó a correr el rumor en el mundo académico de que Amos Tversky también podía dejar el país. El mercado laboral para profesores universitarios no acostumbra a ofrecer un gran abanico de oportunidades, pero en este caso cambiaron las cosas. Fue como si un hombre gordo que estaba viendo la televisión en el sofá se hubiera dado cuenta de que su casa estaba en llamas. La Universidad de Harvard ofreció de inmediato un puesto fijo a Amos, aunque tardaron unas cuantas semanas en añadir una oferta de profesora ayudante para Barbara. La Universidad de Michigan, que tenía la ventaja de su inmenso tamaño, se apresuró a ofrecer cuatro plazas de profesor fijo y, al ofrecer trabajo a Danny, Anne y Barbara, también conseguía a Amos. La Universidad de California en Berkeley, sobre la cual Danny siempre había pensado, cuando dictaba conferencias inaugurales, que era demasiado mayor para que le ofrecieran un contrato, intentó hacerse con los servicios de Amos. Pero ninguna universidad reaccionó con la rapidez de Stanford.

El psicólogo Lee Ross, una estrella emergente de la facultad de Stanford, encabezó la misión. Sabía que las grandes universidades estadounidenses que querían contratar a Amos podían ofrecer trabajo a Barbara, Danny y Anne. Stanford era más pequeña y no podía tentarlos con cuatro puestos. «Llegamos a la conclusión de que podíamos hacer dos cosas que nos distinguirían de las demás facultades —decía Ross—. Una era presentar la primera oferta, y la otra era hacerlo rápido. Queríamos convencerlo de que viniera a Stanford, y la mejor forma de lograrlo era demostrarle la rapidez con la que podíamos actuar.»

Lo que ocurrió a continuación no tiene precedentes en la historia de la universidad estadounidense. El mismo día que Ross supo que Amos estaba en el mercado, reunió al departamento de psicología de Stanford por la mañana. «Se suponía que tenía que defender la candidatura de Amos. Les dije que iba a contarles un cuento yiddish clásico. Hay un tipo, un soltero que está disponible. Un soltero feliz. La alcahueta se acerca a él y le dice: "Mira, tengo un buen partido para ti". "Ah, no lo creo", responde el soltero. "Es muy especial", dice la alcahueta. "¿Es guapa?", pregunta el soltero. "¿Guapa? Es como Sophia Loren, pero más joven". "¿Su familia tiene dinero?", pregunta el soltero. "¿Dinero? Es la heredera de la fortuna Rothschild". "Entonces debe de ser tonta", dice el soltero. "¿Tonta? La han nominado al Premio Nobel de Física y Química." "¡Acepto!", exclama el soltero. A lo que la alcahueta responde: "¡Fantástico, ya tenemos a uno!".» Ross les dijo a los profesores de Stanford: «Cuando les hable de Amos, me dirán: "¡Acepto!", y yo les diré: "Lo siento, pero solo tenemos a uno de los dos"».

Ross no acababa de estar seguro de que fuera necesario tanto discurso. «Todo aquel que leía su obra se congratulaba de su buen juicio y su clarividencia por saber apreciarla —dijo Ross—. Pero nadie la entendía.» Ese mismo día, el departamento de psicología de Stanford fue a ver al rector y le dijo: «No traemos el papeleo habitual. Ninguna recomendación ni nada por el estilo. Pero confíe en nosotros». Stanford le ofreció un puesto fijo a Amos esa misma tarde.

Más adelante Amos habría de decir a sus compañeros que cuando se vio obligado a elegir entre Harvard y Stanford, también tuvo en cuenta la principal desventaja de ambas universidades. En Harvard echaría de menos el tiempo de Palo Alto y las condiciones de vida, pero no el largo trayecto que tendría que realizar a diario para llegar al campus; en Stanford lamentaría, y solo durante un breve período de tiempo, no poder decir que era profesor de Harvard. Si se le pasó por la mente, a él o a cualquier otra persona, que Amos necesitaba tener cerca a Danny para ser Amos, no lo exteriorizó. Stanford no mostró el menor interés por Danny. «Se trata de una cuestión práctica —dijo Ross—. ¿Queríamos a dos tipos que hicieran lo mismo? Sin embargo, la realidad era que podíamos sacar el máximo partido de Danny y Amos contratando solo a este último.» A Danny le habría encantado que todos hubieran ido a Michigan, pero saltaba a la vista que a Amos solo le interesaba Harvard o Stanford. Después de que esas dos ignoraran a Danny, y de que Berkeley le hubiera comunicado que no iba a ofrecerle un puesto de trabajo, Danny aceptó una oferta de trabajo junto con Anne en la Universidad de Columbia Británica, en Vancouver. Amos y él acordaron que se turnarían para visitar al otro cada dos semanas.

Danny no cabía en sí de alegría. «Estábamos tan contentos por haber acabado la teoría de las perspectivas y haber empezado con la de los marcos que debíamos de sentirnos invulnerables —decía—. Por entonces, no existía ninguna sombra entre nosotros.» Asistió a la tradicional conferencia que debían pronunciar los profesores nuevos de Stanford, después de que la universidad le hubiera hecho la que debía de ser la oferta de trabajo más rápida de la historia. Amos presentó la teoría de las perspectivas. «Me di cuenta de que me sentía orgulloso de él —decía Danny—. Y me di cuenta porque la envidia habría sido más natural.» Cuando Danny abandonó Palo Alto y se dirigió a Vancouver para el inicio del curso académico 1978-1979, era más consciente de lo habitual de la serendipia de la vida. Sus dos hijos vivían en el otro extremo del mundo, donde también se encontraba su antiguo laboratorio, un departamento lleno de colegas, y una sociedad a la que había creído que pertenecía. En Israel había dejado a un fantasma de sí mismo. «En esos momentos pensaba que acababa de dar un vuelco a mi vida. Había cambiado de esposa. Los pensamientos contrafácticos no me abandonaban. No dejaba de comparar mi vida con lo que podría haber sido.»

En ese curioso estado mental, logró calmar sus pensamientos gracias a su sobrino, Ilan. El joven, con tan solo veintiún años, había sido piloto de caza israelí durante la guerra del Yom Kippur. Después de la guerra, acudió a Danny y le pidió que escuchara una cinta que conservaba. Ilan iba de copiloto cuando un MiG egipcio se situó tras ellos y los fijó como objetivo. En la cinta se oía que Ilan le gritaba al piloto: «¡Fuera! ¡Fuera! ¡Fuera! ¡Lo tenemos en cola!». Cuando Ilan puso la cinta, Danny se dio cuenta de que el joven estaba temblando; por algún motivo, quería que su tío oyera lo que le había ocurrido. Ilan había sobrevivido a la guerra, pero al cabo de un año y medio, en marzo de 1975, cinco días antes de que lo licenciaran, murió. Cegado por una bengala, el avión volaba del revés y se estrelló contra el suelo.

Creían que estaban ganando altura cuando, en realidad, estaban cayendo. No era un error fuera de lo común. Los pilotos se desorientaban a menudo. El oído interno no estaba diseñado para desafiar la gravedad y volar a mil kilómetros por hora a poco más de mil metros de altura, del mismo modo que tampoco estaba diseñada la mente humana para realizar un cálculo de probabilidades en situaciones complejas. Había evolucionado lo suficiente para que las personas mantuvieran el equilibrio de pie. Los pilotos de aviones eran susceptibles de padecer ilusiones sensoriales, lo cual explicaba por qué el piloto de un avión que no disponía de habilitación de vuelo instrumental y entraba en un banco de nubes tenía una esperanza de vida media de 178 segundos.*

* Este curioso dato se ha tomado de un excelente artículo sobre el tema de las ilusiones que sufren los pilotos escrito por Tom LeCompte y publicado en la revista *Air & Space*, del museo Smithsonian.

Tras la muerte de Ilan, Danny reparó en la necesidad de aquellos que lo querían de deshacer mentalmente el accidente de avión. Muchas de las frases que pronunciaban empezaban con la palabra «Ojalá». Ojalá lo hubieran licenciado de las fuerzas aéreas una semana antes. Ojalá hubiera asumido los mandos cuando su piloto quedó cegado por la bengala. Las personas cercanas a Ilan intentaba sobrellevar su pérdida adentrándose en el terreno de la fantasía, donde la muerte no había tenido lugar. Pero esta táctica no era producto del azar. Parecía que la mente estaba sometida a una serie de limitaciones cuando creaba alternativas a la realidad. Si a Ilan todavía le hubiera quedado un año de servicio cuando su avión se estrelló, nadie habría dicho: «Ojalá lo hubieran licenciado un año antes». Nadie habría dicho: «Ojalá el piloto hubiera tenido la gripe» u «Ojalá el avión de Ilan hubiera tenido que quedarse en tierra por problemas mecánicos». Es más, nadie dijo: «Ojalá Israel no hubiera tenido fuerzas aéreas». Cualquiera de estos pensamientos contrafácticos le habría salvado la vida, pero ninguna de las personas que lo querían se detuvo en ellos.

El accidente de avión podría haberse evitado de un millón de formas distintas, sin embargo, parecía que la gente solo tenía en cuenta algunas de estas opciones. Había una serie de patrones en las fantasías que creaba la gente para deshacer la tragedia de su sobrino, y se parecían a los patrones de las versiones alternativas de su propia vida a las que Danny también había dado vueltas.

Poco después de su llegada a Vancouver, Danny pidió a Amos que le enviara las notas que conservaba de sus conversaciones sobre el arrepentimiento. En Jerusalén habían dedicado más de un año a hablar de las reglas del arrepentimiento. Se habían interesado, principalmente, por la capacidad de la gente para anticiparse a una emoción desagradable, y cómo este hecho podía alterar las decisiones que tomaban. Ahora Danny quería explorar el arrepentimiento, y otras emociones, desde la dirección opuesta. Quería estudiar cómo la gente deshacía acontecimientos que ya habían sucedido. Tanto Amos como él eran conscientes de que un estudio como ese podía encajar en su obra sobre el juicio y la toma de decisiones. «No hay ningún aspecto en el marco de la teoría de decisiones que pueda prohibir la asignación de utilidades a estados de esperanza frustrada, alivio o arrepentimiento, si estos son identificados como aspectos importantes de la experiencia de las consecuencias», escribieron, en lo que puede considerarse un memorándum para ellos mismos. «Sin embargo, hay motivos para sospechar de la existencia de un sesgo importante en relación con el reconocimiento del auténtico impacto de tales estados en la experiencia... Se espera de los individuos maduros que sientan el dolor o placer adecuados a las circunstancias sin la contaminación excesiva de las posibilidades no cumplidas.»

A Danny se le ocurrió que quizá había una cuarta heurística, además de la disponibilidad, la representatividad y el anclaje. La llamó «heurística de la simulación», y consistía en el poder de las posibilidades no cumplidas de contaminar la mente de las personas. A lo largo de su vida, todo el mundo realiza simulaciones del futuro. ¿Y si digo lo que pienso en lugar de fingir que estoy de acuerdo? ¿Y si me lanzan una bola rasa y me pasa entre las piernas? ¿Y si rechazo la propuesta en lugar de aceptarla? Basa parte de sus juicios y decisiones en esos escenarios imaginados. Y, sin embargo, no todos los escenarios resultan igual de fáciles de imaginar; tienen una serie de límites, del mismo modo en que la mente humana parece razonar dentro de unos límites cuando «deshace» una tragedia. Si Danny descubría las reglas que obedecía la mente cuando deshacía eventos después de que hubieran ocurrido podía averiguar, por el mismo precio, cómo simulaba la realidad antes de que esta ocurriera.

Solo en Vancouver, Danny fue presa de este nuevo interés relacionado con la distancia que existía entre ambos mundos: el mundo que existía y el que podría haber existido, pero que no había llegado a ser realidad. Una gran parte del trabajo que Amos y él habían hecho consistía en buscar una estructura en sitios donde no se le había ocurrido buscar nunca a nadie. Quería investigar cómo la gente creaba alternativas a la realidad deshaciendo la realidad. Quería, en resumen, descubrir las reglas de la imaginación.

Con un ojo puesto en un colega algo quisquilloso de su nuevo departamento llamado Richard Tees, Danny creó una viñeta para un nuevo experimento:

> El señor Crane y el señor Tees deben abandonar el aeropuerto en diferentes aviones, a la misma hora. En la ciudad han tomado la misma limusina para desplazarse hasta el aeropuerto, han sufrido los mismos atascos y han llegado al aeropuerto treinta minutos después de la hora prevista para la salida de su vuelo.
>
> Al señor Crane le dicen que su vuelo ha salido a la hora prevista.
>
> Al señor Tees le dicen que su vuelo se ha retrasado y ha despegado hace cinco minutos.
>
> ¿Quién está más disgustado?

La situación de ambos era idéntica. Ambos creían que iban a perder el avión y ambos lo habían perdido. Sin embargo, el 96 por ciento de los sujetos a los que Danny planteó la pregunta dijeron que el señor Tees estaba más disgustado. Todos parecían comprender que la realidad no era la única fuente de frustración. El sentimiento también se veía alimentado por su proximidad con otra realidad: lo «cerca» que había estado el señor Tees de llegar a tiempo a su vuelo. «El único motivo por el que el señor Tees está más disgustado es porque había estado más "cerca" de llegar a su vuelo», escribió Danny en las notas de una charla sobre el tema. «Son ejemplos que parecen sacados de *Alicia en el País de las Maravillas*, con su extraña mezcla de fantasía y realidad. Si el señor Crane puede imaginar unicornios, y creemos que es razonable que así sea, ¿por qué le resulta relativamente difícil imaginarse a sí mismo evitando un retraso de treinta minutos, como sugerimos? Es obvio que existen ciertos límites en la libertad de la fantasía.»

Eran esas limitaciones las que Danny quería investigar. Quería comprender mejor lo que él llamaba «emociones contrafácticas», o los sentimientos que espolean la mente de las personas y las empujan a realidades alternativas para evitar el dolor de los sentimientos. El arrepentimiento era el sentimiento contrafáctico más obvio, pero la frustración y la envidia compartían con él su rasgo esencial. «Los sentimientos de la posibilidad no cumplida», los definió Danny en una carta dirigida a Amos. Estos sentimientos podían describirse usando simples operaciones matemáticas. Su intensidad, escribió Danny, era el producto de dos variables: «la deseabilidad de la alternativa» y «la posibilidad de la alternativa». Las experiencias que conducían al arrepentimiento y a la frustración no resultaban siempre fáciles de deshacer. La gente frustrada tenía que deshacer una característica de su entorno, mientras que la gente arrepentida tenía que deshacer sus propias acciones. «Sin embargo, las reglas básicas de este proceso de deshacer pueden aplicarse por igual a la frustración y al arrepentimiento —escribió—. Requieren un camino más o menos plausible que conduzca al estado alternativo.»

La envidia era distinta. La envidia no requería que una persona ejerciera el menor esfuerzo para imaginar un camino que condujera al estado alternativo. «La disponibilidad de la alternativa parece estar controlada por una relación de similitud entre uno mismo y el objeto de la envidia. Para sentir envidia basta con tener una imagen vívida de uno mismo en la piel de otra persona; no es necesario que exista un escenario plausible de cómo podemos llegar a ponernos en la piel de esa persona.» La envidia, por extraño que parezca, no necesitaba imaginación.

Danny pasó los primeros meses de su separación de Amos acompañado de estos pensamientos extraños y seductores. A principios de enero de 1979, escribió una nota a Amos titulada «El estado del proyecto "deshacer"». «He dedicado bastante tiempo a compensar y deshacer desastres de distinto sentido —escribió—, en un intento de ordenar los modos alternativos de deshacer.»

Un tendero fue víctima de un robo por la noche. Se resistió. Lo golpearon en la cabeza. Se quedó solo. Acabó muriendo antes de que alguien se diera cuenta de que se había producido el robo.

Una colisión de frente entre dos coches, ambos intentaban realizar un adelantamiento en condiciones de visibilidad limitada.

Un hombre sufrió un infarto e intentó llegar al teléfono, en vano.

Alguien muere en un accidente de caza debido a una bala perdida.

«¿Cómo se puede deshacer todo esto? —escribió—. ¿Y el asesinato de Kennedy? ¿Y la Segunda Guerra Mundial?» Y sus pensamientos ocuparon casi ocho páginas escritas con letra inmaculada. La imaginación no era un vuelo con destinos ilimitados. Era una herramienta para encontrar sentido en un mundo de posibilidades infinitas a través de reducirlas. La imaginación obedecía unas reglas: las del deshacer. Una de las reglas estipulaba que cuantos más objetos había que deshacer para crear una realidad alternativa, menos probabilidades había que la mente los deshiciera. La gente tenía menos probabilidades de «deshacer» a alguien que había muerto en un gran terremoto que en el caso de una persona que había muerto por culpa de un rayo, ya que deshacer un terremoto las obligaba a deshacer todas las consecuencias del seísmo. «Cuantas más consecuencias tuviera un hecho, mayor era el cambio al que obligaba la eliminación de ese acontecimiento», le escribió Danny a Amos. Otra regla relacionada con esta estipulaba que «un evento es menos susceptible de ser cambiado cuanto más se aleja en el pasado». Con el transcurso del tiempo, las consecuencias de cualquier evento se acumulaban, y obligaban a deshacer más hechos. Y cuanto más hay que deshacer, más se reducen las probabilidades de que la mente lo intente. Esta era, quizá, una de las formas en que el tiempo curaba las heridas, haciéndolas menos evitables.

Danny bautizó una regla más general con el nombre de la «regla del foco». «Por regla general tenemos un héroe o actor que opera en determinada situación —escribió—. Siempre que sea posible, mantendremos la situación fija y haremos que el actor se mueva. [...] No inventamos una ráfaga de viento que desvía la bala de Oswald.» Una excepción a esta regla se daba cuando la persona involucrada en el proceso de deshacer era el actor principal de su propia fantasía. Tenía menos probabilidades de deshacer sus propias acciones que la situación en la que se encontraba. «Cambiarse o sustituirse a uno mismo es una opción menos viable que cambiar o sustituir a otro actor. Un mundo en el que tengo un nuevo conjunto de rasgos debe de estar muy lejos del mundo en el que vivo. Quizá tenga algo de libertad, pero no tengo libertad para ser otra persona», escribió Danny.

La regla más importante del proceso de deshacer tenía que ver con aquello que era sorprendente o inesperado. Un banquero de mediana edad toma la misma ruta para ir al trabajo todos los días. Un día toma un camino distinto y muere cuando un joven drogado que conduce una furgoneta se salta un semáforo en rojo y choca contra su vehículo. Si pedimos a la gente que deshaga la tragedia, pensarán en la ruta que el banquero tomó ese día. ¡Si hubiera ido por la de siempre! Sin embargo, si dejamos que ese hombre tome la ruta de costumbre, y que lo mate el mismo muchacho drogado al volante de la misma furgoneta, que se salta un semáforo distinto, nadie pensará: ¡ojalá hubiera tomado una ruta distinta ese día! La distancia que debía recorrer la mente para pasar del modo habitual de hacer las cosas a otro menos acostumbrado parecía más larga que el viaje hecho en la otra dirección.

Al deshacer un evento, la mente tendía a eliminar lo que parecía sorprendente o inesperado, que era algo distinto de decir que obedecía las reglas de la probabilidad. Una forma mucho más probable de salvar la vida al hombre era alterar la hora elegida. Si el muchacho de la furgoneta o nuestro hombre hubieran ido un poco más rápido o lento en cualquier momento de su trágico recorrido, no habrían chocado. Sin embargo, la gente no pensaba en ello cuando deshacía el accidente. Era más fácil deshacer la parte menos habitual de la historia. «Podrías entretenerte deshaciendo mentalmente a Hitler», escribió Danny, y le relató a Amos una historia que imaginaba que Hitler había logrado hacer realidad su ambición original de ser pintor en Viena. «Ahora imagina otro [hecho contrafáctico]. Recuerda que en el momento justamente anterior a la concepción había muchas probabilidades de que Adolf Hitler fuera mujer. Las probabilidades de que fuera un artista de éxito seguro que nunca llegaron a ser tan altas [como el 50 por ciento de probabilidades de que fuera niña]. Entonces ¿por qué uno de estos enfoques para deshacer a Hitler nos resulta aceptable, mientras que el otro lo consideramos inquietante, casi incorrecto?»

El funcionamiento de la imaginación recordaba a Danny el esquí de fondo, deporte que había probado sin demasiado éxito en Vancouver. Había hecho el curso para principiantes en dos ocasiones, pero había llegado a la conclusión de que requería mucho más esfuerzo subir una colina que bajarla. La mente también prefería ir cuesta abajo cuando participaba del proceso de deshacer un evento. Danny la llamaba la «regla de la cuesta abajo».

Mientras daba vueltas a esta nueva idea, llegó a la conclusión de que con Amos siempre había ido muy rápido y llegado muy lejos. Al final de su carta, añadió: «Me resultaría muy útil que dedicaras un par de horas a escribirme una carta sobre el tema, antes de que nos veamos el próximo domingo». Danny no recordaba si Amos había llegado a escribir la carta, seguro que no lo había hecho. Su compañero parecía interesado en las nuevas ideas que le había propuesto, pero, por algún motivo, no contribuyó a ellas. «Tenía poco que decir sobre el tema, algo raro en Amos», dijo Danny. Sospechaba que Amos se estaba enfrentando a su propia desdicha, algo muy poco habitual en él. Después de abandonar Israel, Amos confesó a un buen amigo que le sorprendían los pocos remordimientos que sentía y, al mismo tiempo, lo mucho que echaba de menos a su país. Quizá ese era el problema; quizá Amos, que había emigrado formalmente a Estados Unidos, no se sentía como era habitual. O quizá el problema era lo ajenas que le resultaban esas ideas en comparación con su obra anterior. Hasta entonces su trabajo siempre había nacido como un desafío a una teoría existente y aceptada por un amplio sector. La pareja exponía los defectos de las teorías sobre el comportamiento humano y creaba otras más convincentes. Sin embargo, no existía ninguna teoría general sobre la imaginación humana que refutar. No había nada que destruir, ni a lo que enfrentarse.

Había otro problema: la nueva diferencia de estatus entre ambos empezaba a hacer mella en su relación. Cuando Amos impartía en la Universidad de Columbia Británica, daba la sensación de que se estaba rebajando. Danny «subía» a Palo Alto y Amos «bajaba» a Vancouver. «Amos era un hombre despectivo y yo notaba que él creía que mi universidad era un lugar provinciano», decía Danny. Una noche, durante una de sus conversaciones, Amos dejó caer que la diferencia que sentía al estar en Stanford era que se sentía en un lugar donde todo el mundo era de primera división. «Fue la primera vez. Yo supe que él no hablaba en serio y seguro que se arrepentía de haberlo dicho, pero recuerdo que pensé que sencillamente era inevitable que Amos sintiera una lástima condescendiente y que yo me sintiera herido por sus palabras.»

Sin embargo, la sensación que abrumaba a Danny era de frustración. Había pasado casi toda una década alumbrando ideas más o menos en presencia de Amos. La concepción de la idea y la comunicación al otro se producía sin solución de continuidad. La magia era lo que sucedía de inmediato: la aceptación ciega, la comunión de las mentes. «Tengo la sensación de que inicio muchos procesos, pero el producto final siempre queda fuera de mi alcance», dijo un día Danny a Miles Shore. Ahora volvía a trabajar a solas y echaba en falta esos pensamientos que complementaban y mejoraban los suyos. «Tenía un gran número de ideas, pero él no estaba ahí —decía Danny—. De modo que las ideas se echaron a perder porque no pudieron beneficiarse del filtro de pensamiento de Amos.»

Unos meses después de que Danny escribiera su memorándum a Amos, en abril de 1979, Amos y él dieron dos charlas en la Universidad de Michigan. El motivo fue la prestigiosa serie de conferencias anual Katz-Newcomb, y para Danny lo más sorprendente fue que los habían invitado a ambos, no solo a Amos. La sospecha de Danny de que su amigo andaba algo escaso de ideas nuevas se confirmó cuando su compañero eligió el trabajo conjunto sobre los marcos como tema de la ponencia. Danny, sin embargo, aprovechó la ocasión para desvelar en público por primera vez las ideas que había ido fraguando durante los nueve meses que habían pasado separados. «La psicología de los mundos posibles», la tituló. «Como sentimos que estamos entre amigos —empezó—, Amos y yo hemos elegido un tema para esta conferencia que, en otras circunstancias, no podría sino considerarse como arriesgado. Es un tema que hemos empezado a estudiar hace poco, y sobre el que aún albergamos más entusiasmo que conocimientos. [...] Exploraremos el papel de las posibilidades no realizadas en nuestra reacción emocional a la realidad y en nuestra comprensión de ella.»

A continuación, explicó las reglas del proceso de deshacer eventos. Había creado varias situaciones como marcos de pruebas: además del banquero que moría en el accidente de tráfico por culpa de un chico drogado, había otra sobre un hombre desafortunado que había muerto de un ataque al corazón porque no había podido pisar el freno del coche. La mayoría se le habían ocurrido a altas horas de la noche, en Vancouver. Sus pensamientos sobre el tema lo habían despertado tantas veces que al final había decidido dormir con una libreta en la mesita de noche. Quizá Amos tenía una mente superior, pero Danny hablaba mejor en público. Tal vez Amos había sacado una tajada más grande del traslado de ambos a Norteamérica, pero esa situación no podía ser eterna: la gente iba a darse cuenta de su contribución. Danny vio que los asistentes lo escuchaban embelesados. Y cuando acabó, nadie tenía prisa por irse. Se quedaron en la sala, y Clyde Coombs, antiguo mentor de Amos, se le acercó con una mirada de admiración. «Esas ideas, todas esas ideas, ¿de dónde salen?», le preguntó. Y Amos respondió: «Danny y yo no hablamos de estas cosas».

«Danny y yo no hablamos de estas cosas.»

Ese fue el momento en que la historia que se estaba fraguando en la mente de Danny empezó a cambiar. Más adelante habría de referirse a él y declaró: fue el principio de nuestro fin. Intentó deshacer el momento, pero cuando lo hacía, no decía: «Ojalá Clyde Coombs no me hubiera hecho la pregunta». U: «Ojalá yo me sintiera tan invulnerable como Amos». U: «Ojalá nunca me hubiera ido de Israel». Pero, en realidad, pensaba: «Ojalá Amos fuera capaz de mostrar algo de modestia». Amos era el actor en la imaginación de Danny. Amos era el objeto que ocupaba el foco. Amos había tenido una oportunidad de oro para reconocer el mérito de Danny por lo que había hecho, pero la había desaprovechado. Sabía que saldrían adelante, pero ese momento quedó grabado en el pensamiento de Danny y ya no pudo desprenderse de él. «Cuando estás con una mujer a la que amas ocurre algo —decía Danny—. Sabes que ha ocurrido algo. Sabes que no es bueno. Pero sigues adelante.» Estás enamorado y, sin embargo, tienes la sensación de que existe una fuerza nueva que te aleja de ella. Tu mente alumbra la posibilidad de otra narración. Esperas que suceda algo que estabilice o insufle nueva vida a la historia antigua. En este caso, no ocurrió. «Yo quería que Amos reflexionara sobre lo que estaba ocurriendo, pero no lo hizo y tampoco aceptaba que tuviera que hacerlo», decía Danny.

Después de Michigan, Danny pronunció varias conferencias sobre el proyecto deshacer y omitió el nombre de Amos. Nunca había hecho algo así. Durante una década, su relación se había regido por una regla inquebrantable que impedía que cualquier otra persona se aproximara a áreas de interés mutuo. A finales de 1979, o tal vez a principios de 1980, Danny empezó a hablar con un joven profesor ayudante de la Universidad de Columbia Británica llamado Dale Miller, con quien compartió sus ideas sobre el modo en que la gente comparaba la realidad con sus alternativas. Cuando Miller le preguntó por Amos, Danny respondió que ya no trabajaban juntos. «Vivía eclipsado por Amos, algo que creo que lo preocupaba mucho», según Miller. Al cabo de poco Danny y Miller empezaron a trabajar en un artículo que bien podría haberse titulado «El proyecto deshacer». «Creí que habían llegado a un acuerdo para trabajar con otras personas —dijo Miller—. Y Danny insistió en que sus días de colaboración con Amos se habían acabado. Recuerdo muchas conversaciones tensas. En cierto momento, me dijo que tuviera paciencia con él porque era su primera relación después de Amos.»

Si la conferencia Katz-Newcomb significó menos para Amos que para Danny fue porque la vida de Amos era por entonces una carrera de una conferencia a otra. A uno de sus estudiantes de posgrado de Stanford le recordaba a un monologuista que viajaba por todo el mundo poniendo a prueba su material. «Pensaba hablando —recordaba su mujer, Barbara—. Lo oía en la ducha. Lo oíamos hablar consigo mismo. A través de la puerta.» Sus hijos se acostumbraron a oír hablar solo a su padre. «A veces parecía un loco hablando consigo mismo», decía su hijo Tal. Lo veían acercándose a casa, con su Honda marrón, paraba y arrancaba, sin dejar de hablar. «Iba a cinco kilómetros por hora y, entonces, salía disparado —decía su hija Dona—. Se le había ocurrido la idea.»

En las semanas previas a la conferencia Katz-Newcomb, a principios de abril de 1979, Amos mantuvo varias conversaciones con la Unión Soviética. Se había unido a un grupo de diez psicólogos occidentales destacados que habían emprendido una extraña misión diplomática. Los psicólogos soviéticos intentaban convencer a su gobierno de que admitiera la psicología matemática en la Academia de Ciencias Rusas y habían pedido apoyo a sus homólogos estadounidenses. Dos distinguidos psicólogos matemáticos, William Estes y Duncan Luce, habían decidido ayudarlos. Los más veteranos elaboraron una lista de los principales colegas de Estados Unidos. La mayoría de ellos eran muy mayores. Amos era uno de los más jóvenes, junto con su colega de Stanford Brian Wandell. «Los mayores creían que íbamos a rescatar la imagen de la psicología en la Unión Soviética —recordaba Wandell—. La psicología desafiaba al marxismo. Formaba parte de la lista de cosas que no debían existir.»

Tardaron un día en darse cuenta del motivo que había llevado a los marxistas a tomar esa decisión. Aquellos psicólogos soviéticos eran un hatajo de charlatanes. «Creíamos que los soviéticos iban a ser científicos —decía Wandell—. Pero no fue así.» Los soviéticos y los estadounidenses se turnaron para pronunciar conferencias. Uno de los representantes estadounidenses dio una charla muy erudita sobre la teoría de decisiones. Cuando su homólogo soviético se levantó, pronunció una conferencia sin ningún sentido. Uno de ellos dedicó el tiempo de que disponía a explicar que las ondas cerebrales provocadas por la cerveza anulaban las ondas cerebrales del vodka. «Nosotros nos levantábamos y pronunciábamos una conferencia que estaba bien —decía Wandell—. Pero cuando se levantaba un ruso y daba su charla, nos mirábamos y decíamos: "Qué cosa más rara". Uno de ellos defendía que el significado de la vida podía expresarse en una fórmula y que esta podía tener una variable llamada E.»

Salvo una excepción, los rusos no sabían nada sobre la teoría de decisiones, y tampoco parecían muy interesados en la materia. «Había uno que dio una gran conferencia, en comparación al menos con los demás», decía Wandell. Ese tipo resultó ser un agente del KGB que había estudiado psicología y se había especializado en el tema de su charla. «Descubrimos que trabajaba para el KGB porque al cabo de una semana participó en un congreso de física, donde también pronunció una gran conferencia. Fue el único que le gustó a Amos.»

Se alojaron en un hotel con los retretes y la calefacción estropeados. Las habitaciones tenían micrófonos ocultos y los guardias los seguían allí donde iban. «Durante los dos primeros días, la gente alucinó —decía Wandell—. No podíamos dar crédito.» A Amos la situación le parecía muy histérica. «Centraron gran parte de la atención en él, seguramente porque era israelí. Un día, tuvo uno de sus típicos arrebatos cuando estábamos paseando por la Plaza Roja. Me miró y me dijo: "¡Venga, a ver si podemos perderlos de vista!". Y echó a correr, perseguido por los guardias.» Cuando lo atraparon, escondido en unos grandes almacenes, los soviéticos estaban furiosos. «Nos dieron una buena reprimenda», dijo Wandell.

Amos dedicó una parte del tiempo que pasó en la habitación sin calefacción y llena de micrófonos a añadir material a una carpeta que llevaba la etiqueta «Proyecto deshacer». La carpeta acabó teniendo unas cuarenta páginas de notas manuscritas. Entre líneas, se oye el carraspeo educado de un tallador de diamantes que está esperando sus piedras. Era obvio que Amos tenía la esperanza de convertir las ideas de Danny en una teoría con todas las de la ley. Sin embargo, Danny ignoraba este punto y que Amos estaba creando sus propias viñetas:

> David P. muere en un accidente aéreo. ¿Cuál de las siguientes opciones es más fácil de imaginar?
> – que el avión no se estrelló.
> – que David P. tomó otro avión.

En lugar de responder a la larga carta de Danny, Amos escribió varias notas para sí mismo, intentando poner en orden las ideas que había tenido su compañero. «A menudo el mundo actual es sorprendente, es decir, menos plausible que algunas de sus alternativas —escribió—. Podemos ordenar los mundos posibles en: i) plausibilidad inicial y ii) similitud con el mundo actual.» Al cabo de unos días escribió ocho páginas de una gran densidad en las que intentó crear una teoría lógica y consistente a nivel interno sobre la imaginación. «Le encantaban estas ideas —afirmó Barbara—. La toma de decisiones tenía un aspecto muy básico que lo fascinaba: la opción que no eliges.» Intentó buscar un título para saber acerca de qué estaba escribiendo. En sus primeras notas de la carpeta escribió la expresión «la heurística del deshacer» y bautizó la nueva teoría con el nombre de «Teoría de la posibilidad». Luego lo cambió a «Teoría del escenario» y lo volvió a cambiar a «Teoría de los estados alternativos». En las últimas notas que escribió sobre la materia la llamó «Teoría de las sombras». «El punto principal de la teoría de las sombras —escribió Amos para sí mismo— es que el contexto de alternativas o el *conjunto de posibilidades* determina nuestras expectativas, nuestras interpretaciones, nuestro recuerdo y nuestra atribución de la realidad, así como los estados afectivos que induce.» Hacia el final del proceso de concepción sobre el asunto, lo resumió casi todo en una única frase: «La realidad es una nube de posibilidad, no un punto».

No era que Amos no tuviera ningún interés en los pensamientos de Danny. Lo que sucedía era que ya no compartían habitación, con la puerta cerrada y aislados de los demás. La conversación que Danny y él deberían haber mantenido era ahora un proceso individual. Debido a la distancia que se interponía entre ambos, cada uno era más consciente de dónde procedían las ideas. «Sabemos quién tuvo la idea debido a la separación física y a que la idea aparece en una carta —se lamentaba Amos a Miles Shore—. Antes, habríamos cogido el teléfono desde el principio. Ahora la desarrollamos y cada uno se implica plenamente en ella y se vuelve algo más personal, por lo que recuerdas que es tuya. Al principio nunca era así.»

Entregado a su nueva idea, Danny la había retomado en lugar de dejar que Amos la adoptara y la convirtiese en algo más parecido a él. Amos siguió yendo a Vancouver cada dos semanas, pero existía una nueva tensión entre ellos. Era obvio que Amos quería creer que podían seguir colaborando como antes. Pero Danny no pensaba igual. Se había anticipado a su propia envidia y la había convertido en una decisión sobre Amos.

12

Esta nube de posibilidad

En 1984, Amos se encontraba de visita en Israel cuando recibió una llamada que le comunicaba que le habían concedido una beca MacArthur para «genios». El premio consistía en una dotación de doscientos cincuenta mil dólares, cincuenta mil más para investigación, un seguro de salud de primera línea y una nota de prensa que elogiaba a Amos y lo consideraba un pensador que había hecho gala de una «extraordinaria originalidad y dedicación en sus ambiciones creativas y una destacada capacidad de autosuficiencia». La única obra de Amos que citaba el comunicado era la que había realizado con Danny, cuyo nombre no se mencionaba.

A Amos no le gustaban los premios. Creía que exageraban las diferencias entre las personas, que causaban más mal que bien y creaban más tristeza que alegría ya que por cada ganador había muchos otros que también merecían ganar o, al menos, lo consideraban así. La beca MacArthur se convirtió en un ejemplo de ello. «No estaba agradecido por el premio —decía su amiga Maya Bar-Hillel, que lo vio poco después de que se anunciara públicamente—. Estaba cabreado. Dijo: "¿En qué piensa esa gente? ¿Cómo pueden dar un premio a solo un miembro de una pareja? ¿No se dan cuenta de que están asestando un golpe de gracia a la colaboración?".» A Amos no le gustaban los premios, pero no dejó de ganarlos. Antes de la beca MacArthur, lo habían nombrado miembro de la Academia Americana de Artes y Ciencias. Poco después de la MacArthur, recibió la beca Guggenheim y una invitación para ingresar en la Academia Nacional de Ciencias. Este último honor no se concedía a menudo a científicos que no fuesen ciudadanos estadounidenses, y tampoco se lo concedieron a Danny. Tras estos reconocimientos llegaron los doctorados *honoris causa* de Yale y de la Universidad de Chicago, entre otras. Pero Amos consideraba que la beca MacArthur era el paradigma del daño que provocaban los premios. «Creía que era una decisión tan miope como imperdonable. Su sufrimiento era auténtico, no estaba exagerando ante mí», decía Bar-Hillel.

Los premios trajeron consigo un goteo constante de libros y artículos que elogiaban a Amos por el trabajo que había hecho con Danny, pero como si hubiera trabajado solo. Cuando los demás hablaban de su obra conjunta, ponían el nombre de Danny en segundo lugar, en el caso de que llegaran a mencionarlo: Tversky y Kahneman. «Es usted muy generoso por reconocer mi mérito a la hora de expresar la relación entre la representatividad y el psicoanálisis —escribió Amos a un colega psicólogo que le había enviado su último artículo—. Sin embargo, esas ideas se desarrollaron gracias a las conversaciones que mantuve con Danny, por lo que debería mencionar ambos nombres o (si le resulta demasiado extraño) omitir el mío.» El autor de un libro atribuía a Amos el descubrimiento de la falsa ilusión de efectividad que sentían los instructores de vuelo de las fuerzas aéreas israelíes después de criticar a un piloto. «La etiqueta "efecto Tversky" me resulta algo incómoda —escribió Amos a otro autor—. Esta obra se realizó en colaboración con mi colega Daniel Kahneman, amigo también desde hace muchos años, por lo que no debería destacarme solo a mí. De hecho, fue Daniel Kahneman quien observó ese efecto, por lo que si este fenómeno se va a bautizar con el nombre de alguien debería ser el "efecto Kahneman".»

La visión estadounidense de su colaboración con Danny contribuyó a la mistificación de Amos. «La gente consideraba a Amos el tipo brillante y a Danny el precavido», decía Persi Diaconis, amigo de Amos y colega en Stanford. «Y Amos replicaba: "¡Es justo lo contrario!".»

Los estudiantes de licenciatura de Amos en Stanford lo apodaron Amos el Famoso. «Sabías que todo el mundo lo conocía y sabías que todo el mundo quería disfrutar de su compañía», decía Steve Sloman, psicólogo y profesor de la Universidad de Brown, que estudió con Amos a finales de los años ochenta. Lo más exasperante de todo aquello era que él se mostraba indiferente a la atención que recibía. Ignoraba sin ningún problema las invitaciones, cada vez más frecuentes, de los medios de comunicación. («Lo más probable es que no te vayan mejor las cosas después de salir en televisión que antes», decía.) Tiró a la papelera un gran número de invitaciones sin abrir, tal y como él mismo reconoció. Su comportamiento no se debía a la modestia. Amos era perfectamente consciente de su valor. No necesitaba hacer gala de lo poco que le importaba lo que pensaran de él; de hecho, no le importaba demasiado. El trato que ofreció Amos al mundo era que la interacción entre ambos debía producirse de acuerdo con sus propios términos.

Y el mundo aceptó el trato. Congresistas estadounidenses lo llamaban para pedirle consejo sobre las leyes que estaban redactando. La NBA lo llamó para escuchar sus argumentos sobre falacias estadísticas en baloncesto. Los servicios secretos estadounidenses lo llevaron a Washington para que los aconsejara sobre cómo predecir y disuadir todo tipo de amenazas que recibían los líderes políticos a los que debían proteger. La OTAN lo invitó a los Alpes franceses para que explicara cómo tomaban decisiones las personas en condiciones de incertidumbre. Amos parecía capaz de abordar cualquier problema, por muy ajeno que le resultara, y lograr que la gente que se enfrentaba a este tuviera la sensación de que él había logrado comprender mejor su esencia que ellos mismos. La Universidad de Illinois lo invitó a una conferencia sobre pensamiento metafórico, por ejemplo, en la que Amos defendió que una metáfora no era más que un sustituto del pensamiento. «Como las metáforas son vívidas y memorables, y como no están sometidas al análisis crítico, pueden tener un impacto considerable en el juicio humano incluso cuando no son apropiadas, útiles o resultan engañosas —dijo Amos—. Sustituyen la incertidumbre genuina sobre el mundo con una ambigüedad semántica. Una metáfora es una maniobra de encubrimiento.»

A Danny no le pasó inadvertida la atención que estaba recibiendo Amos por el trabajo que habían hecho juntos. Los economistas invitaban a Amos a sus conferencias, pero también lo hacían los lingüistas, filósofos, sociólogos e informáticos, a pesar de que Amos no sentía el menor interés por el ordenador que tenía en su despacho de Stanford. («¿De qué me va a servir un ordenador?», preguntó, después de rechazar la oferta que le había hecho Apple, que quería donar veinte Macs nuevos para el departamento de psicología de Stanford.) «Al final te disgusta que no te inviten a las mismas conferencias, a pesar de que tampoco habrías ido», le confesó Danny al psiquiatra de Harvard Miles Shore. «Mi vida sería mejor si Amos no recibiera tantas invitaciones.»

En Israel, Danny había sido la persona a la que acudían las personas del mundo real cuando tenían un problema del mundo real. En Estados Unidos, la gente del mundo real acudía a Amos, incluso cuando no estaba muy claro que dominase el tema que debía tratar. «Tuvo un gran impacto en lo que hacíamos», decía Jack Maher, que estaba al mando de la preparación de siete mil pilotos de Delta Air Lines cuando pidió ayuda a Amos. A finales de los años ochenta, Delta había sufrido una serie de incidentes lamentables. «No murió nadie —dijo Maher—, pero algunos de nuestros pilotos se habían perdido o habían aterrizado en el aeropuerto equivocado.» En la mayoría de casos los incidentes podían atribuirse a una decisión errónea tomada por un comandante de Delta. «Necesitábamos un modelo de decisión y busqué uno, pero no existía —decía Maher—. Y el apellido Tversky apareció en varias ocasiones.» Maher se reunió con Amos durante unas horas y le contó sus problemas. «Se puso a utilizar conceptos matemáticos. Cuando empezó a hablar de ecuaciones de regresión lineal me puse a reír, él hizo lo mismo y dejó a un lado esa jerga incomprensible.» Luego le explicó, usando un lenguaje comprensible, el trabajo que había hecho con Danny. «Nos ayudó a comprender por qué en ocasiones los pilotos tomaban decisiones equivocadas. Nos dijo: "No podrán cambiar las decisiones que toma la gente bajo coacción. No podrán evitar que los pilotos cometan esos errores mentales. No podrán eliminar esos puntos débiles del proceso de toma de decisiones de los pilotos".»

Amos sugirió a Delta que cambiara el entorno de toma de decisiones. Los errores mentales que provocaban que un avión con destino a Miami aterrizara en Fort Lauderdale eran consustanciales a la naturaleza humana. A las personas les costaba darse cuenta de cuándo eran víctimas del engaño de su mente; sin embargo, les resultaba más fácil detectar los casos en que los demás sufrían este engaño. No obstante, la cultura que imperaba en las cabinas de los aviones comerciales no era un terreno propicio para que los subalternos señalaran los errores mentales de la persona al mando. «Por entonces, los comandantes eran unos capullos autócratas que se obcecaban en dirigirlo todo», decía Maher. La forma de evitar que el comandante aterrizara en el aeropuerto equivocado, insistió Amos, era educar al resto de miembros de la tripulación para que cuestionaran las decisiones del comandante. «Cambió el modo en que preparábamos a nuestros pilotos. Cambiamos la cultura de la tripulación y no permitimos que nadie siguiera comportándose como un capullo autócrata. Desde entonces no se han vuelto a cometer esos errores.»

En la década de 1980, las ideas que Danny y Amos habían concebido juntos empezaban a llegar a lugares que ninguno de los dos había imaginado nunca. El éxito permitió la aparición de, entre otras cosas, un nuevo mercado para los críticos. «Creamos un campo desconocido —le dijo Amos a Miles Shore en el verano de 1983—. Nos dedicamos a sacudir los árboles y a desafiar el orden establecido. Ahora nosotros somos el orden establecido. Y la gente intenta sacudir nuestro árbol.» La mayoría de esas personas eran intelectuales que se lo tomaban todo muy a pecho. Cuando conocieron la obra de Danny y Amos, más de un académico tuvo la sensación que embarga a una persona cuando un desconocido la aborda con la frase: «No se lo tome a mal, pero...». Venga lo que venga a continuación, sabes que no te va a gustar. El sonido de las risas que atravesaba la puerta cerrada del despacho de Amos y Danny tampoco había ayudado demasiado. Provocó que otros intelectuales se preguntaran por sus auténticos motivos. «Su actitud de regocijo es lo que despertó los recelos —decía el filósofo Avishai Margalit—. Parecían dos tipos que se encontraban frente a las jaulas de los monos para hacerles muecas. Eran demasiado alegres. Dijeron: "Nosotros también somos monos". Pero nadie los creyó. Había la sensación de que, en realidad, disfrutaban engañando a la gente. Y ese sentimiento ya no desapareció nunca. Supuso un auténtico problema para ellos.»

En una conferencia a principios de los años setenta, Danny conoció a un eminente filósofo llamado Max Black e intentó explicarle su trabajo con Amos. «No me interesa la psicología de la gente estúpida», le espetó Black, que se fue dejándolo con la palabra en la boca. Danny y Amos no consideraban que su obra fuera la psicología de la gente estúpida. Sus primeros experimentos, que exageraban la debilidad de las intuiciones estadísticas de la gente, habían sido realizados por estadísticos profesionales. Por cada problema sencillo que lograba engañar a los estudiantes, ellos habían sido capaces de crear una versión más complicada capaz de engañar también a los profesores. Y hubo unos cuantos académicos a los que no les hizo gracia esa idea. «Si le das a la gente una ilusión visual te dicen: "Me han engañado mis ojos" —decía el psicólogo de Princeton Eldar Shafir—. Si les das una ilusión lingüística, los engañas, pero dicen: "No pasa nada". Pero si les das uno de los ejemplos de Amos y Danny te dirán: "Me estás insultando".»

Los primeros que se tomaron sus estudios como una afrenta personal fueron los psicólogos víctimas de sus ataques. Ward Edwards, antiguo profesor de Amos, había escrito en 1954 el artículo original en el que invitaba a los psicólogos a investigar las asunciones de sus teorías en la economía. Sin embargo, nunca imaginó que llegara a suceder algo así, que dos israelíes entraran en la sala y empezaran a burlarse de la conversación que habían mantenido hasta entonces. A finales de 1970, después de leer los primeros borradores de los artículos de Amos y Danny sobre el juicio humano, Edwards les escribió para mostrar su disconformidad. En la que habría de ser la primera carta de una relación epistolar algo tensa, Edwards adoptó el tono de un maestro sabio e indulgente que se dirigía a sus ingenuos alumnos. ¿Cómo era posible que Amos y Danny creyeran que podía extraerse alguna conclusión planteando preguntas estúpidas a estudiantes de licenciatura? «Sus métodos de recopilación de datos impiden que pueda tomarme en serio ninguno de los "experimentos" en los que participen», escribió Edwards. Esos estudiantes que se habían convertido en sus ratas de laboratorio eran «descuidados y distraídos. Y si se comportan de ese modo, tienen muy pocas probabilidades de actuar como estadísticos intuitivos y competentes». Edwards tenía una explicación para cada supuesta limitación de la mente que Danny y Amos habían descubierto. La falacia del jugador, por ejemplo. Si la gente creía que después de lanzar una moneda al aire cinco veces, y que en todas saliera cara, aumentaba el número de probabilidades de que saliera cruz a la siguiente no era porque no comprendieran las reglas de la aleatoriedad. Era porque «la gente se aburre de hacer siempre lo mismo».

Amos se tomó la molestia de responder, de forma casi educada, a esa primera carta de su antiguo profesor. «Ha sido un placer leer sus detallados comentarios sobre nuestros artículos y comprobar que, tenga o no razón, no ha perdido ni un ápice de su antiguo espíritu de lucha», empezaba la respuesta, antes de describir a su profesor como «poco convincente». «En concreto —proseguía Amos—, las objeciones que plantea sobre nuestro método experimental no se sostienen. En resumen, se ha entregado a la práctica de criticar un cambio de procedimiento sin demostrar cómo podría afectar ello a los resultados obtenidos. Tampoco ofrece datos contradictorios o una alternativa plausible a la interpretación de nuestros hallazgos. En lugar de todo ello, se limita a expresar un claro sesgo contra nuestro método de recopilación de datos y a favor del suyo. Postura del todo comprensible, pero no muy convincente.»

A Edwards no le gustó la respuesta, pero supo contener la ira durante unos cuantos años. «Nadie quería enzarzarse en una discusión con Amos —decía el psicólogo Irv Biederman—. ¡Menos aún en público! Solo vi hacerlo a una persona. Fue un filósofo, en una conferencia. Se levantó a dar su charla. Quería cuestionar la heurística. Amos estaba ahí. Cuando el filósofo acabó de hablar, Amos tomó la palabra para refutar sus tesis. Fue como una decapitación del ISIS. Pero con sentido del humor.» Edwards debió de darse cuenta de que en todo conflicto abierto con Amos tenía muchas probabilidades de acabar siendo la víctima de una decapitación del ISIS, pero con sentido del humor. Y sin embargo, Amos había defendido la idea de que el hombre era un buen estadístico intuitivo. Pero aun así siempre tenía que decir algo.

A finales de la década de 1970 Edwards encontró por fin un

principio que le permitía tomar una postura: las masas no estaban preparadas para entender el mensaje de Amos y Danny. No alcanzaban a captar las sutilezas. Había que proteger a la gente para evitar que se engañara a sí misma con la idea de que su mente era menos fiable de lo que en realidad era. «No sé si eres consciente de lo mucho que se ha extendido ese mensaje, o de lo devastadores que han sido sus efectos —le escribió Edwards a Amos en septiembre de 1979—. Hace una semana y media asistí a la reunión organizativa de la Sociedad de Toma de Decisiones Médicas. Diría que un tercio de las ponencias mencionaban tu obra de pasada, en gran medida como justificación para evitar la intuición, el juicio, la toma de decisiones y otros procesos intelectuales humanos.» Hasta los doctores más brillantes estaban convencidos de que las teorías de Danny y Amos podían reducirse a un mensaje tan simple y burdo como que no había que confiar en la mente humana. ¿Qué iba a ser de la medicina? ¿De la autoridad intelectual? ¿De los expertos?

Edwards envió a Amos un borrador de su ataque contra su obra conjunta, con la esperanza de que Amos no le negara la dignidad. Algo que no sucedió. «El tono es insidioso, la evaluación de pruebas es injusta y existen demasiadas dificultades técnicas para iniciar un debate —escribió Amos en una nota muy desabrida que mandó a Edwards—. Le agradecemos su intento de reparar lo que considera una visión distorsionada del hombre. Pero lamentamos que haya decidido hacerlo presentando una visión distorsionada de nuestra obra.» Edwards quedó como alguien que acababa de darse cuenta de que tiene la cremallera del pantalón abierta mientras intenta dar marcha atrás con la bicicleta para no precipitarse por un acantilado. Se excusó con diversos problemas personales, que abarcaban desde un importante *jet lag* a «una década de frustraciones personales», como excusa para su pésimo artículo, y acabó más o menos admitiendo que se arrepentía de haberlo escrito. «Lo que más me avergüenza es que después de trabajar tanto para escribir el artículo, fuera incapaz de ver todos sus defectos», escribió a Amos y Danny antes de decirles que iba a reescribirlo con la esperanza de evitar cualquier controversia pública con ellos.

Sin embargo, no todo el mundo era lo bastante sensato como para mostrar algo de temor a las reacciones de Amos. Un filósofo de Oxford llamado L. Jonathan Cohen organizó un buen revuelo filosófico con una serie de ataques en libros y revistas. La idea de que se pudiera aprender algo sobre la mente humana planteando preguntas a las personas le resultaba del todo ajena. El filósofo oxoniense argumentó que, como el hombre había creado el concepto de racionalidad, este debía ser, por definición, racional. «Racional» era lo que hacía la mayoría de gente, fuera lo que fuera. O, como expresó Danny en una carta escrita un poco a regañadientes como respuesta a uno de los artículos de Cohen: «todo error que logre atraer a un número suficiente de votos no es un error». El filósofo se esforzó por demostrar que los errores descubiertos por Amos y Danny o bien no eran errores o eran el resultado de la «ignorancia científica o matemática» de sus sujetos, algo que podía remediarse fácilmente con un mínimo contacto con profesores universitarios. «Ambos nos ganamos la vida dando clases de probabilidad y estadística», escribieron Persi Diaconis, de Stanford, y David Freedman, de la Universidad de Berkeley, en la revista *Behavioral and Brain Sciences*, que había publicado uno de los ataques de Cohen. «Muy a menudo vemos a estudiantes, colegas (e incluso nosotros mismos) que cometen cierto tipo de errores. Incluso puede darse el caso de que la misma persona repita el mismo error en múltiples ocasiones. Cohen se equivoca al desdeñar esto y considerarlo el resultado de la "ignorancia científica o matemática".» Pero por entonces ya estaba claro que por mucho que los especialistas en estadística reafirmaran la validez de la obra de Danny y Amos, los que no estaban de acuerdo con la pareja israelí se obstinaban en defender que eran ellos los únicos que tenían razón.

Cuando llegaron a Estados Unidos, Amos y Danny publicaron un gran número de artículos juntos. La mayoría era material que ya tenían preparado cuando se fueron de Israel. Pero a principios de la década de 1980, lo que escribieron juntos no había seguido el mismo proceso que antes. Amos se concentró en un artículo sobre la aversión a la pérdida firmado con el nombre de ambos, al que Danny añadió unos cuantos párrafos sueltos. Danny emprendió por su cuenta lo que Amos había llamado «El proyecto deshacer», pero lo tituló «La heurística de la simulación» y lo publicó firmado con ambos nombres, en un libro que recogía sus artículos, junto con otros de estudiantes y colegas. (Y luego decidió explorar las reglas de la imaginación no con Amos, sino con su colega de la Universidad de Columbia Británica, Dale Miller, unos años más joven que él.) Amos escribió un artículo dirigido directamente a economistas para solucionar errores técnicos de la teoría de las perspectivas. «Avances en la teoría de las perspectivas», lo tituló, y aunque Amos hizo gran parte del trabajo con su estudiante de posgrado Rich González, se publicó como un artículo de revista firmado por Danny y Amos. «Amos dijo que siempre había sido Kahneman y Tversky, y que este tenía que ser Kahneman y Tversky, y que sería muy extraño añadir un tercer autor», afirmó González.

De modo que mantuvieron la ilusión de que aún trabajaban juntos, tanto como antes, a pesar de que los impulsos que los separaban cobraban una gran fuerza. El número cada vez mayor de enemigos comunes no logró unirlos. Danny se mostraba cada vez más incómodo con la actitud que Amos mostraba hacia sus contrarios. Amos había nacido para la pelea. Danny había nacido para sobrevivir. Rehuía el conflicto. Y ahora que su obra era blanco de los ataques, Danny adoptó una nueva política: no volver a reseñar un artículo que lo hiciera enfurecer. Le sirvió como excusa para ignorar todo acto de hostilidad. Amos acusó a Danny de «identificarse con el enemigo», y no iba muy desencaminado. A Danny le resultaba casi más fácil imaginarse a sí mismo en la piel de sus adversarios que en la suya propia. En cierto modo, y por extraño que parezca, Danny albergaba en su interior a su propio enemigo. No necesitaba otro.

Amos necesitaba oposición para ser Amos. Sin ella, no tenía a quién imponerse. Y Amos, al igual que su patria, vivía en un estado continuo de preparación para la batalla. «Amos no creía, como Danny, que todos debíamos pensar y trabajar juntos —decía Walter Mischel, que era el jefe del departamento de psicología de Stanford cuando contrató a Amos—. Él pensaba: "Que os jodan".»

A principios de los años ochenta, ese sentimiento debió de ocupar la cabeza de Amos más a menudo que en otras épocas. Los críticos que publicaban ataques contra su obra con Danny formaban el grupo más pequeño. En conferencias y en conversaciones, Amos oyó una y otra vez en boca de economistas y teóricos de la decisión que Danny había exagerado la falibilidad humana. O que los problemas que habían observado eran artificiales. O que solo se encontraban en la cabeza de los estudiantes de licenciatura. O... cualquier otra excusa. Muchas de las personas con las que Amos interactuaba creían en la idea de que la gente era racional. Amos se quedó perplejo ante su incapacidad para admitir la derrota en un debate que había ganado él a todas luces. «Amos quería aplastar a la oposición —decía Danny—. Era algo que lo reconcomía más a él que a mí. Quería encontrar el argumento definitivo para hacer callar a la gente. Algo que no siempre es posible.» A finales de 1980, o quizá a principios de 1981, Amos fue a ver a Danny para hablarle de su plan de escribir un artículo que zanjara el debate. Quizá sus oponentes nunca admitirían la derrota, una reacción muy poco habitual entre los intelectuales, pero cabía la posibilidad de que, al menos, cambiaran de tema. «Victoria por bochorno», lo definió Amos.

Quería demostrar el poder descarnado de las reglas generales de la mente para inducir a error. Danny y él habían dado con unos fenómenos bastante extraños en Israel cuyas implicaciones no habían llegado a explorar por completo. Ahora iban a hacerlo. Como siempre, elaboraron una serie de situaciones para dejar al descubierto el funcionamiento interno de la mente de las personas a las que iban a pedir que las evaluaran. La favorita de Amos era sobre Linda.

> Linda tiene treinta y un años, es soltera, no tiene pelos en la lengua y es muy inteligente. Se licenció en Filosofía. Cuando estudiaba, le preocupaban mucho los problemas de discriminación y justicia social, y también participó en manifestaciones antinucleares.

Linda estaba diseñada para ser el estereotipo de una feminista. Danny y Amos preguntaban: «¿En qué medida parece Linda el típico miembro de las siguientes clases?».

1. Linda es profesora en una escuela de primaria.
2. Linda trabaja en una librería y va a clases de yoga.
3. Linda es un miembro activo del movimiento feminista.
4. Linda es una trabajadora social especializada en psiquiatría.
5. Linda es un miembro de la Liga de Mujeres Votantes.
6. Linda trabaja de cajera en un banco.
7. Linda es vendedora de seguros.
8. Linda trabaja de cajera en un banco y es un miembro activo del movimiento feminista.

Danny entregó la viñeta de Linda a sus estudiantes de la Universidad de Columbia Británica. En el primer experimento, entregó cuatro de las ocho descripciones a dos grupos diferentes de estudiantes, y les pidió que evaluaran las probabilidades de que fueran ciertas. Uno de los grupos recibió la afirmación «Linda trabaja de cajera en un banco»; el otro «Linda trabaja de cajera en un banco y es un miembro activo del movimiento feminista». Esas dos eran las únicas descripciones que importaban, aunque los estudiantes no lo sabían, claro. El grupo que debía evaluar la segunda opción la valoró como una opción más probable que el que debía evaluar «Linda trabaja de cajera en un banco».

Ese resultado era lo único que Danny y Amos necesitaban para demostrar su tesis: las reglas generales que usaba la gente para evaluar probabilidades conducían a estimaciones equivocadas. «Linda trabaja de cajera en un banco y es un miembro activo del movimiento feminista» no podía ser más probable que «Linda trabaja de cajera en un banco». «Linda trabaja de cajera en un banco y es un miembro activo del movimiento feminista» no era más que un caso especial de «Linda trabaja de cajera en un banco». «Linda trabaja de cajera en un banco» incluía «Linda trabaja de cajera en un banco y es un miembro activo del movimiento feminista» además de «Linda trabaja de cajera en un banco y le gusta caminar desnuda por los bosques serbios» y las demás Lindas del sector bancario. Una descripción incluía la otra.

La gente no percibía la lógica cuando la rodeaba una historia. Si describimos a un hombre mayor muy enfermo y preguntamos a la gente: ¿qué es más probable que suceda, que muera al cabo de una semana o de un año? La mayoría de veces la gente se decantará por la primera opción. Su mente se aferra a una historia de muerte inminente que enmascara la lógica de la situación. Amos creó un ejemplo fantástico. Preguntaba a la gente: ¿qué es más probable que suceda durante el próximo año, que mil estadounidenses

350

mueran en una inundación o que un terremoto de California provoque una gran inundación en la que mueran mil estadounidenses? La gente elegía el terremoto.

En este caso, la fuerza que provocaba el descarrilamiento del juicio humano era lo que Danny y Amos habían llamado «representatividad», o la similitud entre lo que juzgaba la gente y un modelo que tenía en la cabeza sobre el objeto del juicio. Las mentes de los estudiantes del primer experimento de Linda se aferraron a la descripción de Linda y, combinando los detalles con su modelo mental de «feminista», creyeron que el caso especial tenía más probabilidades de ser real que el general.

Amos no se detuvo ahí. Quería entregar la lista completa de Lindas a diversos grupos para que evaluaran las probabilidades de cada opción. Quería ver si alguien que decidía que «Linda trabaja de cajera en un banco y es un miembro activo del movimiento feminista» también creía que era más probable que «Linda trabaja de cajera en un banco». Quería demostrar que había gente que cometía ese error mayúsculo. «A Amos le encantaba hacer eso —decía Danny—. Quieres que la gente cometa errores para ganar la discusión.»

Danny se mostraba indeciso sobre este nuevo proyecto y sobre Amos. Desde el momento en que se habían ido de Israel, se habían convertido en dos nadadores atrapados en corrientes distintas, lo que los había hecho perder mucha energía. Amos sentía la atracción de la lógica, Danny la de la psicología. Danny no tenía tanto interés como Amos en las demostraciones de la irracionalidad humana. Su interés por la teoría de decisiones finalizaba con la perspectiva psicológica que él aportaba. «Existe un debate subyacente —dijo Danny más adelante—. ¿Estamos haciendo psicología o teoría de decisiones?» Danny quería regresar al cauce de la psicología. Además, no creía que la gente fuera a cometer este error en concreto. Al ver las descripciones juntas, se darían cuenta de que era ilógico decir que alguien tenía más probabilidades de ser una cajera de banco y un miembro activo del movimiento feminista, que una simple cajera de banco.

Algo acongojado, Danny planteó lo que habría de conocerse como el problema de Linda a una clase de una docena de estudiantes de la Universidad de Columbia Británica. «Doce de doce cayeron en la trampa —dijo—. Recuerdo que tuve que contener un grito. Entonces llamé a Amos desde el teléfono de mi secretaria.» A continuación, hicieron más experimentos, con distintas viñetas, y cientos de sujetos. «Solo queríamos analizar los límites del fenómeno», dijo Danny. Y con ese fin, enfrentaron a sus sujetos a la lógica más pura. Les proporcionaron la misma descripción de Linda y preguntaron: «¿Cuál de las dos alternativas es más probable?»

1. Linda trabaja de cajera en un banco.
2. Linda trabaja de cajera en un banco y es un miembro activo del movimiento feminista.

Un 85 por ciento seguía insistiendo en que era más probable que Linda trabajara de cajera en un banco y formara parte del movimiento feminista, en lugar de ser simplemente cajera. El problema de Linda parecía un diagrama de Venn de dos círculos, pero uno de los cuales se encontraba en el interior del otro. Sin embargo, la gente no veía los círculos. Danny no salía de su asombro. «A cada paso que dábamos pensábamos que esto no iba a funcionar», decía. Pero fuera cual fuera el razonamiento que seguía la gente, era de una obcecación escalofriante. Danny reunió a los estudiantes de la universidad en el auditorio y les explicó el error que habían cometido. «¿Os dais cuenta de que habéis infringido una ley fundamental de la lógica?», les preguntó. «¡¿Y qué?!», le espetó una chica desde el fondo de la sala. «¡Solo me pidió mi opinión!»

Plantearon el problema de Linda de distintas formas para asegurarse de que los estudiantes que hacían de conejillos de indias lo entendían correctamente y no interpretaban que la primera línea decía: «Linda trabaja de cajera en un banco y NO es un miembro activo del movimiento feminista». Plantearon el problema a estudiantes de posgrado con conocimientos de lógica y estadística. Se lo plantearon también a médicos, junto con un complejo historial médico, que albergaba la oportunidad de cometer un error de lógica fatídico. Un número abrumador de médicos incurrió en el mismo error que los estudiantes de licenciatura. «La mayoría de participantes parecían sorprendidos y consternados por haber cometido un error elemental de razonamiento —escribieron Amos y Danny—. Como es fácil poner en evidencia la falacia de la conjunción, la gente que cae en ella se queda con la sensación de que tendrían que haber razonado mejor.»

Amos debía de pensar que el artículo que Danny y él habían decidido escribir sobre lo que ahora llamaban «la falacia de la conjunción» zanjaba el debate de una vez por todas; es decir, siempre que el debate girase en torno a si la mente humana razonaba de modo probabilista, en lugar de como sugerían Danny y Amos. En el artículo explicaban al lector cómo y por qué la gente infringía «la que quizá era la ley de la probabilidad más sencilla, básica y cualitativa». Razonaban que la gente elegía la descripción más detallada, a pesar de que era menos probable porque era más «representativa». Señalaron algunos aspectos del mundo real en los que este problema de la mente humana podía tener graves consecuencias. Toda predicción, por ejemplo, podía resultar más creíble, aunque fuera menos probable, si se rodeaba de detalles coherentes desde un punto de vista interno. Y cualquier abogado podía lograr que sus argumentos parecieran más convincentes, aunque disminuyeran las probabilidades de que fueran ciertos, añadiendo detalles «representativos» a su descripción de la gente y los acontecimientos.

Así demostraron de nuevo el poder de las reglas generales mentales, esas curiosas fuerzas que habían bautizado con el curioso nombre de «heurísticas». Danny y Amos añadieron al problema de Linda otro de un trabajo que habían elaborado a principios de la década de 1970 en Jerusalén.

En cuatro páginas de una novela (unas dos mil palabras), ¿cuántas cree que encontraría con la terminación «_ _ _ _ ing» (palabras de siete letras que finalizan con «ing»)? Señale con un círculo una de las cifras siguientes:

0   1-2   3-4   5-7   8-10   11-15   + 16

A continuación, plantearon una segunda pregunta al mismo grupo de gente: ¿Cuántas palabras de siete letras aparecían en ese mismo texto, con la forma «_ _ _ _ _ n _»? Por supuesto (¡por supuesto!), tenía que haber como mínimo el mismo número de palabras de siete letras con una «n» en la sexta posición, como palabras que finalizaran con la terminación «ing», ya que esta solo era un ejemplo de aquella. Sin embargo, la gente no cayó en ello. Calculaban que el texto de dos mil palabras tenía una media de 13,4 palabras que finalizaban con «ing» y solo 4,7 que tuvieran una «n» en sexta posición. Amos y Danny defendían que ello se debía a que era más fácil pensar en palabras acabadas en «ing». El error de cálculo de la gente se debía a la disponibilidad heurística en acción.

El artículo fue otro éxito.* El «problema de Linda» y la «falacia de la conjunción» pasaron a formar parte del lenguaje común. Sin embargo, Danny tenía sus reservas. El nuevo trabajo era una obra

---

* Tras la publicación del artículo en el número de octubre de 1983 de *Psychological Review*, Douglas Hofstadter, autor de superventas y científico informático, envió a Amos sus propias viñetas. Por ejemplo: Fido ladra y persigue a los coches. ¿Cuál de estas opciones es más probable? Fido es: (1) un cocker spaniel o (2) una entidad del universo.

conjunta, pero había sido «conjunto y doloroso». La sensación de que Amos y él compartían una sola forma de pensar se había desvanecido. Amos había escrito por su cuenta dos páginas del artículo en las que intentaba definir, con gran precisión, la «representatividad». Danny quería que la definición fuera vaga. Le incomodaba que el artículo no fuera tanto una exploración de un nuevo fenómeno, sino la forja de una nueva arma que Amos quería usar en la batalla. «Es algo muy típico de Amos —dijo—. Es un artículo muy combativo. Vamos a provocarte y vamos a demostrarte que no puedes ganar la discusión.»

Por entonces sus interacciones se habían vuelto tensas. Danny había tardado mucho en comprender su propio valor. Pero ahora veía que el trabajo que Amos había realizado por su cuenta no era tan bueno como su obra conjunta. Esta siempre suscitaba un mayor interés y más elogios que cualquiera de los artículos que Amos había escrito solo. Al parecer también había logrado atraer su premio de «genio». Pero, a pesar de todo ello, la percepción pública de su relación se había convertido en un diagrama de Venn: dos círculos y Danny contenido en el de Amos. La rápida expansión del círculo de Amos amplió sus límites y los alejó cada vez más de los de Danny, que sentía que se distanciaba con paso lento pero firme del grupo pequeño que le gustaba a Amos para pasar al grupo grande cuyas ideas Amos miraba con desdén. «Amos cambió —dijo Danny—. Cuando yo le daba una idea, buscaba los aspectos positivos. Aquellos aspectos que le parecían acertados. Para mí, la felicidad de nuestra colaboración residía en ello. Me comprendía mejor que yo mismo. Pero en cierto momento dejó de hacerlo.»

La gente más próxima a Amos y que había sido testigo de su interacción con Danny no se preguntaba por qué se distanciaban, sino cómo era posible que hubieran llegado a congeniar. «Danny no es una persona de trato fácil —decía Persi Diaconis—. Amos era alguien muy próximo. La química que existía entre ambos era muy profunda, tanto que no sé si es posible describirla de un modo mecánico. Ambos eran brillantes a su manera. Y el hecho de que interactuaran, y de que pudieran interactuar, fue un milagro en sí.» Sin embargo, no parecía un milagro destinado a sobrevivir fuera de Tierra Santa.

En 1986, Danny se trasladó con Anne a la Universidad de California en Berkeley, la misma que ocho años antes le había dicho que era demasiado mayor para que pudieran ofrecerle trabajo. «Espero que el traslado a Berkeley sea el inicio de una nueva era con Danny en la que aumente la interacción y disminuya la tensión. Soy optimista», escribió Amos en una carta dirigida a un amigo. Cuando Danny volvió a introducirse en el mercado de trabajo un año antes, descubrió que sus acciones se habían revalorizado de forma espectacular. Recibió diecinueve ofertas, incluida una de Harvard. Todo aquel que quisiera creer que lo que afectaba a Danny era solo su falta de estatus fuera de Israel habría tenido ciertos problemas para explicar lo que sucedió a continuación: cayó en una depresión. «Dijo que no volvería a trabajar —recordaba Maya Bar-Hillel, que se encontró con Danny poco después de su traslado a Berkeley—. Ya no tenía ideas, todo iba a peor.»

La premonición de Danny sobre el fin de una relación que en el pasado parecía indestructible tenía mucho que ver con su estado mental. «Esto es un matrimonio, es algo grande —le había dicho Danny a Miles Shore en el verano de 1983—. Llevamos quince años trabajando juntos. Sería un desastre parar ahora. Es como preguntar a la gente por qué sigue casada. Necesitaríamos un motivo de mayor peso para no seguir casados.» Pero en solo tres años había pasado de intentar salvar el matrimonio a intentar ponerle fin. Su traslado a Berkeley tuvo el efecto contrario al deseado: ver a Amos más a menudo solo le causaba más dolor. «Hemos llegado al punto en que el mero hecho de pensar en compartir contigo CUALQUIER idea que me gusta (mía o de otra persona) me provoca ansiedad», escribió Danny a Amos en marzo de 1987, tras una de sus reuniones. «Un episodio como el de ayer me deja abatido durante varios días (algo que incluye la previsión de que pueda producirse un hecho como este y la recuperación posterior) y no quiero sentirme así. No sugiero que dejemos de hablarnos, sino que mostremos un poco de sensatez y nos adaptemos a los cambios de nuestra relación.»

Amos contestó a la carta de Danny con una larga misiva. «Me doy cuenta de que mi estilo de respuesta deja mucho que desear, pero tú también muestras un interés muy inferior hacia las objeciones y críticas, ya sean mías o de otros. En los últimos tiempos has adoptado una actitud sobreprotectora con algunas ideas y te has guiado por una actitud de "o lo tomas o lo dejas" en lugar de intentar "entenderlo bien". Una de las cosas que admiraba más de nuestra colaboración era tu actitud implacable como crítico. Rechazaste un tratamiento del arrepentimiento muy atractivo (que habías desarrollado principalmente tú) debido a un único contraejemplo cuya fuerza no podía apreciar casi nadie (salvo yo). Impediste que escribiéramos nuestra obra sobre el anclaje porque carecía de algo, etcétera. Últimamente no veo estos rasgos en la actitud que muestras hacia muchas de tus propias ideas.» Cuando acabó de escribir esa carta, Amos escribió otra a la matemática Varda Liberman, su amiga de Israel. «No existe una contradicción entre mi punto de vista de mi relación con Danny y su opinión sobre mí. Lo que yo considero un ejemplo de franqueza entre amigos, él lo ve como un insulto, y lo que para él es un comportamiento correcto, para mí es una actitud hostil. A Danny le resulta difícil aceptar que la gente nos ve distintos a como nos vemos nosotros.»

Danny necesitaba algo de Amos. Necesitaba que corrigiera la percepción de que no tenían una relación de igual a igual. Y lo necesitaba porque sospechaba que Amos compartía esa percepción. «Estaba demasiado dispuesto a aceptar una situación que me ponía siempre a su sombra», decía Danny. Quizá Amos se había enfadado en secreto cuando la Fundación MacArthur lo premió a él y no a Danny, pero cuando su compañero lo llamó para felicitarlo, él se limitó a responder, con displicencia: «Si no me lo hubieran dado por esto, me lo habrían dado por otra cosa». Quizá Amos había escrito un gran número de recomendaciones para Danny, y le había dicho a la gente en privado que era el psicólogo vivo más grande del mundo, pero cuando Danny le comunicó que Harvard le había ofrecido un puesto de profesor, Amos le dijo: «Es a mí a quien quieren». Se lo soltó a bocajarro, y luego tal vez se arrepintió, aunque no fuera falso lo que había dicho. Amos no podía evitar hacer daño a Danny, y Danny no podía evitar sentirse herido. Barbara Tversky ocupaba el despacho contiguo al de Amos en Stanford. «Oía sus conversaciones telefónicas. Fue peor que un divorcio.»

Lo extraño fue que Danny no rompiera la relación. A finales de la década de 1980 se comportaba como un hombre que había caído en una trampa invisible y misteriosa. Cuando habías compartido tus pensamientos con Amos Tversky, era difícil quitártelo de la cabeza.

Al final, lo que hizo fue apartar a Amos de su vista y en 1992 dejó Berkeley para irse a Princeton. «Amos arrojaba una larga sombra en mi vida. Tenía que alejarme. Había acabado poseyendo mi mente.» Amos era incapaz de comprender la necesidad que tenía Danny de interponer cinco mil kilómetros entre ambos. Su comportamiento le resultaba desconcertante. «Un ejemplo —escribió Amos a Varda Liberman a principios de 1994—: hace poco se ha publicado un libro sobre el juicio y en la introducción se dice que Danny y yo somos "inseparables", algo que es una exageración, claro. Pero Danny escribió al autor para decirle que era una exageración y añadió que "hace una década que no mantenemos

ninguna relación". En los últimos diez años hemos publicado cinco artículos juntos, y hemos trabajado en varios proyectos que no
llegamos a acabar (principalmente por culpa mía). Es un ejemplo
trivial, pero permite hacerte una idea de su estado de ánimo.»

Durante mucho tiempo, incluso cuando aún trabajaban en sus
artículos, para Danny la colaboración ya había acabado. Pero Amos
creyó que no era así. «Pareces decidido a hacerme una oferta que
no puedo aceptar», escribió Danny a Amos a principios de 1993,
tras una de sus propuestas. No dejaron de ser amigos. Encontraron
excusas para reunirse e intentar dirimir sus problemas. Llevaron la
situación de una forma tan discreta que la mayoría de gente creía
que aún trabajaban juntos. Sin embargo, era solo Amos quien prefería mantener esa ficción. Conservaba la esperanza de escribir un
libro, tal y como habían acordado quince años antes. Pero Danny
encontró una forma de hacerle saber a Amos que eso no iba a suceder. «Danny tiene una nueva idea sobre cómo podríamos hacer
el libro —le escribió Amos a Liberman a principios de 1994—.
Quiere recopilar varios artículos que hayamos publicado los dos
en los últimos años, sin hilo conductor ni estructura. Me parece
algo grotesco. Será una simple recopilación de la obra de dos personas que habían trabajado juntas y que ahora son incapaces de
ponerse de acuerdo en los capítulos. [...] Teniendo en cuenta el
estado de la cuestión, no tengo suficiente energía positiva para
empezar a pensar y menos aún para ponerme a escribir.»

Si Amos no podía dar a Danny lo que necesitaba, tal vez se
debía a que no podía concebir esa necesidad. Era algo muy sutil.
En Israel cada uno tenía un pepino. Ahora Amos tenía un plátano.
Pero el plátano no era el causante de que Danny quisiera tirarle el
pepino. Danny no necesitaba ofertas de trabajo de Harvard, ni premios para genios de la Fundación MacArthur. Tal vez habrían ayudado, pero solo si Amos hubiera cambiado su punto de vista sobre
él. Lo que Danny necesitaba era que Amos siguiera viéndolos a él

y a sus ideas de un modo no crítico, como hacía cuando se encerraban en un despacho los dos solos. Si ello implicaba un error de percepción por parte de Amos, una exageración de la categoría terrenal de las ideas de Danny, no quedaba más remedio que Amos siguiera adelante con ese error de percepción. A fin de cuentas, ¿qué es un matrimonio si no un acuerdo para distorsionar la percepción de uno sobre el otro, en relación con todos los demás? «Quería algo de él, no del resto del mundo», decía Danny.

En octubre de 1993 Danny y Amos coincidieron en una conferencia en Turín. Una noche salieron a pasear y Amos le pidió algo a su amigo. Había un nuevo crítico de su obra, un psicólogo alemán llamado Gerd Gigerenzer, que estaba concitando un nuevo tipo de atención. Para empezar, los especialistas que se sentían más ofendidos por la obra de Danny y Amos afirmaban que al centrarse solo en los errores de la mente, estaban exagerando su falibilidad. En sus conversaciones y escritos, Danny y Amos habían explicado en repetidas ocasiones que las reglas generales a las que recurría la mente para enfrentarse a la incertidumbre a menudo funcionaban bien. Pero no siempre era así; y esos fallos concretos eran interesantes en sí mismos ya que revelaban su funcionamiento interno. ¿Por qué no iban a estudiarlos? A fin de cuentas, nadie se quejaba cuando se usaban las ilusiones ópticas para comprender el funcionamiento interno del ojo.

Gigerenzer había adoptado el mismo ángulo de ataque que la mayoría de los críticos. Pero Danny y Amos creían que había pasado por alto las reglas habituales de la guerra intelectual y que había distorsionado su obra para darle un tono más fatalista de lo que ellos pretendían. También restaba importancia o ignoraba gran parte de sus pruebas, las que eran más irrebatibles. Hacía lo que hacen a veces los críticos: describía el objeto de su desdén tal y como le gustaría que fuera, en lugar de como era. Luego desacreditó su descripción. En Europa, le dijo Amos a Danny durante su paseo, Gigerenzer era alabado por «haberse enfrentado a los estadounidenses», lo cual no dejaba de resultar extraño ya que, en este caso, los estadounidenses eran israelíes. «Amos opinaba que debíamos hacer algo sobre Gigerenzer —recordaba Danny—. Pero le dije: "No quiero. Tendremos que invertir demasiado tiempo. Además, sé que me enfadaré y no soporto enfadarme. Y todo acabará en tablas". A lo que Amos replicó: "Nunca te he pedido nada como amigo. Ahora te pido este favor como amigo".» Y Danny pensó: «Es verdad, no lo ha hecho. No puedo negarme».

No tardó en arrepentirse. Amos no solo quería rebatir las críticas de Gigerenzer; quería destruirlo. («Amos no podía pronunciar el nombre de Gigerenzer sin añadir el adjetivo "desgraciado"», decía Craig Fox, profesor de la Universidad de California en Los Ángeles y antiguo alumno de Amos.) Danny, que era como era, buscó el aspecto positivo de los artículos de Gigerenzer, tarea que le resultó más difícil de lo habitual. Había evitado viajar a Alemania hasta la década de 1970. Cuando por fin lo hizo, caminaba por las calles albergando la extraña pero intensa fantasía de que las casas estaban vacías. Sin embargo, no le gustaba estar enfadado con la gente e intentó no albergar resentimiento hacia su nuevo crítico alemán. Llegó incluso a sentir algo de compasión por Gigerenzer en una cuestión: el problema de Linda. Gigerenzer había demostrado que, al cambiar la versión más sencilla del problema, podía lograr que la gente respondiera correctamente. En lugar de preguntar a los sujetos que evaluaran las probabilidades de ambas descripciones de Linda, preguntó: «¿A cuántas de las cien personas que son como Linda pueden aplicarse las siguientes afirmaciones?». Cuando se daba esa pista a la gente, observaba que había más probabilidades de que Linda fuera cajera de banco que una cajera de banco y miembro activo del movimiento feminista. Pero Danny y Amos ya lo sabían. Era algo que habían incluido, aunque con menos énfasis, en su artículo original.

En cualquier caso, Danny y Amos siempre habían creído que la peor versión del problema de Linda no influía en la cuestión que querían demostrar: que la gente juzgaba a partir de la representatividad. El primer experimento, al igual que sus primeras obras sobre el juicio humano, lo demostraba de forma clara, y sin embargo Gigerenzer no lo mencionaba. Había encontrado su prueba más débil y la atacaba, como si fuera la única que ofrecían. Gigerenzer combinó su peculiar tratamiento de las pruebas con lo que Danny y Amos consideraban una malinterpretación deliberada de sus palabras para dar charlas y escribir artículos con títulos provocativos del estilo de «Cómo hacer desaparecer las ilusiones cognitivas». «Hacer desaparecer las ilusiones cognitivas era hacernos desaparecer a nosotros —decía Danny—. Estaba obsesionado. Nunca había visto algo así.»

Gigerenzer pasó a quedar asociado a una corriente de pensamiento conocida como «psicología evolucionista», que defendía el concepto de que la mente humana, al haberse adaptado a su entorno, tenía que ser, por fuerza, muy apropiada para este. Sin duda alguna no podía ser susceptible a sesgos sistemáticos. A Amos el concepto le resultaba absurdo. La mente era más un mecanismo para afrontar que una herramienta diseñada a la perfección. «El cerebro parece programado, en términos generales, para proporcionar tantas certezas como sea posible —dijo en una ocasión en una charla ante un grupo de ejecutivos de Wall Street—. Al parecer está diseñado para exponer los argumentos a favor de la mejor forma posible para una interpretación determinada en lugar de para representar toda la incertidumbre sobre una situación concreta.» Cuando la mente se enfrentaba a situaciones de incertidumbre era como una navaja del ejército suizo. Una herramienta bastante buena para la mayoría de trabajos, pero sin ser la más adecuada para ninguna en concreto y, sin duda, no había «evolucionado» por completo. «Si escuchan durante un buen rato a psicólogos evolucionistas —les dijo Amos— dejarán de creer en la evolución.»

Danny quería comprender mejor a Gigerenzer, quizá ponerse incluso en contacto con él. «Yo siempre fui más comprensivo que Amos con nuestros críticos —decía Danny—. Acostumbro a tomar partido por el otro bando de forma casi automática.» Danny escribió a Amos para decirle que creía que el alemán podía haber sido víctima de unos sentimientos que distorsionaban su visión de la realidad. Quizá podían sentarse con él para intentar hacerlo entrar en razón. «Aunque fuera cierto, no deberías decirlo —le espetó Amos—, y dudo mucho que sea cierto. Existe una hipótesis alternativa por la que me inclino que es mucho menos emotiva de lo que crees, y es que Gigerenzer se comporta como un abogado que intenta ganar puntos para impresionar al jurado, sin importarle la verdad. [...] Esto no hace que me caiga mejor, pero sí que permite comprender su comportamiento.»

Danny aceptó ayudar a compañero de fatigas «como amigo». Sin embargo, Amos no tardó en sembrar de nuevo el desánimo en él. Escribieron y reescribieron borradores de respuesta a Gigerenzer, pero al mismo tiempo escribieron y reescribieron la polémica entre ellos. El lenguaje de Danny era demasiado suave para Amos, y el de Amos era demasiado áspero para Danny. Danny siempre era el pacificador, Amos el matón. No podían ponerse de acuerdo en casi nada. «Tengo tan pocas ganas de repasar la posdata de GG que casi preferiría decidir a suertes (o pedir el dictamen de tres jueces) para elegir cuál de las dos versiones enviamos —le escribió Danny a Amos—. No me apetece en absoluto discutir sobre ello, y no me siento identificado para nada con lo que has escrito.» Al cabo de cuatro días, tras la insistencia de Amos, Danny añadió: «El día en que se ha anunciado el descubrimiento de cuarenta mil millones de galaxias, aquí estamos nosotros, discutiendo por seis palabras de una posdata. [...] Es extraordinario que el número de galaxias sea un argumento tan vano para poner fin al debate entre "repetir" y "reiterar".» Y luego: «El correo electrónico es el medio elegido para esta etapa. Toda conversación me provoca un disgusto que dura demasiado tiempo y que no puedo permitirme». A lo que Amos replicó: «No entiendo tu umbral de sensibilidad. Por lo general, eres la persona de mentalidad más abierta y menos defensiva que conozco. Al mismo tiempo, te disgustas mucho porque he reescrito un párrafo que te gusta o porque has decidido interpretar un comentario del todo inofensivo de un modo negativo, dándole una intención que no tenía».

Una noche, en Nueva York, donde compartía apartamento con Amos, Danny tuvo un sueño. «Y en el sueño el médico me dijo que me quedaban seis meses de vida —recordaba—. Y le dije: "Es maravilloso porque entonces nadie esperará que dedique los últimos seis meses de mi vida a trabajar en esta estupidez". A la mañana siguiente se lo conté a Amos.» Este lo miró y le dijo: «Quizá otros se sentirían impresionados, pero yo no. Aunque solo te quedaran seis meses de vida, me gustaría que me ayudaras a acabar esto». Poco después de esa conversación, Danny leyó una lista de los nuevos miembros de la Academia Nacional de Ciencias, de la que Amos formaba parte desde hacía casi una década. Una vez más, su nombre no aparecía en ella. Una vez más, las diferencias entre ambos se mostraban a la vista de todo el mundo. «Le pregunté el motivo.» Si la situación hubiera sido la inversa, Amos nunca habría querido conseguir nada debido a su amistad con Danny. A fin de cuentas, Amos consideraba la necesidad de Danny una debilidad. «Le dije: "No es así como se comportan los amigos"», afirmaba Danny.

Y después de esta conversación, Danny se fue. Salió de la habitación. No le importaba Gerd Gigerenzer ni la colaboración. Le dijo a Amos que ya no eran amigos. «Fue una especie de divorcio», afirmó Danny.

Al cabo de tres días, Amos llamó a Danny. Acababa de recibir una noticia. Los médicos le habían descubierto un bulto en el ojo que era un melanoma maligno. Después de hacerle varias pruebas comprobaron que tenía varios tumores en todo el cuerpo. Le daban, en el mejor de los casos, seis meses de vida. Danny fue la segunda persona a la que llamó para darle la noticia. Cuando se la comunicó, algo cedió en el interior de Danny. «Estaba diciendo: "Sea cual sea tu opinión sobre nosotros, somos amigos".»

Bora-Bora

Considere el siguiente escenario:

Jason K. es un chico de catorce años que vive en las calles
de una gran ciudad de Estados Unidos. Es tímido y retraído, pero
muy ingenioso. Su padre fue asesinado cuando él era joven;
su madre es drogadicta. Jason cuida de sí mismo y en ocasiones
duerme en el sofá del apartamento de un amigo, pero normalmente pasa la noche en la calle. Logra ir a la escuela hasta noveno.
Pasa hambre a menudo. Un día de 2010 acepta una oferta de una
banda local para vender drogas y deja la escuela. Al cabo de unas
semanas, la noche antes de cumplir quince años, le disparan y
muere. En el momento del tiroteo no iba armado.

Estamos buscando una forma de «deshacer» la muerte de Jason
K. Ordene las siguientes opciones por probabilidad.

1. El padre de Jason no fue asesinado.
2. Jason llevaba una pistola y pudo protegerse.
3. El gobierno federal estadounidense dio ayudas para que
los niños sin techo pudieran conseguir gratis el desayuno y el almuerzo al que tenían derecho. Jason nunca llegó a pasar hambre y
siguió en la escuela.
4. Un abogado que conoce la obra de Amos Tversky y Da-

niel Kahneman consiguió un puesto de trabajo en el gobierno federal en 2009. Inspirado por la obra de los dos psicólogos, realizó una serie de cambios en las leyes para que los niños sin techo no tuvieran que apuntarse al programa de comidas escolares, sino que pasaran a recibir el desayuno y el almuerzo de forma gratuita y automática. Jason no llegó a pasar hambre y no dejó la escuela.

Si la número 4 le parece más probable que la 3, ha infringido quizá la ley de las probabilidades más simple y fundamental. Pero no va del todo desencaminado. El abogado se llama Cass Sunstein.

Entre otras consecuencias, la obra que Amos y Danny crearon juntos permitió que los economistas y legisladores fueran conscientes de la importancia de la psicología. «Me convertí en un creyente», dijo el Premio Nobel de Economía Peter Diamond sobre la obra de Danny y Amos. «Es todo cierto. Sus teorías no son solo de laboratorio, sino que han logrado capturar la realidad, algo muy importante para los economistas. Pasé varios años intentando encontrar una forma de llevarlas a la práctica, y fracasé muchas veces.» A principios de los años noventa mucha gente creía que era buena idea unir a psicólogos y economistas para que se conocieran mejor. Sin embargo, se demostró que ambos grupos no tenían muchas ganas de hacerlo. Los economistas eran presuntuosos y mostraban una gran seguridad en sí mismos. Los psicólogos prestaban demasiada atención a los matices y dudaban de todo. «Por regla general, los psicólogos solo interrumpen una exposición para aclarar algo —afirma el psicólogo Dan Gilbert—. Los economistas la interrumpen para demostrar lo listos que son.» «En economía es muy común ser grosero —dice el economista George Loewenstein—. Intentamos crear un seminario de psicología y economía en Yale. Los psicólogos recibieron una buena tunda en la primera reunión. No hubo una segunda.» A principios de los noventa, Steven Sloman, antiguo estudiante de Amos, invitó al mismo número de economistas y psicólogos a una conferencia celebrada en Francia. «Y juro por Dios que pasé tres cuartas partes del tiempo pidiendo a los economistas que cerraran la boca», dijo Sloman. «El problema —afirma Amy Cuddy, psicóloga social de Harvard— es que los psicólogos creen que los economistas son inmorales, y los economistas creen que los psicólogos son estúpidos.»

En la guerra de cultura académica que desencadenó la obra de Danny y Amos, este ejerció de consejero estratégico y mostró una gran simpatía por los economistas. La forma de pensar de Amos siempre había chocado con gran parte del mundo de la psicología. No le gustaba la emoción como tema. Su interés por el inconsciente se limitaba al deseo de demostrar que no existía. Era como aquel que vestía ropa a rayas en una tierra ocupada por gente que se decantaba por los cuadros escoceses y los topos. Al igual que los economistas, prefería los modelos claros y formales en lugar de los surtidos variados de fenómenos psicológicos. Al igual que ellos, le parecía del todo normal ser grosero. Y, al igual que ellos, tenía ambiciones mundanas para sus ideas. Los economistas querían influir en los campos de las finanzas, los negocios y la política pública. Los psicólogos casi nunca se adentraban en esos escenarios. Y eso estaba a punto de cambiar.

Danny y Amos se dieron cuenta de que no tenía sentido intentar infiltrarse en el mundo de la economía desde la psicología. Los economistas se limitarían a ignorar a los intrusos. Lo que necesitaban eran economistas jóvenes con interés por la psicología. Y tras la llegada de Amos y Danny a Norteamérica, estos empezaron a aparecer casi como por arte de magia. George Loewenstein era un buen ejemplo. Economista cualificado y desilusionado con la esterilidad psicológica de los modelos económicos, leyó la obra de Amos y Danny y pensó: un momento, ¡a lo mejor quiero ser psicólogo! Como resultó que era el biznieto de Sigmund Freud fue un pensamiento aún más complejo de lo que cabía esperar. «Yo

había intentado huir del pasado de mi familia —dijo Loewenstein—. Me di cuenta de que nunca había asistido a una clase de lo
que de verdad me interesaba.» Abordó a Amos y le pidió consejo:
¿debía dejar la economía para dedicarse a la psicología? «Amos me
dijo: "Debería seguir dedicándose a la economía, lo necesitamos".
En 1982 ya sabía que estaba creando un movimiento y que necesitaba a gente del mundo de la economía.»

El debate que iniciaron Danny y Amos acabaría influyendo al
mundo del derecho y de la política. La psicología habría de usar
la economía para entrar en esos y otros lugares. Richard Thaler,
el primer economista frustrado que descubrió la obra de Danny y
Amos y que intentó llevar a la práctica sus consecuencias de forma
obstinada, los ayudaría a crear un nuevo campo y le daría el nombre de «economía conductual». La «Teoría de las perspectivas», que
apenas se citó en la primera década tras su publicación, habría de
convertirse en 2010 en el segundo artículo más citado en economía. «La gente intentó ignorarlo —dijo Thaler—. Los economistas
viejos nunca cambian de opinión.» En 2016 uno de cada diez artículos publicados sobre economía ofrecía una perspectiva conductual o, lo que es lo mismo, contenía un eco de la obra de Danny y Amos. En ese mismo año Richard Thaler abandonó su cargo
de presidente de la Asociación de Economía Americana.

Cass Sunstein era un joven profesor de derecho de la Universidad de Chicago cuando dio con el primer grito de guerra de
Thaler en defensa de la psicología. Este publicó un artículo titulado «Toward a Positive Theory of Consumer Choice» («Hacia una
teoría positiva de la decisión de los consumidores»),aunque mentalmente siempre lo había titulado «Stupid Shit That People
Do»(«Cosas estúpidas que hace la gente»). La bibliografía de Thaler
llevó a Sunstein al artículo escrito por Danny y Amos en *Science* sobre el juicio y a la «Teoría de las perspectivas». «Para un abogado
son dos textos difíciles —dijo Sunstein—. Tuve que leerlos varias

veces. Pero recuerdo la sensación que experimenté: fue una explosión de bombillas. Tienes una serie de pensamientos en tu cabeza y lees algo que, de repente, los ordena y es electrizante.» En 2009, a invitación del presidente Obama, Sunstein empezó a trabajar para la Casa Blanca, donde supervisó la Oficina de Información y Asuntos Reguladores y donde llevó a cabo docenas de pequeños cambios que tuvieron un gran efecto en las vidas diarias de todos los estadounidenses.

Los cambios que realizó Sunstein tenían un hilo conductor: nacían directa o indirectamente de la obra de Danny y Amos. No puede decirse que su obra provocase que el presidente Obama prohibiera que los funcionarios federales escribieran mensajes de texto mientras conducían, pero tampoco fue muy difícil trazar una línea que uniera su obra con esa decisión. El gobierno federal pasó a convertirse en un órgano sensible a la aversión a las pérdidas y a los efectos marco: la gente no elegía entre cosas, elegía entre descripciones de cosas. Las etiquetas sobre el combustible de los nuevos vehículos pasaron de mostrar solo los kilómetros por litro que podían recorrer, al número de litros que consumía el coche cada cien kilómetros. Lo que se llamaba la pirámide alimentaria se convirtió en MyPlate, un gráfico de una bandeja de comida con divisiones para cada uno de los cinco grupos de alimentos, y de repente a los estadounidenses les resultaba más fácil ver qué era una dieta saludable. Y así sucesivamente. Sunstein defendía que el gobierno debía tener, además del Consejo de consejeros económicos, un Consejo de consejeros psicológicos. No era el único. Cuando Sunstein abandonó la Casa Blanca, en 2015, en los gobiernos de distintos países se alzaron diversas voces que pedían que los psicólogos desempeñaran un papel más importante.

Sunstein mostraba un gran interés por lo que entonces se llamaba «arquitectura de la elección». Las decisiones que tomaba la gente dependían del modo en que se les presentaba la información. La gente no sabía qué quería, sino que recibía indicaciones de su entorno. «Construía» sus preferencias. Y seguía la ley del mínimo esfuerzo, incluso cuando esta les obligaba a pagar un precio elevado. Durante la primera década del siglo XXI, millones de funcionarios y trabajadores del sector privado despertaron un día y descubrieron que ya no tenían que contratar un plan de pensiones, sino que se lo habían abierto de forma automática. A buen seguro no se dieron cuenta del cambio. Pero ese simple gesto provocó que la suscripción de planes de pensiones aumentara treinta puntos porcentuales. Tal es el poder de la arquitectura de las elecciones. Uno de los cambios en la sociedad que realizó Sunstein cuando empezó a trabajar para el gobierno estadounidense fue allanar el camino entre los niños sin hogar y las comidas escolares gratuitas. Un año después de que abandonara la Casa Blanca, había un 40 por ciento más de niños pobres que disfrutaban de las comidas escolares gratuitas que antes, cuando los propios menores o un adulto debían dar el paso de tomar una decisión.

Incluso en Canadá, Don Redelmeier aún oía la voz de Amos en su cabeza. Hacía años que había regresado de Stanford, pero aún resonaba tan clara y atronadora que a Redelmeier le costaba oír la suya. No era capaz de precisar el momento exacto en que percibió que su obra con Amos no era toda mérito de su colega, sino que también era fruto de su esfuerzo. Sin embargo, sí sabía que había empezado a valorarse a sí mismo por una simple pregunta sobre la gente sin hogar. Los sin techo suponían una carga para el sistema sanitario local. Acudían a urgencias más a menudo de lo que era necesario. Eran una sangría de recursos. Todas las enfermeras de Toronto lo sabían: si veían entrar a un sin techo, tenían que lograr que se fuera cuanto antes. Redelmeier dudaba que fuera una decisión muy acertada.

De modo que, en 1991, creó un experimento. Reunió a un gran número de universitarios que estudiaban medicina, les dio el uniforme sanitario y un lugar donde dormir cerca de la entrada de urgencias. Su trabajo consistía en ejercer de conserjes para los sin techo. Cuando uno de ellos llegaba a urgencias, debían atender todas sus necesidades. Darles un zumo y un bocadillo, sentarse para hablar con él y ayudarlo con la atención médica. Los universitarios trabajaban gratis. Les encantaba: fingían ser médicos. Pero solo atendían a la mitad de los sin techo que entraban en el hospital. La otra mitad recibía el trato seco y desdeñoso habitual de las enfermeras. A continuación, Redelmeier analizó el uso posterior del sistema sanitario de Toronto por parte de todos los sin techo que habían acudido al hospital. Como era de esperar, el grupo que había recibido el servicio más atento acostumbraba a regresar al hospital donde los habían atendido con una frecuencia ligeramente superior en comparación con el otro grupo menos afortunado. La sorpresa fue que su uso del sistema sanitario de Toronto se redujo. Cuando los sin techo se sentían atendidos por un hospital, no acudían a otros. Pensaban: «No pueden tratarme mejor». De modo que el sistema de atención sanitaria había pagado un precio elevado por su actitud a los sin techo.

«Una parte de un buen análisis científico consiste en ver lo que los demás pueden ver, pero en pensar lo que nunca ha dicho nadie.» El autor de esta cita fue Amos y se le quedó grabada en la cabeza a Redelmeier. A mediados de los noventa, Redelmeier estaba viendo lo que veía todo el mundo y quería decir lo que no había dicho nadie. Un día, por ejemplo, recibió una llamada de teléfono de un paciente enfermo de sida que estaba sufriendo efectos secundarios de la medicación. En mitad de la conversación el paciente lo cortó y le dijo: «Lo siento, doctor Redelmeier, tengo que dejarlo. Acabo de sufrir un accidente de coche». Estaba utilizando el móvil mientras conducía. El médico se preguntó: ¿hablar por el móvil mientras conducía aumentaba el riesgo de sufrir un accidente?

En 1993, Redelmeier y Robert Tibshirani, un estadístico de Cornell, crearon un complejo estudio para responder a la pregunta. El artículo que escribieron en 1997 demostraba que hablar por teléfono mientras se conducía era tan peligroso como conducir con un nivel de alcohol en sangre igual al límite legal. Un conductor que hablaba por teléfono tenía cuatro veces más probabilidades de padecer un accidente que un conductor que no lo hacía (y no importaba que sujetara el teléfono con las manos o no). El artículo, el primero que establecía de forma rigurosa el vínculo entre los móviles y los accidentes de tráfico, provocó un llamamiento generalizado para regular el problema. Sin embargo, sería necesario otro estudio más complicado para determinar cuántos miles de vidas podían salvarse.

El estudio también despertó el interés de Redelmeier por lo que sucedía en la cabeza de alguien sentado al volante. Los médicos de la unidad de traumatología de Sunnybrook daban por sentado que su trabajo empezaba cuando las personas malheridas que habían sufrido un accidente en la autopista 401 llegaban a urgencias. A Redelmeier le parecía que era una locura que la medicina no atacara la raíz del problema. Cada año, un millón doscientas mil personas morían en accidentes de tráfico en el planeta, y muchas más sufrían lesiones graves con secuelas crónicas. «Un millón doscientos mil muertos al año en todo el mundo —decía Redelmeier—. Un tsunami japonés al día. Es una cifra que impresiona para tratarse de una causa de muerte que no existía hace cien años.» Cuando se ejercía al volante de un coche, el juicio humano tenía consecuencias irreparables: era una idea que fascinaba a Redelmeier. El cerebro tiene límites. No hay huecos en nuestra capacidad de atención. La mente hace que esos huecos nos resulten invisibles. Creemos que sabemos cosas que no sabemos. Creemos que estamos a salvo cuando no lo estamos. «Para Amos, fue una de las lecciones esenciales —decía Redelmeier—. No es que las personas crean que son perfectas. No, no: pueden cometer errores. Es que no valoran la magnitud real de su falibilidad. "He tomado tres o cuatro copas. Solo he perdido un 5 por ciento de mi capacidad para conducir." ¡No! Has perdido un 30 por ciento. Ese es el error que provoca diez mil accidentes de tráfico mortales al año en Estados Unidos.»

«A veces es más fácil hacer que el mundo sea un lugar mejor que demostrar que has hecho del mundo un lugar mejor.»

Amos también era el autor de esa cita. «Amos dio permiso a todo el mundo para aceptar el error humano», decía Redelmeier. Así fue como logró que el mundo fuera un lugar mejor, aunque resulte imposible demostrarlo. El espíritu de Amos estaba presente en todo lo que hacía Redelmeier. Estaba presente en su artículo sobre los peligros de conducir y hablar por teléfono, que Amos había leído y sobre el que le había hecho sugerencias. Era el artículo en el que estaba trabajando Redelmeier cuando recibió la llamada que le comunicó el fallecimiento de Amos.

Amos contó a muy poca gente que se estaba muriendo y pidió a los que lo sabían que no le hicieran demasiadas preguntas sobre esa cuestión. Recibió la noticia en febrero de 1996. A partir de entonces, empezó a hablar de su vida en pasado. «Me llamó cuando el médico le comunicó que le había llegado el final —decía Avishai Margalit—. Fui a verlo y me recogió en el aeropuerto. Cuando íbamos de camino a Palo Alto nos detuvimos en un lugar con buenas vistas y hablamos, sobre la vida y la muerte. Para Amos era importante tener su muerte bajo control. Pero yo tenía la sensación de que no hablaba de él. No hablaba de su muerte. Se comportaba con una especie de distanciamiento estoico que resultaba asombroso. Me dijo: "La vida es un libro. El hecho de que haya sido un libro breve no significa que no haya sido bueno. Ha sido un libro muy bueno".» Amos parecía comprender que una muerte temprana era el precio de ser espartano.

En mayo Amos pronunció su última conferencia en Stanford sobre las diversas falacias estadísticas del baloncesto profesional. Su antiguo alumno de posgrado y colaborador Craig Fox le preguntó si quería que se grabara en vídeo. «Meditó la respuesta unos segundos y me dijo: "No, creo que no"», recordaba Fox. Con una excepción, Amos no cambió su rutina, ni sus interacciones con aquellos que lo rodeaban de ningún modo. La excepción fue que, por primera vez, decidió hablar de sus experiencias bélicas. Por ejemplo, le contó a Varda Liberman la historia de cómo había salvado la vida al soldado que había perdido el conocimiento sobre un torpedo bangalore. «Confesó que ese hecho había determinado, en cierto modo, toda su vida. Dijo: "Después de esa hazaña, me vi obligado a mantener la imagen de héroe. Y es lo que hice, intentar estar a la altura de las circunstancias".»

La mayoría de gente con la que se relacionaba Amos no sospechó que estuviera enfermo. Cuando un estudiante de posgrado le preguntó si podía dirigirle su tesis, Amos se limitó a responderle: «En los próximos años estaré muy ocupado», y se lo quitó de encima. Unas semanas antes de morir, llamó a su viejo amigo Yeshu Kolodny, que vivía en Israel. «Se mostró muy impaciente, algo poco habitual en él —recordaba Kolodny—. Dijo: "Mira, Yeshu, me estoy muriendo. No me lo tomo de un modo trágico, pero no quiero hablar con nadie. Necesito que llames a nuestros amigos y se lo cuentes, y diles que no quiero que me llamen ni que vengan a verme".» Amos hizo una excepción a la regla de las visitas con Varda Liberman, con la que estaba acabando un libro de texto. Hizo otra excepción con el rector de Stanford Gerhard Casper, pero solo porque le habían llegado noticias de las intenciones de la universidad de rendirle un homenaje, con una serie de conferencias en su honor. «Amos le dijo a Casper: "Haga lo que quiera, pero solo le pido que no organice un congreso en mi honor con ponentes mediocres que hablarán de su obra y de su "relación" con la mía. Es mejor que le ponga mi nombre a un edificio. O a una sala. O a un banco. Póngaselo a cualquier cosa que no se mueva"», recordaba Liberman.

Aceptó muy pocas llamadas de teléfono. Una de ellas fue del economista Peter Diamond. «Sabía que se estaba muriendo. Y también sabía que no quería recibir llamadas. Pero yo había acabado mi informe para el comité del Nobel.» Diamond quería que Amos supiera que formaba parte de una preselección de candidatos al Premio Nobel de Economía que se iba a conceder en otoño. Pero el Nobel solo se otorgaba a los vivos. Diamond no recordaba cuál fue la reacción de Amos, pero Varda Liberman estaba en la habitación cuando su amigo recibió la llamada. «Le agradezco la información. Le aseguro que el Premio Nobel no está en la lista de cosas que voy a echar de menos.»

Pasó las últimas semanas de vida en casa, con su mujer y sus hijos. Había conseguido los medicamentos que necesitaba para poner fin a su vida, cuando decidiera que ya no valía la pena seguir adelante, y también supo transmitir a sus hijos lo que pensaba hacer sin decírselo con claridad. («¿Qué opinas de la eutanasia?», le preguntó a su hijo Tal con un tono despreocupado.) Hacia el final, la boca se le puso azul; tenía todo el cuerpo hinchado. Nunca tomó calmantes para el dolor. El 29 de mayo, Israel celebró elecciones para elegir al primer ministro y Benjamín Netanyahu, de perfil militarista, derrotó a Shimon Peres. «Así pues, no veré la paz en vida —dijo Amos al oír la noticia—. Aunque lo cierto es que tampoco lo esperaba.» La noche del 1 de junio, los hijos oyeron ruido de pasos y la voz de Amos en el dormitorio. Quizá hablaba consigo mismo. Pensaba. La mañana del 2 de junio de 1996, Oren entró en el dormitorio de su padre y lo encontró muerto.

El funeral quedó cubierto por una especie de manto que difuminó el acontecimiento, envuelto en una sensación irreal. Los asistentes podían imaginar muchas cosas, pero no les resultaba fácil imaginarse a Amos muerto. «La muerte no es algo que represente a Amos», dijo su amigo Paul Slovic. Los colegas de Stanford de Amos, que consideraban a Danny como una figura del pasado, se sorprendieron cuando apareció y se dirigió a las primeras filas de la sinagoga. («Fue como ver un puto fantasma», declaró uno.) «Parecía desorientado, aturdido —recordaba Avishai Margalit—. Reinaba el sentimiento de que habían quedado una serie de cuentas pendientes.» En una sala llena de gente vestida con trajes oscuros, Danny llegó en mangas de camisa, tal y como habría hecho para un entierro israelí. Fue un gesto que sorprendió a muchos: parecía que no sabía dónde estaba. Pero a todo el mundo le pareció adecuado que fuera él quien pronunciase la alabanza fúnebre. «No había ninguna duda de que era él quien debía tomar la palabra», dijo Margalit.

Sus últimas conversaciones habían girado en mayor medida en torno a su obra. Pero no todas. Amos quería decirle algunas cosas a Danny. Quería decirle que nadie le había causado más daño en su vida. Danny tuvo que morderse la lengua para no expresar el mismo sentimiento. También le dijo que, incluso en esas circunstancias, él era la persona con quien más le apetecía hablar. «Me dijo que yo era la persona con la que se sentía más cómodo porque no tengo miedo de la muerte. Sabía que estoy preparado para morir cuando me llegue el momento», recordaba Danny.

Cuando Amos se aproximaba al final, Danny habló con él casi a diario. Le preguntó por su deseo de seguir viviendo tal y como había hecho hasta entonces, y por su falta de interés en experiencias nuevas y frescas. «¿Qué voy a hacer, ir a Bora-Bora?», le replicó

Amos. A partir de entonces, Danny perdió todo el interés que hubiera podido tener por ir a Bora-Bora. El mero hecho de mencionar el nombre le provocaba una sensación de incomodidad. Cuando Amos le había contado que se estaba muriendo, Danny le sugirió que escribieran algo juntos, una introducción a una recopilación de sus artículos antiguos. Amos murió antes de que pudieran acabarla. En su última conversación, Danny le dijo a su amigo que el mero hecho de escribir algo que llevara el nombre de Amos, y con lo que él no pudiera estar de acuerdo, le provocaba pánico. «Le dije: "No tengo confianza en lo que voy a hacer". Y me respondió: "Tendrás que confiar en la imagen de mí que tienes en la cabeza".»

Danny siguió en Princeton, donde había ido para huir de Amos. Tras la muerte de su amigo, su teléfono empezó a sonar más que nunca. Quizá Amos se había ido, pero su obra aún vivía y cada vez recibía más atención. Y cuando la gente hablaba de ella ya no decía «Tversky y Kahneman», sino que se refería a «Kahneman y Tversky». Entonces, en el otoño de 2001, Danny recibió una invitación para ir a Estocolmo y participar en un congreso. Los miembros del comité del Nobel también asistirían, junto con eminentes economistas. Todos los oradores, salvo Danny, eran economistas. Era obvio que todos eran candidatos al premio. «Se trataba una prueba», afirma Danny, que realizó un gran esfuerzo para preparar la conferencia que debía girar en torno a algo que no fuera la obra que había hecho con Amos. A algunos de sus amigos les parecía una decisión extraña, ya que había sido su colaboración con Amos la que había despertado el interés del comité. «Me invitaron por la obra conjunta —dijo Danny—, pero tenía que demostrarles que también daba la talla solo. La pregunta no era si nuestra obra era digna del premio, sino si yo lo era.»

Danny no acostumbraba a preparar las conferencias. En una ocasión había pronunciado el discurso inaugural de un curso universitario improvisando, y nadie pareció darse cuenta de que no había pensado en lo que iba a decir hasta que tomó asiento en el estrado esperando a que lo presentaran. La conferencia de Estocolmo sí que la preparó con gran ahínco. «Quería tenerlo todo tan atado que dediqué un buen rato a elegir el color del fondo de las diapositivas», dijo. El tema que eligió fue la felicidad. Habló de las ideas que más se arrepentía de no haber explorado con Amos. Habló de las expectativas de felicidad de la gente y de cómo diferían estas de la felicidad que recordaba. Habló de cómo podían medirse estas cosas, por ejemplo, preguntando a la gente antes, durante y después de una dolorosa colonoscopia. Si la felicidad era algo tan maleable, ponía en ridículo los modelos económicos que se basaban en la idea de que la gente maximizaba su «utilidad». ¿Qué era, exactamente, lo que había que maximizar?

Después de su conferencia, Danny regresó a Princeton. Creía que, si alguna vez habían de darle el Premio Nobel, era al año siguiente. Lo habían visto y escuchado en directo. Ya disponían de elementos para juzgar si lo consideraban alguien digno del premio o no.

Todos los candidatos sabían el día en que recibirían la llamada de Estocolmo, a primera hora de la mañana, en caso de que esta se produjera. El 9 de octubre de 2002 Danny y Anne estaban en su casa de Princeton, esperando pero sin esperar. De hecho, Danny estaba escribiendo una carta de recomendación para uno de sus mejores alumnos, Terry Odean. No había dado muchas vueltas a lo que haría si ganaba el Premio Nobel. O, más bien, no había querido dar muchas vueltas a lo que haría si ganaba el Premio Nobel. De niño, durante la guerra, había cultivado una vida de fantasía muy activa. Reproducía escenas complejas en las que él se encontraba en el centro de la acción. Se imaginaba a sí mismo capaz de ganar y poner fin a la guerra por sí solo, por ejemplo. Pero como era quien era, creó una regla sobre su vida de fantasía: nunca fantaseaba sobre algo que pudiera ocurrir. Decidió autoimponerse esta limitación cuando se dio cuenta de que, después de fantasear con algo que podía ocurrir, perdía el deseo por hacerlo realidad. Sus fantasías eran tan vívidas que «era como si las hubiera vivido en carne propia», y si las había vivido en carne propia, ¿por qué iba a esforzarse por conseguirlas? Nunca podría poner fin a la guerra que había matado a su padre, así pues ¿de qué servía que creara una elaborada escena en la que podía imponerse él solo a todos los enemigos?

Danny no quiso imaginar lo que haría si le concedían el Premio Nobel. Por suerte, ya que el teléfono no sonó. Al final Anne se levantó y dijo, con cierta tristeza: «En fin». Todos los años había gente desilusionada. Todos los años había gente de edad avanzada esperando junto al teléfono. Anne se fue a hacer ejercicio y dejó solo a Danny. Siempre se le había dado bien prepararse para no conseguir lo que quería, por lo que no supuso un gran golpe. Estaba satisfecho con quien era y lo que había logrado. Ahora ya podía imaginar lo que habría hecho si hubiera ganado el Premio Nobel. Habría llevado a la mujer de Amos y sus hijos con él. Habría incluido su alabanza de Amos en el discurso de aceptación del Nobel. Habría llevado a Amos a Estocolmo con él. Habría hecho por Amos lo que Amos nunca hizo por él. Había muchas cosas que Danny habría hecho, pero ahora tenía otras en que ocuparse. Y se puso a escribir su entusiasta carta de recomendación para Terry Odean.

Entonces sonó el teléfono.

Nota sobre las fuentes

Los artículos que se escriben para las revistas de ciencias sociales no son aptos para el consumo del público general. Para empezar, están a la defensiva por instinto. A ojos de los autores, los lectores de artículos académicos adoptan, en el mejor de los casos, una actitud escéptica y, más a menudo, hostil. Los autores de estos artículos no intentan captar la atención de los lectores y, menos aún, darles placer. Intentan «sobrevivir» a ellos. Como consecuencia, me di cuenta de que podía conseguir una visión más clara, directa y agradable de las ideas que contenían esos artículos si hablaba directamente con los autores, en lugar de leer los escritos en sí... Aunque también los he leído, claro.

Los artículos académicos de Tversky y Kahneman son una importante excepción. A pesar de que escribían para un público académico muy restringido, uno tiene la sensación de que ambos percibían que había un lector general que los esperaba en el futuro. El libro de Danny *Pensar rápido, pensar despacio* iba claramente dirigido al lector general, algo que fue de gran ayuda. De hecho, fui testigo de los quebraderos de cabeza que pasó Danny durante varios años para escribir su libro, y llegué a leer los primeros borradores de algunos fragmentos. Todo lo que escribía Danny, igual que todo lo que decía, era de gran interés. Sin embargo, cada pocos meses sucumbía a la desesperación y anunciaba que dejaba de escribir, que lo prefería antes que destruir su reputación. Llegó a pagar a un amigo para que buscase a gente que lo convenciera de que no terminase el libro. Tras su publicación, cuando apareció en la lista de libros más vendidos en *The New York Times*, se encontró con otro amigo que describió la que debe de ser la reacción más rara que ha mostrado un autor ante su propio éxito. «No creerás lo que me ha sucedido —le dijo Danny con incredulidad—. ¡Los de *The New York Times* se han equivocado y han puesto mi libro en la lista de los más vendidos!» Al cabo de unas semanas, volvió a encontrarse con el mismo amigo. «No me puedo creer lo que está pasando. Como los de *The New York Times* cometieron el error de incluirme en la lista de libros más vendidos, ¡han tenido que mantenerme en ella!», le volvió a decir.

Recomiendo a todo aquel que esté interesado en mi libro que lea también el de Danny. A aquellos cuya sed por la psicología sea insaciable les recomiendo dos obras más que me ayudaron a adentrarme en este campo de conocimiento. Los ocho volúmenes de la *Encyclopedia of Psychology* ofrecen respuesta de forma clara y directa a cualquier pregunta que pueda tener alguien sobre la materia. Los nueve volúmenes (publicados hasta el momento) de *A History of Psychology in Autobiography* darán respuesta a cualquier pregunta que pueda tener sobre psicólogos, aunque de modo no tan directo. El primer volumen de esta destacada serie se publicó en 1930 y todavía se sigue actualizando, gracias a una fuente de energía renovable e infinita: la necesidad que sienten los psicólogos de explicar por qué son como son.

En cualquier caso, a la hora de abordar este tema, me apoyé en la obra de otros. Se trata de los siguientes autores:

KAZDIN, Alan E., ed., *Encyclopedia of Psychology*, 8 vols., Washington D.C. y Nueva York, American Psychological Association y Oxford University Press, 2000.

MURCHISON, Carl, Gardner Lindzey et al., eds., *A History of Psychology in Autobiography*, 9 vols. Worcester (Mass.) y Washington D.C., Clark University Press y American Psychological Association, 1930-2007.

INTRODUCCIÓN. EL PROBLEMA QUE NUNCA DESAPARECE

THALER, Richard H. y Cass R. Sunstein, «Who's on First», *The New Republic*, 31 de agosto de 2003. <https://newrepublic.com/article/61123/whos-first>

1. TETAS DE HOMBRE

RUTENBERG, Jim, «The Republican Horse Race Is Over, and Journalism Lost», *The New York Times* (9 de mayo de 2016).

2. EL DE FUERA

MEEHL, Paul E., *Clinical versus Statistical Prediction,* Minneapolis, University of Minnesota Press, 1954.
—, «Psychology. Does Our Heterogeneous Subject Matter Have Any Unity?», *Minnesota Psychologist*, 35 (1986), pp. 3-9.

3. EL DE DENTRO

EDWARDS, Ward, «The Theory of Decision Making», *Psychological Bulletin,* 51, n.º 4 (1954), pp. 380-417. <http://worthylab.tamu.edu/courses_files/01_edwards_1954.pdf>
GUTTMAN, Louis, «What Is Not What in Statistics», *Journal of the Royal Statistical Society,* 26, n.º 2 (1977), pp. 81-107. <http://www.jstor.org/stable/2987957>

MAY, Kenneth, «A Set of Independent Necessary and Sufficient Conditions for Simple Majority Decision», *Econometrica*, 20, n.° 4 (1952), pp. 680-684.

ROSCH, Eleanor, Carolyn B. Mervis, Wayne D. Gray, David M. Johnson y Penny Boyes-Braem, «Basic Objects in Natural Categories», *Cognitive Psychology*, 8 (1976), pp. 382-439. <http://www.cns.nyu.edu/~msl/courses/2223/Readings/Rosch-CogPsych1976.pdf>

TVERSKY, Amos, «The Intransitivity of Preferences», *Psychological Review*, 76 (1969), pp. 31-48.

—, «Features of Similarity», *Psychological Review*, 84, n.° 4 (1977), pp. 327-352. <http://www.ai.mit.edu/projects/dm/Tversky-features.pdf>

4. ERRORES

HESS, Eckhard H., «Attitude and Pupil Size», *Scientific American* (abril de 1965), pp. 46-54.

MILLER, George A., «The Magical Number Seven, Plus or Minus Two: Some Limits on Our Capacity for Processing Information», *Psychological Review*, 63 (1956), pp. 81-97.

5. LA COLISIÓN

FRIEDMAN, Milton, «The Methodology of Positive Economics», *Essays in Positive Economics,* Milton Friedman, ed., Chicago, University of Chicago Press, 1953, pp. 3-46.

KRANTZ, David H., R. Duncan Luce, Patrick Suppes y Amos Tversky, *Foundations of Measurement.* (Vol. I: *Additive and Polynomial Representations;* vol. II: *Geometrical, Threshold, and Probabilistic Representations;* vol. III: *Representation, Axiomatization, and Invariance*), San Diego y Londres, Academic Press, 1971-1990; reimp., Nueva York, Dover, 2007.

TVERSKY, Amos y Daniel Kahneman, «Belief in the Law of Small Numbers», *Psychological Bulletin*, 76, n.° 2 (1971), pp. 105-110.

6. LAS REGLAS DE LA MENTE

GLANZ, James y Eric Lipton, «The Height of Ambition», *The New York Times Magazine* (8 de septiembre de 2002).

GOLDBERG, Lewis R., «Simple Models or Simple Processes? Some Research on Clinical Judgments», *American Psychologist*, 23, n.° 7 (1968), pp. 483-496.

—, «Man versus Model of Man. A Rationale, Plus Some Evidence, for a Method of Improving on Clinical Inferences», *Psychological Bulletin*, 73, n.° 6 (1970), pp. 422-432.

HOFFMAN, Paul J., «The Paramorphic Representation of Clinical Judgment», *Psychological Bulletin*, 57, n.° 2 (1960), pp. 116-131.

KAHNEMAN, Daniel y Amos Tversky, «Subjective Probability. A Judgment of Representativeness», *Cognitive Psychology*, 3 (1972), pp. 430-454.

MEEHL, Paul E., «Causes and Effects of My Disturbing Little Book», *Journal of Personality Assessment*, 50, n.° 3 (1986), pp. 370-375.

TVERSKY, Amos y Daniel Kahneman, «Availability. A Heuristic for Judging Frequency and Probability», *Cognitive Psychology*, 5, n.° 2 (1973), pp. 207-232.

7. LAS REGLAS DE LA PREDICCIÓN

FISCHHOFF, Baruch, «An Early History of Hindsight Research», *Social Cognition*, 25, n.° 1 (2007), pp. 10-13.

HOWARD, R. A., J. E. Matheson y D. W. North, «The Decision to Seed Hurricanes», *Science*, 176 (1972), pp. 1191-1202. <http://www.warnernorth.net/hurricanes.pdf>

KAHNEMAN, Daniel y Amos Tversky, «On the Psychology of Prediction», *Psychological Review*, 80, n.° 4 (1973), pp. 237-251.

Meehl, Paul E., «Why I Do Not Attend Case Conferences», *Psychodiagnosis. Selected Papers*, Paul E. Meehl, ed., Minneapolis, University of Minnesota Press, 1973, pp. 225-302.

8. Un fenómeno viral

Redelmeier, Donald A., Joel Katz y Daniel Kahneman, «Memories of Colonoscopy. A Randomized Trial», *Pain*, 104, n.os 1-2 (2003), pp. 187-194.
—, y Amos Tversky, «Discrepancy between Medical Decisions for Individual Patients and for Groups», *The New England Journal of Medicine*, 322 (1990), pp. 1162-1164.
—, «Letter to the editor», *New England Journal of Medicine*, 323 (1990), p. 923.<http://www.nejm.org/doi/pdf/10.1056/NEJM199009273231320>
—, «On the Belief That Arthritis Pain Is Related to the Weather», *Proceedings of the National Academy of Sciences*, 93, n.° 7 (1996), pp. 2895-2896. <http://www.pnas.org/content/93/7/2895.full.pdf>
Tversky, Amos y Daniel Kahneman, «Judgment under Uncertainty. Heuristics and Biases», *Science*, 185 (1974), pp. 1124-1131. [Hay trad. cast.: «El juicio bajo incertidumbre. Heurísticas y sesgos», en *Pensar rápido, pensar despacio*, Barcelona, Debate, 2012, pp. 545-567.]

9. El nacimiento del psicólogo guerrero

Allais, Maurice, «Le comportement de l'homme rationnel devant le risque. Critique des postulats et axiomes de l'école américaine», *Econometrica*, 21, n.° 4 (1953), pp. 503-546.
Bernoulli, Daniel, «Specimen Theoriae Novae de Mensura Sortis», *Commentarii Academiae Scientiarum Imperialis Petropolitanae, Tomus V* [papeles de la Academia Imperial de Ciencias de San Petersburgo, vol. V], 1738, pp. 175-192. La doctora Louise Sommer, de la Ame-

rican University, realizó la primera traducción al inglés en *Econometrica*, 22, n.º 1 (1954), pp. 23-36. Véase también Savage (*The Foundations of Statistics*) y Coombs, Dawes y Tversky (*Mathematical Psychology. An Elementary Introduction*).

COOMBS, Clyde H., Robyn M. Dawes y Amos Tversky, *Mathematical Psychology. An Elementary Introduction*, New Jersey, Prentice-Hall, 1970. [Hay trad. cast.: *Introducción a la psicología matemática*, Madrid, Alianza, 1991.]

KAHNEMAN, Daniel, *Thinking, Fast and Slow*, Nueva York, Farrar, Straus and Giroux, 2011. La escena de Jack y Jill del capítulo 9 de este libro está tomada de la p. 275 de la edición en tapa dura. [Hay trad. cast.: *Pensar rápido, pensar despacio*, Barcelona, Debate, 2012.]

NEUMANN, John von y Oskar Morgenstern. *Theory of Games and Economic Behavior*, Princeton, Princeton University Press, 1944, 2.ª ed., 1947.

SAVAGE, Leonard J., *The Foundations of Statistics*, Nueva York, Wiley, 1954.

10. EL EFECTO AISLAMIENTO

KAHNEMAN, Daniel y Amos Tversky, «Prospect Theory. An Analysis of Decision under Risk», *Econometrica*, 47, n.º 2 (1979), pp. 263-291.

11. LAS REGLAS DEL PROCESO DE DESHACER

HOBSON, J. Allan y Robert W. McCarley, «The Brain as a Dream State Generator. An Activation-Synthesis Hypothesis of the Dream Process», *American Journal of Psychiatry*, 134, n.º 12 (1977), pp. 1335-1348.

—, «The Neurobiological Origins of Psychoanalytic Dream Theory», *American Journal of Psychiatry*, 134, n.º 11 (1978), pp. 1211-1221.

KAHNEMAN, Daniel, «The Psychology of Possible Worlds», conferencia Katz-Newcomb (abril de 1979).

—, y Amos Tversky, «The Simulation Heuristic», *Judgment under Uncertainty. Heuristics and Biases*, Daniel Kahneman, Paul Slovic y Amos Tversky, eds., Cambridge, Cambridge University Press, 1982, pp. 3-22.

LeCompte, Tom, «The Disorient Express», *Air & Space* (septiembre de 2008), pp. 38-43. <http://www.airspacemag.com/military-aviation/the-disorient-express-474780/>

Tversky, Amos y Daniel Kahneman, «The Framing of Decisions and the Psychology of Choice», *Science*, 211, n.º 4481 (1981), pp. 453-458.

12. Esta nube de posibilidad

Cohen, L. Jonathan, «On the Psychology of Prediction. Whose Is the Fallacy?», *Cognition*, 7, n.º 4 (1979), pp. 385-407.

—, «Can Human Irrationality Be Experimentally Demonstrated?», *The Behavioral and Brain Sciences*, 4, n.º 3 (1981), pp. 317-331. Seguido de treinta y nueve páginas de cartas, incluidas las de Persi Diaconis y David Freedman, «The Persistence of Cognitive Illusions. A Rejoinder to L. J. Cohen», pp. 333-334, y una respuesta de Cohen, pp. 331-370.

—, *Knowledge and Language. Selected Essays of L. Jonathan Cohen*, James Logue, ed., Dordrecht, Springer, 2002.

Gigerenzer, Gerd, «How to Make Cognitive Illusions Disappear. Beyond "Heuristics and Biases"», *European Review of Social Psychology*, vol. 2, Wolfgang Stroebe y Miles Hewstone, eds., Chichester, Wiley, 1991, pp. 83-115.

—, «On Cognitive Illusions and Rationality», *Probability and Rationality. Studies on L. Jonathan Cohen's Philosophy of Science*, Ellery Eells y Tomasz Maruszewski, eds., *Poznan Studies in the Philosophy of the Sciences and the Humanities*, vol. 21. Amsterdam, Rodopi, 1991, pp. 225-249.

—, «The Bounded Rationality of Probabilistic Mental Models», *Rationality. Psychological and Philosophical Perspectives*, Ken Manktelow y David Over, eds., Londres, Routledge, 1993, pp. 284-313.

—, «Why the Distinction between Single-Event Probabilities and Frequencies Is Important for Psychology (and Vice Versa)», *Subjective Probability*, George Wright y Peter Ayton, eds., Chichester, Wiley, 1994, pp. 129-161.

—, «On Narrow Norms and Vague Heuristics. A Reply to Kahneman and Tversky», *Psychological Review*, 103 (1996), pp. 592-596.

—, «Ecological Intelligence. An Adaptation for Frequencies», *The Evolution of Mind*, Denise Dellarosa Cummins y Colin Allen, eds., Nueva York, Oxford University Press, 1998, pp. 9-29.

KAHNEMAN, Daniel y Amos Tversky, «Discussion. On the Interpretation of Intuitive Probability. A Reply to Jonathan Cohen», *Cognition*, 7, n.º 4 (1979), pp. 409-411.

TVERSKY, Amos y Daniel Kahneman, «Extensional versus Intuitive Reasoning: The Conjunction Fallacy in Probability Judgment», *Psychological Review*, 90, n.º 4 (1983), pp. 293-315.

—, «Advances in Prospect Theory», *Journal of Risk and Uncertainty*, 5 (1992), pp. 297-323. <http://psych.fullerton.edu/mbirNBAum/psych466/articles/tversky_kahneman_jru_92.pdf>

VRANAS, Peter B. M., «Gigerenzer's Normative Critique of Kahneman and Tversky», *Cognition*, 76 (2000), pp. 179-193.

CODA. BORA-BORA

REDELMEIER, Donald A. y Robert J. Tibshirani, «Association between Cellular-Telephone Calls and Motor Vehicle Collisions», *The New England Journal of Medicine*, 336 (1997), pp. 453-458. <http://www.nejm.org/doi/full/10.1056/NEJM199702133360701#t=article>

THALER, Richard, «Toward a Positive Theory of Consumer Choice», *Journal of Economic Behavior and Organization*, 1 (1980), pp. 39-60. <http://www.eief.it/butler/files/2009/11/thaler80.pdf>

Agradecimientos

Nunca sé exactamente a quién dar las gracias. El problema no es un déficit de gratitud, sino un exceso de deuda. Le debo tanto a tanta gente que no sé ni por dónde empezar. Pero este libro no se habría hecho realidad sin la ayuda de ciertas personas, así que me centraré en ellas.

Para empezar, Danny Kahneman y Barbara Tversky. Cuando conocí a Danny a finales de 2007 no tenía la menor intención de escribir un libro sobre él. Cuando la ambición se apoderó de mí, invertí cinco años en lograr que se sintiera cómodo con la idea. Pero ni siquiera entonces lo abandonó la prudencia. «No creo que sea posible describirnos a los dos sin simplificar, sin mostrar una imagen demasiado favorable, o sin exagerar nuestras diferencias de carácter», dijo en una ocasión. «Pero esa es la tarea que has elegido, y tengo curiosidad por ver cómo te enfrentas a ella, aunque no tanta como para leer los primeros borradores.» La actitud de Barbara fue muy distinta. A finales de la década de 1990, y por una de esas extrañas coincidencias de la vida, di clase, o lo intenté, a su hijo Oren. Como por entonces ignoraba la existencia de Amos Tversky, ignoraba que él era su hijo. Sea como sea, fui a ver a Barbara con un informe pedagógico de mi antiguo alumno bajo el brazo. Barbara me dio acceso a los papeles de Amos y me ofreció su guía. Oren, Tal y Dona, los hijos de Amos, me brindaron una visión de su padre que no podría haberme dado nadie más. Estoy sumamente agradecido a la familia Tversky.

Llegué a esta historia como he llegado a muchas otras: como un intruso. Sin Maya Bar-Hillel y Daniela Gordon me habría sentido perdido en Israel. En varias ocasiones tuve la sensación de que las personas a las que entrevistaba no solo eran más interesantes que yo, sino que podían contar mejor lo que había que contar. Me hicieron sentir que esta historia no necesitaba un escritor, sino un taquígrafo. Quiero dar las gracias a varios israelíes, en concreto, porque me permitieron escribir al dictado: Verred Ozer, Avishai Margalit, Varda Liberman, Reuven Gal, Ruma Falk, Ruth Bayit, Eytan y Ruth Sheshinski, Amira y Yeshu Kolodny, Gershon Ben-Shakhar, Samuel Sattath, Ditsa Pines y Zur Shapira.

El campo de la psicología no era mi entorno natural, como tampoco Israel. Y también necesité guías. Me gustaría dar las gracias por su ayuda en este sentido a Dacher Keltner, Eldar Shafir y Michael Norton. Muchos antiguos estudiantes y colegas de Amos y Danny fueron muy generosos con su tiempo y aportaron opiniones valiosísimas. Estoy especialmente agradecido a Paul Slovic, Rich González, Craig Fox, Dale Griffin y Dale Miller. Steve Glickman me ofreció una visita guiada fantástica por la historia de la psicología. Y no sé qué habría hecho si Miles Shore no hubiera existido o no se le hubiera ocurrido entrevistar a Danny y Amos en 1983. Sería muy doloroso deshacer a Miles Shore.

Una de las formas de concebir un libro es como una serie de decisiones. Quiero dar las gracias a la gente que me ayudó a tomarlas. Tabitha Soren, Tom Penn, Doug Stumpf, Jacob Weisberg y Zoe Oliver-Grey leyeron borradores del manuscrito y me ofrecieron sus amables consejos. Janet Byrne, que un día pasará a ser reconocida como la persona que convirtió la corrección de estilo en una forma artística, dejó el libro en un estado adecuado para su consumo. Sin el aliento y acicate de mi editor, Starling Lawrence, seguramente no me habría tomado la molestia de escribir este libro, y si lo hubiera hecho, no habría acabado esforzándome tanto. Finalmente, la posibilidad de que este fuera mi último libro que Bill Rusin ponía a la venta hizo que me sentara en la silla antes de lo que pensaba para que él pudiera obrar su magia. Pero espero que no sea la última vez.